农业生态功能价值与政策研究

张铁亮　王　敬　刘潇威　张永江 等　编著

科 学 出 版 社

北　京

内 容 简 介

在我国实施乡村振兴战略、推进农业绿色发展和生态文明建设的背景下，本书围绕农业生态环境保护、生态服务供给与可持续发展，从环境学、生态学、经济学和农学等多学科交叉联合视角，界定了农业生态功能的基本概念、主要特点、主要内容、政策理解及重要意义，阐述了农业生态功能价值的理论基础，分析了农业生态功能的演变与政策，归纳了农业生态功能价值评估方法，并结合全国农业生态功能价值估算，指出了我国农业生态功能开发利用存在的主要问题，针对性地提出了系列政策建议，进而为我国制定完善农业生态环境政策、强化农业生态环境保护与服务供给、促进农业可持续发展提供支撑。

本书可供政府部门从事农业生态环境管理与保护、农业可持续发展和农业经济政策的人员参考，也可供科研单位从事农业生态环境、农业环境经济和农业生态经济研究与教学的人员使用。

图书在版编目（CIP）数据

农业生态功能价值与政策研究 / 张铁亮等编著. —北京：科学出版社，2021.11

ISBN 978-7-03-070325-5

Ⅰ. ①农…　Ⅱ. ①张…　Ⅲ. ①农业生态学—研究—中国　Ⅳ. ①S181

中国版本图书馆 CIP 数据核字（2021）第 217541 号

责任编辑：张　震　张　庆 / 责任校对：任苗苗
责任印制：吴兆东 / 封面设计：无极书装

科学出版社 出版
北京东黄城根北街 16 号
邮政编码：100717
http://www.sciencep.com

北京九州迅驰传媒文化有限公司 印刷
科学出版社发行　各地新华书店经销

*

2021 年 11 月第　一　版　开本：720 × 1000　1/16
2021 年 11 月第一次印刷　印张：15
字数：292 000

定价：99.00 元

（如有印装质量问题，我社负责调换）

作者名单

（按姓氏笔画排序）

丁力洪　于慧梅　王　敬　刘　艳
刘潇威　杨　军　时以群　何声卫
张永江　张铁亮　陈世雄　原　婷
唐鹏钦　薛宝林

作 者 简 介

张铁亮，男，1981年10月生，农业农村部环境保护科研监测所副研究员；2008年7月参加工作以来，主要从事农业环境经济与政策、农业环境监测与评估研究，主持和参加国家级、省部级科研项目（课题）30余项，主编农业行业标准3项，主编和参编著作8部，发表论文30余篇，参与编制全国农业“十三五”专项规划3项，参与提出相关政策建议并获得省部级及以上领导批示5项。

前　言

民以食为天，农业是人类的衣食之源、生存之本。农业是人类为了满足生存需要，积极顺应自然、尊重自然、利用自然，依靠土地、温度、光、水分等自然资源和社会经济资源，利用农业生物与非生物环境之间以及农业生物种群之间的关系，生产人类所需的食物和其他农产品的生态系统。

农业是与人类关系最为紧密的产业。按照需要层次理论，生存需要是人类维持自身生存的最基本要求，只有满足食物、水等基本需要后人类才会有其他追求。农业生产与发展，其最原始、最根本的任务就是解决人类的吃饭问题。人类从事农业生产，主要就是利用并促进绿色植物的光合作用，将无机物转化为有机物，使农业为人类社会尽可能多地提供物质产品。审视人类社会的发展历程，人类社会经历了原始文明、农业文明和工业文明，正向生态文明时代迈进。农业是人类接触最早的产业和从事时间最长的产业。人类与农业和谐共生、相互促进，人类是农业发展的推进者、受益者，农业是人类进步的支撑者、守护者。

农业是与自然关系最为密切的产业。一方面，农业发展依赖生态环境。生态系统中的土壤、水分、微生物等要素是农业生产与发展的前提基础，为农业生产与发展提供必要的物质供给。另一方面，农业发展影响生态环境。科学合理的农业生产会保护改善生态环境，如保持土壤、涵养水源、净化空气、消纳废弃物、维持生物多样性、调节气候等；但粗放不合理的农业生产，也会破坏生态环境，如损害土壤、污染水源、污染空气、产生废弃物、威胁生物多样性、影响气候等。

农业生产与生态环境具有价值。农业系统是一个自然、生物与人类社会生产活动交织在一起的复杂系统，农业生产是自然再生产与经济再生产相互交织的过程。农业生产是人类劳动与智慧的结晶，既包括具体劳动，也包括抽象劳动；既具有使用价值，又具有价值。随着人类活动的加剧、经济的发展，人与生态环境的矛盾日益尖锐，资源短缺、环境污染、生态退化等问题日益突出，生态环境的重要性、稀缺性更加凸显，生态环境具有价值逐渐成为共识。

农业生态功能的提出是经济社会发展的必然，是人类认知需求的升华。20世纪中期，农药、化肥等在农业生产中广泛应用，给农业带来显著的增产效应。1962年，蕾切尔·卡逊（Rachel Carson）出版《寂静的春天》（*Silent Spring*），指出农业“化学化”的弊端，唤起全社会对环境问题的关注。20世纪80年代，随着农业全球化进程加快，日本农业发生重大变化，农产品全球竞争力下降，本国国民对农业出现信任危机，同时世界贸易组织（World Trade Organization，WTO）要求日本全面开放国内市场，实现农产品贸易自由化。为保护本国农业及农产品市场，日本提出农业多功能性概念，认为水稻生产不仅具有提供稻谷产品的功能，还具有防洪、蓄水、防止水土流失、净化环境、美化景观、保护历史文化等许多社会与生态功能。自此，农业生态功能逐渐成为国际社会关注并认可的理念。1997 年，罗伯特·科斯坦萨（Robert Costanza）发表“全球生态系统服务与自然资本的价值”（The value of the world's ecosystem services and natural capital），把生态系统提供的产品和服务统称为生态系统服务，把全球生态系统服务归纳为 17 类、4 个层次，并估算其经济价值为平均每年 33 万亿美元，而全球国民生产总值（gross national product，GNP）大约为每年 18 万亿美元，引发生态系统服务价值研究热潮。

我国历来重视农业生态环境保护，积极开发利用农业生态功能。1970 年 12 月 26 日，周恩来总理接见农林等部门的领导时说：“我们不要做超级大国，不能不顾一切，要为后代着想。对我们来说，工业‘公害’是个新课题。工业化一搞起来，这个问题就大了。农林部应该把这个问题提出来。农业又要空气，又要水。”（张耀民，1989）此后，我国开启了农业生态环境保护工作。2007 年，中央 1 号文件《中共中央 国务院关于积极发展现代农业扎实推进社会主义新农村建设的若干意见》，提出“开发农业多种功能，健全发展现代农业的产业体系”，强调“农业不仅具有食品保障功能，而且具有原料供给、就业增收、生态保护、观光休闲、文化传承等功能”。中国共产党第十八次全国代表大会（党的十八大）把生态文明建设纳入中国特色社会主义事业“五位一体”总体布局并写入党章。中国共产党第十九次全国代表大会（党的十九大）提出“建设生态文明是中华民族永续发展的千年大计”“加快生态文明体制改革，建设美丽中国”。当前，我国经济由高速增长转向高质量发展，社会主要矛盾转化为人民日益增长的美好生活需要和不平衡不充分的发展之间的矛盾。农业作为第一产业、基础产业，必须转变发展方式、全面转型升级，坚持质量兴农、绿色兴农，提高质量、内涵、动力与效率；不仅要继续巩固生产功能，提供更多粮食、农产品、原材料等物质产品，还要充分发挥生态功能，提供清新空气、宜人气候、优美田园风光等更多优美环境和生态服务。

本书试图从环境学、生态学、经济学和农学等多学科交叉视角，阐述分析农业生态功能的内涵与意义、理论基础、演变与政策，归纳总结农业生态功能价值评估技术方法，估算全国农业生态功能价值，并提出系列政策建议，可为全面认识农业生态功能、巩固农业重要地位、推进农业绿色发展、促进农业转型升级和提质增效提供理论支撑，同时也可进一步丰富完善生态环境价值评估的相关理论和技术。全书共 6 章，具体为：第 1 章，着重界定分析农业生态功能的基本概念、主要特点、主要内容、政策理解及重要意义；第 2 章，重点阐述农业生态功能价值的理论基础；第 3 章，全面梳理农业生态功能的演变与政策；第 4 章，归纳总结农业生态功能价值评估方法；第 5 章，全面估算我国农业生态功能价值；第 6 章，分析提出我国农业生态功能开发的主要问题及政策建议。

本书在编写过程中，得到多位专家和同学的支持与帮助，他们是农业农村部环境保护科研监测所赵玉杰研究员、赵建宁研究员，中国农业科学院农业经济与发展研究所麻吉亮副研究员，农业农村部规划设计研究院杨照高级工程师，中国人民大学田晓晖副教授，江苏省泰州市农业农村局李祥主任、包祥嘉主任，新疆农业农村厅刘明勇副处长，以及南开大学李超同学、李浦同学和浙江大学陈臣同学等，在此一并表示感谢！

农业生态功能价值是在农业生态系统内部的动态发展过程中形成的，受众多因素影响，评估难度大，尤其从全国层面开展科学客观评估更是难上加难。本书虽数易其稿，但因作者水平有限，书中不足、疏漏在所难免，还请读者谅解和批评指正。

张铁亮

2021 年 7 月

目 录

第1章　农业生态功能的内涵与意义

开展农业生态功能研究，首先要从其基本概念、特点、内容等入手。只有清楚界定了这些基本要素，才能为建立农业生态功能价值评估方法、评估其经济价值、制定完善相关政策、充分发挥农业生态功能作用奠定基础。

1.1　基 本 概 念

1.1.1　功能

何谓功能？《汉语大词典》（罗竹风，2007）将其界定为“效能、功效”。《哲学百科小辞典》（刘文英，1987）解释为“功能是物质系统所具有的作用、行为、能力和功效等，是自然界任一物质系统存在的基本属性之一”。《辞海》（陈至立，2019）将功能定义为“有特定结构的事物或系统在内部和外部的联系和关系中表现出来的特性和能力”。不同学科，“功能”具有不同含义。在社会学中，功能是指社会系统的某一组成部分对整个系统或系统的某些部分产生的作用或影响。

1.1.2　生态功能

生态功能是生态学领域的研究热点。近年来，许多文献或资料中出现了诸如“生态系统功能”“生态服务功能”“生态系统服务功能”“环境功能”“环境服务功能”等词汇或概念。严格来说，虽然其内涵不完全一致、各有侧重，但却进一步丰富了生态功能相关研究成果，促使人们进一步加深了对生态功能的认识和理解。

1970年，联合国大学（United Nations University）发表《人类对全球环境的影响报告》，列举了生态系统对人类的环境服务功能，主要包括土壤形成、水土保持、气候调节、物质循环与大气组成等。1971年，尤金·普莱森斯·奥德姆（Eugene Pleasants Odum）在其著作《生态学基础》（*Fundamentals of Ecology*）中提出，生态系统功能是指生态系统的不同生境、生物学及其系统性质或过程。1997年，格雷琴·C. 戴利（Gretchen C. Daily）出版《自然服务：人类社会对自然生态系统的依赖性》（*Nature's Services：Societal Dependence on Natural Ecosystems*），认为生态系统服务是指自然生态系统及其物种所提供的能满足和维持人类生活所需要的条件和过程；罗伯特·科斯坦萨发表“全球生态系统服务与自然资本的价值”，把生态系统提供的产品和服务统称为生态系统服务，并把全球生态系统服务归纳为4个层次、17类，从此也引发了生态系统服务价值研究的热潮。此后，很多学者开展了大量相关研究，给出了不同的定义。例如，欧阳志云等（1999）提出，生态系统服务功能是指生态系统与生态过程所形成及维持的人类赖以生存的自然环境条件与效用；谢高地等（2001）认为，生态系统服务是通过生态系统的功能直接或间接得到的产品和服务；de Groot 等（2002）认为，生态系统功能是生态系统为人类直接或间接提供服务的能力；孙儒泳（2008）将生态系统服务定义为“对人类生存和生活质量有贡献的生态系统产品和服务”；李文华（2008）则认为，生态系统服务是人们从生态系统获取的效益，包括直接的和间接的、有形的和无形的效益，而这种服务的来源既包括自然生态系统，也包括人类改造的生态系统。

综合已有理论研究与实践，我们可以简单概括，生态功能既包括生态系统向人类生存提供的食物、原材料等物质产品，又包括为维系人类社会发展提供的生态环境条件及服务。

1.1.3　农业生态功能

理解或定义农业生态功能的概念内涵，不仅要基于上述关于生态功能的定义，更要考虑农业的产生、发展历程与自身特性，因为农业是一类特殊的生态系统。

如果给农业功能赋予一个定义，那么可以是指农业在国家、区域经济社会发展中的地位、作用与影响。可见，对农业来说，产出粮食、农产品、原材料等是基本的生产功能。除此之外，农业生产还可能对生态环境、劳动就业甚至农耕文明传承等产生影响，即还具有生态功能、社会功能和文化功能等其他多种功能。

从生态环境保护的角度理解，站在人与自然关系的高度看，可以说农业是人类与自然界的一个巨大接口，是人类与自然和谐相处的一个广阔平台（姜亦华，2004）。人类可以通过农业生产，影响自然生态环境；而自然生态环境又能反作用于农业生产，影响人类社会发展。为此，本书所定义的农业生态功能，总体是指在其生产功能外，农业对自然界、人类社会产生的生态环境影响与作用。具体来讲，就是指农业对土壤、水、大气、生物多样性、自然景观、生态系统平衡、气候变化等自然环境条件产生的作用，以及给人类社会生存与发展带来的环境影响。这些作用与影响，分为正、负两个方面，即有利的影响与不利的影响。例如，对土壤的影响，通过科学合理的农业生产、投入与管理，农业生态系统能够保持土壤养分、增加土壤有机质、减少地表裸露、减少水土流失等；但同时如果生产方式不科学、投入过度或管理不当等，农业生态系统可能导致土壤污染、肥力降低、水土流失等问题。

1.1.4　农业生态功能价值

价值，是一个经济学术语，泛指客体对于主体表现出来的意义、作用和用途。通常通过货币来对价值进行衡量，称为价格。价格是价值的表现形式，价值是价格的基础。据此，不妨将农业生态功能价值定义为农业生态功能所具有的经济价值，通俗地说，就是农业生态功能的货币化（或价格）表现。从概念上，也可称之为“农业生态价值”“农业环境价值”或者“农业生态系统服务价值”等，但不包括农业产出产品的生产价值。

按照利用方式，农业生态功能价值可分为直接使用价值、间接使用价值、选择价值和存在价值等方面。其中，直接使用价值是指农业生态功能直接满足人们需要的价值，由其对生产或消费的直接贡献来衡量，如农作物种植可以增加景观美学、休闲娱乐价值等；间接使用价值是指农业生态系统在支持人们直接生产或消费时间接提供的价值，虽然不是直接进入生产或消费环节，但为生产和消费提供必要的条件，如保护土壤、涵养水源、净化空气、调节气候等；选择价值，或称为期权价值，是指当前人们为保证农业生态资源在将来继续存在（可能在将来使用）而愿意支付的货币金额；存在价值，是指人们为确保农业生态资源继续存在而愿意支付的货币金额，是农业生态系统本身具有的价值，与人类是否利用无关。

按照影响途径，农业生态功能价值又可分为土壤价值、水价值、空气价值、废弃物价值、景观价值、生物多样性价值、气候价值等七个方面。其中，土壤价值是指农业对土壤影响的价值，既包括保护土壤价值，也包括损害土壤价值；水价值是指农业对水影响的价值，既包括涵养水源价值，又包括污染水环境价值；空气价值是指农业对空气影响的价值，既包括净化空气的价值，又包括污染空气的价值；废弃物价值是指农业对废弃物影响的价值，既包括消纳废弃物的价值，又包括产生废弃物的价值；景观价值是指农业对景观影响的价值，既包括增加景观美学的价值，又包括破坏景观的价值；生物多样性价值是指农业对生物多样性影响的价值，既包括增加生物多样性的价值，又包括减少生物多样性的价值；气候价值是指农业对气候变化影响的价值，既包括调节气候的价值，又包括可能产生极端气候的价值。

按照生态类型，农业生态功能价值又可从耕地、果园、草地、渔业水域、农业湿地等具体农业生态类型来划分计算。其中，耕地生态功能价值，又可根据利用方式，具体分为直接使用价值、间接使用价值、选择价值和存在价值；也可根据影响途径，具体分为土壤价值、水价值、空气价值、生物多样性价值等七个方面。同理，果园、草地、渔业水域、农业湿地等其他农业生态类型，也可根据利用方式、影响途径进行同样的价值分类。因为每一个具体的农业生态类型具有不同的生态功能特征，其生态功能价值的侧重、影响也不一样。例如，耕地的生态功能价值中，土壤、空气、废弃物、景观、生物多样性等价值是重要方面；果园的生态功能价值中，土壤、空气、废弃物、景观等价值是重要方面；草地的生态功能价值中，土壤、空气、景观、生物多样性等价值是重要方面；渔业水域的生态功能价值中，水、生物多样性等价值是重要方面；农业湿地的生态功能价值中，水、废弃物、生物多样性、气候等价值是重要方面。

1.2 主要特点

农业是一个半自然、半人工的复合生态系统，具有自然、社会双重属性。因此，农业既兼有自然生态系统的共性特点，又存在其自身的特殊性。农业生态功能具有以下典型特点。

1.2.1 具有生态功能的共同性

（1）客观性。生态系统具有生态功能，是自然存在、客观存在的，与生态系统本身存亡有关。农业是整个生态系统的重要组成部分，其具有的农业生态功能是自身的固有属性，随其产生而产生、消亡而消亡。所以，农业生态功能也是客观存在的，只要农业存在，农业生态功能就必然存在，就会持续地影响自然环境与人类社会。

（2）多样性。农业的生态功能多种多样。从功能种类上分，既包括有形的功能，也包括无形的功能；从利用方式上分，既包括直接使用价值，又包括间接使用价值，还包括选择价值、存在价值；从影响途径上分，既体现土壤、水、空气等方面的价值，又包括景观、生物多样性、气候等方面的价值。

（3）动态性。与其他类型生态系统一样，农业生态系统也是一个动态开放的系统，会不断地发生变化。一方面，会随着生物或农业生态系统等的节律变化以及演替进程而不断变化；另一方面，也会因人类的生产方式、耕作制度、经济社会发展水平等变化而变化。从人类的认知和发展需求角度看，一般经济社会发展水平、人类消费水平和素质越高，农业生态功能的价值体现就越充分；反之，就越不充分。或者说，农业生态功能又表现为显性、潜性的特点，即显性是指被认识到，或者被期待的、已经表现出来的现象，潜性是指未认识到的或者未期待的、没有表现出来的现象。

（4）公共性。农业生态系统具有典型的公共性，属于公共物品或准公共物品，不易分割。它提供的各类生态服务具有明显的非排他性和非竞争性，受益者是整个社会。如果农业生态系统遭到破坏，导致失衡、萎缩或丧失，会影响到每一个人的健康生存，对谁都没有例外。所以，对每一个人来说，农业都具有同等的生态环境价值，而由于不经过市场流通或市场交易机制不完善，这些价值难以被科学准确评估，也难以被市场完全反映。

（5）外部性。外部性的产生是基于经济主体的经济行为不可避免地对第三方产生正面或负面影响，且无需对被影响方付出报酬和补偿。农业生态功能也具有显著的外部性特征，无法由农业自身生产经营所避免或克服，可分为正外部性、负外部性两个方面。正外部性，表现为对生态环境的保护与改善；负外部性，则表现为对环境的污染与生态的破坏。人类往往很难察觉农业生态功能的正外部性，反而对负外部性比较敏感。

（6）稀缺性。尽管农业的生态功能是一种客观存在，但其生产提供的农业生态产品和服务在某一时间、某一空间仍然存在稀缺性，这也是农业生态功能具有价值的前提。这种稀缺性，主要由三个方面原因所致：一是严峻的农业资源环境问题，导致农业生态功能的正向作用被隐藏、遏制，其供给生态产品和服务的能力下降；二是随着经济社会的发展和生活水平的提高，人们对农业生态产品和服务的需求猛烈增长，而这种产品和服务的供给不足；三是农业生产的地域性，导致其具有的部分生态功能只能在此地域体现。

1.2.2　具有自身的特殊性

（1）季节性。与其他类型生态系统不一样，农业生态系统具有明显的季节性、周期性。农业生产，受自然条件影响，具有春、夏、秋、冬四季交替的典型特征。一般而言，春种、夏长、秋收、冬藏，交替轮回。受此影响，农业生态功能也具有典型的季节性特点，如农作物成长季节，其具有的各项生态功能正常发挥作用，但到耕种、收割季节，其具有的部分生态功能就会受到影响甚至衰退。

（2）地域性。受自然地理分异、经济地理分异和生物与环境统一等规律影响，农业生产具有典型的地域分异规律。俗话说“橘生淮南则为橘，生于淮北则为枳”，说的就是这个道理。尤其在经济社会发展中，农业也不是均匀分布在每一个地域，即使同一个地域农业分布也不尽相同。所以，相对自然生态系统而言，农业生态系统的空间固定性、地域性特点更为明显。虽然农业兼具一般生态系统的公共性特征，但其生态功能效用边界更容易界定，生态功能的服务半径也更为明确，直接受益对象更为具体，即优先向该区域范围内的人提供生态服务，进而再延伸至更大区域范围、乃至全社会。

（3）易变性。为保障粮食安全和农产品有效供给，尽管人们会科学规划布局农业生产与发展，但现实中农业生产还易受自然、市场、政策等多种风险因素影响，甚至有时还可能随经营主体的喜好、习惯发生变化而表现出一定的易变性。这种易变性既有种植结构、耕作方式的，也有时间、地域的。在农业生态系统内部，不同的作物种类、不同的耕作方式等，其发生的物质交换、能量流动、信息传递等生态过程机理也不一样，产生的生态环境效能或影响也不一样。因此，农业生态功能价值也会因时因地因物而发生变化。

（4）脆弱性。农业生产是自然再生产和经济再生产相互交织的过程，所以农业生态系统运行既要遵循自然生态规律，又要满足人类社会发展需要，其生态结构及生态过程的变动性远高于自然生态系统。而且农业系统主要由一种或少数几种作物种群及田间相关生物构成，营养结构相对简单。这种变动性和单一的作物结构模式，导致农业生态系统对人类管理活动的依赖性很大，其动态平衡很容易受人类干扰而被打破，进而陷入恶性循环。所以，农业生态功能也具有脆弱性特点，其功能大小和强弱会因人类活动的变化而变化。总的来看，农业生态系统破坏比较容易、保护却很困难，如水土流失、土壤污染、面源污染等。

1.3 主要内容

按照上述的概念界定与特点分析，农业生态功能内容非常丰富。从影响结果来看，农业生态功能可分为正向功能、负向功能（表 1-1）；从影响途径来看，可包括其在土壤、水、空气、废弃物、景观、生物多样性、气候等方面的功能（表 1-2）；从利用方式看，可包括直接利用功能、间接利用功能、选择功能、存在功能等；从生态类型看，可分为耕地、果园、草地、渔业水域、农业湿地等具体类型的生态功能。

表 1-1　农业生态功能主要内容（按影响结果划分）

类别		主要内容
正向功能	保护土壤	保持土壤总量：防止水土流失、防治土壤侵蚀 保护土壤质量：增加土壤有机质、提高土壤肥力、保持土壤营养平衡
	涵养水源	地表水：蓄水、增加有效水量、改善水质 地下水：补给地下水 土壤：保持土壤水分 防洪减灾
	净化空气	固碳释氧：维持大气中 CO_2、O_2 的动态平衡 吸附吸收有害气体：硫化物、氮氧化物、氟化物、粉尘灰尘等 生产空气负离子
	消纳废弃物	分解消纳人畜粪污、生活垃圾、油、酸等废弃物
	增加景观美学	形成田园风光、美丽风景等，提供美的享受、休闲旅游
	维持生物多样性	提供繁衍生息环境：野生动植物栖息地和避难所 提供基因库，保持生物物种、种群、生态系统多样性
	调节气候	促进水分循环、增加农田温湿度、降低环境气温，改善农田小气候
负向功能	损害土壤	水土流失、土壤沙化盐渍化、土壤肥力下降 土壤环境污染：重金属、有机污染等
	污染水源	地表水：污染（水体富营养化等） 地下水：污染、水位下降
	污染空气	废弃物燃烧、化肥农药施用、废弃物堆沤
	产生废弃物	农作物秸秆、废旧农膜、农药饲料等包装废弃物、畜禽粪污
	影响景观	农业景观结构简单化：大面积单一作物种植，景观结构高度均质、趋向简单化 破坏景观格局：自然生境破碎化 收割季节农作物和植被覆盖度降低
	威胁生物多样性	动植物品种资源丧失：长期单一种植或养殖模式导致部分动植物品种资源丧失 生物栖息地退化：农业生态系统破碎化，影响部分生物栖息、生存繁衍 生物种群减少：农药过度使用杀害天敌生物 收割季节农业生物多样性锐减
	加剧气候恶化	对自然气候条件依赖性强 温室气体排放：CO_2、CH_4、N_2O 排放等

表 1-2　农业生态功能主要内容（按影响途径划分）

途径/要素	正向	负向
土壤	防止水土流失、防治土壤侵蚀、增加土壤有机质、提高土壤肥力、保持土壤营养平衡	造成水土流失、土壤沙化盐渍化等，产生土壤环境污染（重金属、有机污染物）
水	蓄水、增加有效水量、改善水质、补给地下水、保持土壤水分、防洪减灾	消耗水资源，导致水体富营养化、地下水位下降等
空气	固碳释氧：维持大气中 CO_2、O_2 的动态平衡 吸附吸收有害气体：硫化物、氮氧化物、氟化物、粉尘灰尘 生产空气负离子	废弃物燃烧产生 SO_2、NO_2、CO_2、CO 等气体，废弃物堆沤产生挥发物、臭气等

续表

途径/要素	正向	负向
废弃物	分解消纳人畜粪污、生活垃圾、油、酸等废弃物	产生农作物秸秆、废旧农膜、畜禽粪污，以及农药饲料包装废弃物
景观	形成田园风光、美丽风景等，提供美的享受、休闲旅游	单一作物种植，导致景观结构高度均质、趋向简单化；分散生产，导致自然生境破碎化；收割季节农作物和植被覆盖度降低
生物多样性	提供动植物繁衍生息环境，提供基因库，保持生物物种、种群与生态系统多样性	长期单一种植或养殖模式导致部分动植物品种资源丧失；农业生态系统破碎化，影响部分生物栖息、生存繁衍；农药过度使用杀害天敌生物；收割季节农业生物多样性锐减
气候	促进水分循环、增加农田温湿度、降低环境气温，改善农田小气候	对自然气候条件依赖性强；排放 CO_2、CH_4、N_2O 等温室气体

1.3.1 正向功能

正向的农业生态功能，即农业对生态环境的有利影响，主要表现在对土壤、水、空气、生物等生态环境要素的保护方面，如保护土壤、涵养水源、净化空气、消纳废弃物、维持生物多样性、增加景观美学、调节气候等。正向的农业生态功能是近年来学界研究的焦点、热点，也是社会各界关注和希望开发利用的重点。

（1）保护土壤。土壤是万物之母、农业之本，是农业生态系统构成、维系的基础。土壤并非生来就具有肥力，能够生长作物也需要一系列的发育过程。据推算，自然界每生成 1cm 厚的土壤层需要百年以上的时间。加强土壤保护至关重要。农业生态系统对土壤的保护主要体现在两个方面：一是保持土壤总量。农作物、植被甚至作物落叶、杂草等可以有效覆盖地表、减少裸露，减少雨水冲刷、风蚀等，固定土壤；农田还能够滞洪沉沙，减少径流，防止水土流失。二是保护土壤质量。农业生产、投入、土壤改良等活动可以补充土壤养分、增加土壤有机质、提高土壤肥力，并通过农业生态系统的自我控制与调节，使土壤营养元素保持平衡与良性循环。

（2）涵养水源。农业生态系统涵养水源的功能，主要表现在蓄水防洪、补给地下水源、改善水质等方面。农作物、植被等具有良好的蓄水作用，尤其稻田可以说是天然的蓄水池，能够减少地表径流，保持有效水量，保持土壤水分。同时，又能通过吸收、渗透，使部分地表水渗入地下，补给地下水。由于农作物对 N、P、K 等元素的吸收，以及土壤微生物对污染物的阻隔，加之农作物根际效应将 O_2 传输至根部，使周围土壤成为好氧区，促进了营养物质分解消耗，净化了水质，使农田成为天然的人工湿地，可以有效减少对河流湖泊水质的威胁。农田（如稻田）的蓄水、阻流作用，能够使大量降水滞后进入江河，从而防止或减少可能由洪水引起的损害。

（3）净化空气。农业生态系统中的绿色植物和土壤，共同调节着大气中 CO_2 的含量，维持着大气中 CO_2、O_2 的动态平衡，保证了地球生命体基本的生存条件。绿色植物通过光合作用，吸收空气中的 CO_2 将其转化为糖和其他碳分子，通过根系和枯枝落叶等将碳传递给土壤，同时向大气释放 O_2；土壤在固碳的同时，又通过植物根系、微生物、土壤动物的呼吸作用以及含碳物质的化学氧化作用等产生 CO_2，返还大气。同时，植物的尖端放电及光合作用形成的光电效应，以及水体的勒纳德（Lenard）效应等能够促进空气电解、解离或水分子裂解，产生空气负离子（负氧离子），从而杀菌、降尘、清洁空气。此外，绿色植物还可以有效吸收空气中的硫化物、氮化物和卤素等有害物质，阻挡、过滤和吸附空气中的灰尘、粉尘等物质，从而过滤空气。

（4）消纳废弃物。生物的新陈代谢可以保证物质的生态循环，而且还能有效地防止物质的过度积累所造成的污染。农业生态系统中拥有大量的分解者，它们能对各种废弃物进行及时、有效分解，从各种废弃物中摄取复杂的有机大分子能量。例如，人畜粪污、生活垃圾，甚至油、酸等废弃物，都能被农业生态系统中的微生物无害化与降解，这既维持了农田养分平衡，又起到了污染物消纳和环境净化作用。

（5）增加景观美学。优美的自然风光，可以给人带来美的享受，也可以提供娱乐场所，缓解精神疲劳。农业生态系统中的大量农作物、植被等，在适当的时节和地点会成为一种观赏景观、一道亮丽的风景线，能够增加绿色气息、缓解精神疲劳、陶冶思想情操。例如，成片的水田景观、梯田景观、油菜花田等，已经成为人们争相前往的美丽胜地。更为重要的是，农业作为自然和人工的复合生态系统，兼具自然气息和人文气息，具有很高的美学休闲价值、旅游潜力。如今发展势头迅猛的休闲农业、生态农业、乡村旅游等新模式新业态，正是基于或利用农业的景观美学功能，为人们提供良好的景观美学享受和体验。

（6）维持生物多样性。生物多样性是地球生命保障系统的核心和物质基础，包括遗传多样性、物种多样性和生态系统多样性三个层次。农业生态系统是许多野生动植物的栖息地和避难所，为各类生物物种提供繁衍生息的环境，为生物多样性的产生、形成和生物进化提供必备条件。同时，农业生态系统还为农产品的改良提供丰富的基因库，满足人类对食物的需求，为人类社会的生存与发展做出了巨大贡献。

（7）调节气候。蒸腾作用是植物生长的一项重要特征，它是水分从活的植物体表面（主要是叶子）以水蒸气状态散失到大气中的过程，主要表现为土壤中的水分→根毛→根内导管→茎内导管→叶内导管→气孔→大气。植物的蒸腾作用将土壤中的水分经过植物本身返回大气，随着大气中水蒸气不断增多，形成降水，被植物吸收，存储在土壤中，形成水分的良性循环，从而使该区域的空气保持湿润。在此过程中，植物需要吸收热量，才能将体内、表面的水分转化为水蒸气，使其返回大气，从而起到降温效果。此外，农业生态系统通过固定大气中的CO_2，把碳留在土壤或植物体内，从而减缓地球的温室效应。

1.3.2 负向功能

负向的农业生态功能，即农业对生态环境的不利影响，主要表现在对土壤、水、空气、生物等生态环境要素的污染或破坏方面，如损害土壤、污染水源、污染空气、产生废弃物、影响景观、威胁生物多样性、加剧气候恶化等。负向的农业生态功能，是人们不希望发生的、不愿意看到的，对人们的生产生活都会产生不良影响，但它也是实际存在的，应采取资源节约型、环境友好型生产方式尽可能地减少或避免这些负向功能。

（1）损害土壤。如果开发利用过度或者生产方式不当等，农业生产也会对土壤造成伤害。主要表现在三个方面：一是可能导致水土流失。如单纯为了增加产量而高强度利用土地、无节制地开垦坡地等，可能导致水土流失。二是可能导致土壤沙化、盐渍化等。在干旱、半干旱地区，开展农业漫灌、过度放牧等，可能导致土壤盐渍化、荒漠化。三是可能导致土壤肥力下降和环境污染。若化肥、农药、农膜投入过度，超出土壤的自我净化能力，就可能导致土壤理化性质发生改变，造成土壤板结、地力下降、重金属超标、有机污染等。

（2）污染水源。农业生产对水体的危害，主要表现在三个方面：一是可能导致地表水污染。未充分利用的化肥、农药或畜禽粪污，可能通过农田排水、雨水冲刷等方式进入江河、湖泊，造成地表水污染与水体富营养化。二是可能导致地下水污染。过量的化肥、农药或畜禽粪污，可能通过土壤渗透进入地下，造成地下水污染。三是可能导致地下水位下降。农业生产开发中，如果过度采用地下水灌溉，可能导致地下水位下降，甚至形成区域漏斗。

（3）污染空气。农业生产对空气的污染，主要表现在三个方面：一是废弃物燃烧。未充分处置利用的农作物秸秆、废旧农膜等废弃物，如果肆意焚烧，可能导致空气污染。二是化肥农药施用。农业生产中大量施用化肥（如氮肥）、农药，也可能会对周边空气环境造成影响。三是废弃物堆沤。农业生产过程中的畜禽粪污、尾菜、生活垃圾、加工废弃物等大量堆积，以及农家肥堆沤等，其产生的挥发物会影响空气质量。

（4）产生废弃物。农业生产中产生的废弃物，主要有三类：一是农作物秸秆、杂草、谷壳、果壳、枯枝落叶等；二是废旧农膜、农药和饲料包装废弃物等；

三是畜禽的排泄物，即畜禽粪污和畜栏垫料等。如果这些农业废弃物不及时合理处置、利用，可能会因随意丢弃、堆积、焚烧等，导致占用土地资源、污染生态环境。

（5）影响景观。农业生产对景观的消极影响，主要体现在两个方面：一是促使农业景观结构简单化。在保障粮食和农产品供给的目标约束下，农业的规模化、标准化生产，将促使农业用地面积增加、范围扩展和单一作物的大面积种植，景观结构高度均质、趋向简单化。二是破坏景观格局。随着现代农业集约化经营和管理的深入推进，人类对农业生态系统的干扰强度及频率不断增加，进一步影响农业景观结构，导致自然生境破碎化，使得作物和非作物生境变成一种相对离散化的生境类型和镶嵌的景观背景。而到了收割季节，农作物和植被覆盖度急剧降低，甚至出现“裸地景观”。

（6）威胁生物多样性。农业的生产与发展，也可能威胁生物多样性。主要表现在三个方面：一是可能导致动植物品种资源丧失。如果长期实施单一的种植或养殖模式，可能导致部分动植物品种资源丧失。二是可能导致生物栖息地退化。农业生产中过度开发利用资源，或者人为干扰过度，可能致使农业生态系统破碎化，影响部分生物栖息，甚至生存繁衍。三是可能导致生物种群减少。如农药过度使用，在控制病虫害的同时，也会打破生物间的平衡，杀害其天敌生物，从而导致部分生物物种减少甚至灭绝；收割季节，农业生物多样性也会降低。

（7）加剧气候恶化。农业生产受气候影响较大，同时又通过排放温室气体等反作用于气候变化。全球气温升高和大气臭氧层破坏，农业也是责任者之一。农业源排放的温室气体，主要包括农田灌溉、农田翻耕等过程中排放的 CO_2，秸秆等废弃物燃烧排放的 CO_2，水稻种植排放的 CH_4，化肥、农药、农膜生产与施用排放的 CO_2 和 N_2O，以及牲畜肠道发酵排放的 CH_4，牲畜呼吸排放的 CO_2，畜禽粪便处理排放的 CH_4 和 N_2O。

1.4　政 策 理 解

从理论上讲，农业生态功能表现为正向功能、负向功能两个方面，即有利的影响与不利的影响。但考察追溯农业生态功能提出的历史背景、政策初衷、价值取向与发展趋势等，目前普遍理解的或共同认可接受的还是农业生态功能的正面效应，即有利的环境影响、良好的生态服务。尽管人们日益重视农业生产发展带来的负面环境影响，并采取必要措施解决这些环境问题，但还是更多地渴望农业生产发展能够给人类提供清洁的空气、水源、土壤以及优美的风光、宜人的气候等良好生态产品和服务。也基于此，本书开展的农业生态功能研究，重点是农业生态功能的正向作用。

1.4.1 从理念政策初衷看，强调发挥农业生态功能的正向作用

农业“生态功能”的出现或提出，源于农业“多功能性”理念。而农业“多功能性”问题，又可以追溯到日本的“稻米文化”。20 世纪 80 年代，随着农业的全球化进程加快，日本农业发生了极大变化，如进口农产品激增、国内农产品价格下降、粮食自给率下降和对外依存度增大等，其农业在全球的竞争力下降，日本国民对农业出现信任危机（张红宇和刘德萍，2001）。同时，WTO 要求日本全面开放国内市场，实现农产品贸易自由化。如何应对农产品国际竞争，以及在 WTO 体制下如何更好地保护本国农业、维持农业和农村的可持续发展，成为日本农业不得不面临的现实问题。

为了保护本国农业及农产品市场、在与美国等农产品出口国贸易谈判中增加筹码，并借以要求平衡农产品进出口国家之间的义务，日本提出了农业多功能性概念。他们认为，日本文化与水稻种植密切相关，保持日本水稻生产也就保护了日本的“稻米文化”；水稻生产不仅具有提供稻谷产品的功能，还具有防洪、蓄水、防止水土流失、净化环境、景观美化、保护历史文化等许多社会与生态功能。他们主张，农业除了满足人类的食品功能以外，还肩负着更多更广泛的生态环境、文化等多种功能，而这些功能均符合 WTO 提出的“非贸易关注”概念，不能通过贸易获得，各国必须立足于国内农业生产，才能确保粮食安全（张红宇和刘德萍，2001；曹俊杰和徐俊霞，2006）。日本关于农业多功能性的提法，得到了与其情况类似的韩国的积极响应，他们为应付国际游戏规则调整的形势和保护国内农产品市场的需要，也明确提出了农业多功能性建设问题。之后，农业多功能性理念陆续受到欧盟、国际组织等的关注与讨论。

农业多功能性理念的提出，为日本保护与发展本国农业发挥了重要作用，统一和强化了日本国民对农业重要性的认识、稳定了农业的基础地位，“名正言顺”地加强了对农业的支持和保护、维持了农业和国民经济协调发展，同时也有效应对了 WTO 农业谈判，逐渐增强了农业的国际竞争力。尽管从理念提出或政策制定的初衷看，农业多功能性的提出是日本为了保护本国的农业及农产品市场，为在经济全球化趋势下实施贸易保护主义提供理论支撑，但其包含的防洪、蓄水、净化环境、景观美化等生态环境功能，不得不说是农业功能的一大亮点，为人类重新认识农业的重要作用提供了积极且有价值的新鲜视角。抛开农产品的贸易争端、农业的支持保护等经济或政治因素，而重点关注发挥农业的生态功能，这也是人类在生产或生活中所希望的。

1.4.2　破解资源环境难题，更加重视农业生态功能的正向作用

人们渴望发挥农业生态功能的正向作用，在面临资源环境问题、威胁自身生产生活时更是如此，这对我国而言也不例外。

多年来，随着经济社会的发展和工业化城镇化的推进，再加上农业生产方式的粗放不合理，我国农业资源环境问题日趋严峻。突出表现在三个方面：一是资源硬约束加剧。人多地少水缺是我国基本国情，农业资源“先天不足”。我国人均耕地为世界平均水平的 38%[①]；水资源总量仅占世界的 6%，人均不足世界平均水平的 1/4，是世界上 13 个贫水国家之一。水土资源时空分布不合理，南方地区每平方千米拥有水资源 67.1 万 m^3，北方地区仅有 8.7 万 m^3，南方地区是北方地区的 7.7 倍。由于长期种地不养地、大水漫灌等不合理的生产方式，资源约束越来越突出。据监测，东北黑土有机质含量由开垦初期的 3%～6%下降到现在的 2%～3%；华北地区地下水超采严重，已经形成世界上最大的漏斗区。二是环境污染问题突出。从外部污染看，工业“三废”和城市生活等外源污染向农业农村扩散。据环境保护部门、国土资源部门监测，全国耕地主要污染物点位超标率为 19.4%，占耕地总面积的 1/10。从农业自身看，我国化肥施用量全球第一、农药生产和使用全球第一。亩均化肥用量 21.2kg，化肥当季利用率只有 35%左右，普遍低于发达国家 50%的水平。每年农药使用量大约 30 万 t，利用率只有 35%左右。每年地膜使用量约 150 万 t，但大部分耕作土壤均有不同程度的地膜残留污染，尤其西北地区每亩农田土壤中地膜残留达到 12~13kg。20%的农作物秸秆、40%的畜禽粪污还没有得到资源化利用。海洋富营养化问题突出，渔业水域污染明显。农村垃圾、污水处理严重不足。三是生态系统退化。据估计，全国水土流失面积达近 300 万 km^2，年均土壤侵蚀量 45 亿 t，沙化土地 170 万 km^2，石漠化面积 12 万 km^2，草原生态总体恶化局面尚未根本扭转，湖泊、湿地面积萎缩等。

从现实情况看，这些农业资源环境问题的存在，从另一方面更加凸显了农业生态功能的重要性和稀缺性，更加体现了农业生态功能的重要价值，也更加推动人们重视农业生态环境保护、发挥农业生态功能的正向作用。

1.4.3　适应社会矛盾变化，需要发挥农业生态功能的正向作用

随着经济社会的发展，人们生活水平和消费水平不断提高，对绿色优质农产品，清新的空气、水源、土壤，优美的田园风光等的需求日益强烈，这就迫切需

① 如无特殊说明，本书涉及的全国数据均未包括香港特别行政区、澳门特别行政区和台湾省。

要发挥农业生态功能的正向作用，提供更多优质农业生态产品和服务。

当前，中国特色社会主义进入新时代。我国社会主要矛盾由人民日益增长的物质文化需要与落后的社会生产之间的矛盾，转化为人民日益增长的美好生活需要与不平衡不充分的发展之间的矛盾。而人民对优美生态环境的需要已成为当前这一矛盾的重要体现。因此，人们对于农业的发展也提出了新的更高的需求。一是期待其提供更多绿色优质农产品。人民对美好生活的需要，不仅是要吃得饱，还要吃得安全、吃得健康、吃得营养、吃得有特色。这就要求把增加绿色优质农产品放在突出位置，实现产品的优质化、多样化、个性化、差异化、品牌化，更好地满足人民群众对安全优质、营养健康的消费需求。二是期待其提供更多优美环境和生态服务。进入新时代，农业必须适应社会主要矛盾的变化，开发多种功能，加强污染治理、修复生态景观，提供清新空气水源土壤、优美田园风光、宜人气候等更多生态产品和服务，提升农业"养眼洗肺""去乏解累"的生态环境价值、休闲娱乐价值等，推进农业与旅游、康养等产业深度融合，促进农业增效、农民增收、农村增绿。

从发展趋势看，世界经济大潮滚滚向前，人类社会发展已进入一个新的阶段。人们对生活消费的追求已由单一的物质产品逐渐转向优质物质产品、文化产品和生态产品的多维深层次融合。提供更多绿色优质农产品、农业生态产品和服务是农业生产发展的重要方面，也是农业生态系统自身特有的功能。而这一切，都必须充分发挥农业生态功能的正向作用。

1.5　重要意义

自农业多功能性理念提出以来，世界上多个国家、地区或组织纷纷讨论研究并出台政策、应用实践。无论是出于保护本国农业的考虑，还是其他相关原因，不可否认的是，农业多功能性理念的提出对促进人们重新认识农业价值、强化农业地位、促进农业发展都起到了积极作用。而其中包含的生态功能，更是进一步强化了人们对农业生态环境的重视，尤其在农业资源环境问题日趋严峻和人们对优美生态环境需要日益强烈的双重形势下，农业生态功能的重要意义更加凸显。

我国是农业大国、人口大国、农民大国，农业农村农民问题是关系国计民生的根本性问题，重农固本是安民之基、治国之要。多年来，在中央的坚强领导和全国人民的共同努力下，我国农业农村发展取得了历史性成就。截至 2019 年底，粮食产量连续五年稳定在 1.3 万亿斤以上，棉油糖、肉蛋奶、果菜茶、水产品等重要农产品供应充足；农民人均可支配收入持续较快增长，达到 16021 元；农业科技进步贡献率达到 59.2%，主要农作物耕种收综合机械化率超过 70%，农业物质技术装备水平大幅提升，农业农村形势持续稳中向好，为经济社会发展大局提供了有力支撑，起到了“压舱石”的作用。

但我们也应看到，农业农村发展的矛盾也不断显现，如农业发展质量不高、竞争力不强等短板日益突出，尤其是支撑农业发展的资源环境已逼近极限，亟待破解。更为遗憾的是，部分地区对农业发展出现轻视漠视的倾向，发展现代农业的积极性、主动性下降，认为农业对国内生产总值（gross domestic product，GDP）的直接贡献很小、效益低、风险大，没有必要再继续投入支持。这种现象将对农业农村现代化，乃至社会稳定和谐构成潜在威胁，亟需扭转。

此时，开展农业生态功能价值与政策研究、科学评估农业生态价值、研究制定相关政策，对于开发利用农业的生态功能等多功能性、强化人们重新审视农业的价值作用、加大投入支持、保护农业生态环境、加快推进农业农村现代化等具有重要意义。

1.5.1　更加全面反映农业价值，重新认识农业重要性

毋庸置疑，生产功能是农业的基本功能，也是人类最为注重、最为依赖的功能，它提供着人类生存与发展必需的粮食、农产品、纤维和原材料等物质。尤其是粮食和农产品的供给安全，事关国计民生、社会稳定。一直以来，世界上主要国家或地区都将维护农业的生产功能、保障农业的物质产出作为重要任务。我国也不例外，《中华人民共和国乡村振兴促进法》①强调，国家实施以我为主、立足国内、确保产能、适度进口、科技支撑的粮食安全战略，坚持藏粮于地、藏粮于技，采取措施不断提高粮食综合生产能力，建设国家粮食安全产业带，完善粮食加工、流通、储备体系，确保谷物基本自给、口粮绝对安全，保障国家粮食安全。

农业不仅具有生产功能，还具有生态功能等其他多种功能。但从根本上说，生态功能是农业的基础功能。没有良好的生态环境条件，农业生产会受到影响，也终将不可持续。要保障农业生产的持续性和食物供给的安全性，就必须发挥农业生态系统的正向功能作用，维系农业生态系统良性循环。近年来，有些地区对农业的认识还不够，仍然停留在传统的粗浅层次上，即只把农业简单地看成“粮食产业”“吃饭产业”，以“产粮食”“吃饱饭”掩盖了农业的丰富内涵，没有认识到农业具有生态功能等多功能价值。

研究农业的生态功能，科学估算农业的生态价值，有助于人们正确认识和全面理解农业的重要作用。农业不仅具有供给粮食和农产品的生产作用，还具有保护生态环境、提供生态产品和服务的重要生态作用。强调农业具有生态功能等多功能性，能够促使人们重新认识农业的重要地位，唤起全社会对农业的热情，进一步达成热

① 2021 年 4 月 29 日第十三届全国人民代表大会常务委员会第二十八次会议通过。

爱农业、支持农业、发展农业的共识。尽管随着经济社会的快速发展，农业增加值在 GDP 中的比重越来越低，但并不意味着农业就不重要或者可有可无。我国是人口大国、农业大国、农民大国的基本国情农情仍然客观存在，农业的基础地位不能改变，也没有改变（张铁亮，2019）。我们应该更加重视农业、保护农业、发展农业，让这一古老产业重新焕发勃勃生机，持续为我们提供优质产品和生态服务。

1.5.2 保护改善农业生态环境，促进农业可持续发展

农业发展依赖生态环境。农业生态系统中的土壤、水分、微生物等要素，是农业生产与发展的前提和基础。从维系生态系统发展角度看，我国传统农业是一个种养循环的生态系统，每家每户种几亩地、养几头猪，种养互促、循环利用，形成闭合的生产循环。此时，人类的经济和社会活动对农业生态系统的负面影响在其承载限度之内，农业生态环境良好，人与自然环境和谐相处。农业的生态功能表现为正面作用，向人类提供良好的生态服务。

但随着工业化、城镇化迅猛发展和人口增长、膳食结构升级，传统的农业生态循环体系被逐渐打破，我国农业资源环境遭受着外源性污染和内源性污染的双重压力，其已成为农业健康发展的瓶颈。一方面，工业和城市污染物向农村转移排放，农产品产地环境质量令人担忧；另一方面，化肥、农药等农业投入品过量使用，畜禽粪污、农作物秸秆和农田残膜等农业废弃物不合理处置，导致农业面源污染日益严重，加剧了土壤和水体污染风险。仅以农业废弃物为例，据估算，全国每年产生畜禽粪污 38 亿 t，综合利用率不到 60%；每年生猪病死淘汰量约 6000 万头，集中的专业无害化处理比例不高；每年产生秸秆近 9 亿 t，未利用的约 2 亿 t；每年使用农膜 200 多万吨，当季回收率不足 2/3[①]。这些未实现资源化利用、无害化处理的农业废弃物量大面广、乱堆乱放、随意焚烧，对农业生态环境造成了严重影响，也威胁着食物供给、质量安全和农业的可持续发展。

约束改变人类不合理的生产方式和经济社会活动、保护和改善农业生态环境是当务之急。实现农业可持续发展，既要保持农业生产率稳定增长，又要保护和改善农业生态环境，合理永续地利用农业自然资源。研究农业的生态功能，就是要提高对农业生态环境的重视和保护意识，采取能够充分发挥农业保护自然资源和生态环境、支撑经济社会持续发展等功能的具体发展方式，并制定相应的政策和措施，使农业的生态功能发挥正面积极作用，从而克服工业化、城镇化以及农业粗放经营对生态环境造成的负面影响，为维系农业可持续发展提供支撑。

---

① 《农业部 国家发展改革委 财政部 环境保护部 住房和城乡建设部 科学技术部关于印发〈关于推进农业废弃物资源化利用试点的方案〉的通知》（农计发[2016]90 号）。

1.5.3　引导农业投入政策走向，加强农业支持和保护

投资作为拉动经济增长的“三驾马车”之一，对促进经济社会发展发挥着重要作用。与第二产业、第三产业不同，农业具有季节性、地域性、生产周期长等特点，受自然、市场等多种风险因素叠加，是一种“弱质”产业。但农业是我国的基础产业，是经济社会发展的“稳压器”和“压舱石”，又具有典型的公益或准公益特征。所以，必须支持与保护农业发展。实际上，加大农业投资，对改善农业生产条件、稳定经济增长、促进转型升级与可持续发展具有重要支撑作用。

我国农业投资呈现良好发展态势，“十二五”时期，中央农业建设投资总量达到1459亿元，比“十一五”期间的837亿元增长了74.3%，为改善农业生产条件、夯实农业基础地位、推进现代农业建设奠定了坚实基础。但也应看到，我国农业投资仍然存在一些突出问题，可能制约农业农村经济的进一步发展。一是投资总量严重不足。据国家统计局数据，“十二五”期间中央农业固定资产投资仅占全国固定资产投资的3%左右，与农业产业增加值占GDP 9%的比重严重不符；中国社会科学院《“三农”互联网金融蓝皮书》也显示，中国“三农”金融缺口高达3.05万亿元（张铁亮和张永江，2018）。二是投资结构需要优化。据统计，“十二五”期间，粮食生产能力领域的农业中央投资达到655亿元，占中央农业总投资的45%；而农业资源环境安全、农产品质量安全领域的中央投资力度仍然偏小，仅达到317亿元，占中央农业总投资的22%（张永江和张铁亮，2018）。三是投资渠道急需拓宽。基础性、公益性领域的农业建设主要依靠政府投资，而社会资金、金融资本等作用有限。可见，制定更为科学合理的农业投资政策、保持和加大农业投资力度、优化农业发展重点和布局尤为迫切。

农业的多功能性应该成为政府制定支农政策的理论基础，也决定着农业投资的社会性和宏观性（李健和史俊通，2007）。投资农业不仅可以改善农业生产条件，而且对保护和改善农业生态环境、促进农业可持续发展有重要作用。如果仅从经济效益角度来考虑，相对于第二产业、第三产业，农业投资的比较效益低、周期长、风险大，投资农业是不值得的，甚至可以放弃。但如果站在全局来衡量，从农业的生态功能、多功能性出发，加大农业投资促进农业多功能性发挥，对保障食物供给、保护和改善农业生态环境、为人类提供良好生态服务、促进农业可持续发展等意义重大。

从日韩等国的实践经验看，其提出农业多功能性理念的主要目的是保护本国农业发展而加大对农业的支持和投入力度，实施高强度补贴。资料显示，日本农业的各类补贴项目高达约470种，农田保护和灾害防治、土地改良、基础水利、森林病虫害防治等一应俱全，农林牧渔各方面都无微不至，日本农业因此也被称

为“宠坏了的农业”。鉴于我国特殊的国情、农情，我国农业更需要加强支持和保护，因为农业不仅承载着供给粮食、支撑经济社会发展的历史使命，还肩负着吸纳农民就业、维护社会稳定的现实职责，更是担当着为人类提供生态服务、维系可持续发展的长远大计。

因此，研究农业的生态功能，拓宽农业的多种功能，可为引导农业投资政策走向、扩大农业投资规模、优化农业投资结构、拓宽农业投资渠道提供参考和依据。

1.5.4　促进农业提质增效，推动高质量发展

当前，我国经济已由高速增长阶段转向高质量发展阶段，农业正处在转变发展方式、优化经济结构、转换增长动力的攻关期，必须加快向高质量发展转变。要把质量效益摆在更加突出的位置，加快转变过去主要依靠拼资源消耗、拼要素投入的发展方式，强化质量兴农、绿色兴农、品牌强农，着力推动农业由增产导向转向提质导向。

经过多年努力，我国农业发展取得巨大进步，农业综合生产能力大幅提高，农业生产布局逐步优化，农业资源利用率明显提高，产业效益稳步提升，农产品质量安全水平稳中向好，为国民经济持续健康发展奠定了坚实基础。但农业发展仍然面临着一些问题和挑战，突出表现在：农业生产方式还比较粗放，部分地区农业资源过度消耗，产地环境治理难度大，生态系统退化，资源环境约束趋紧；绿色优质特色农产品、生态产品和服务等供给不足，不能满足人民日益增长的需求；农产品标准化生产薄弱，农产品质量安全仍然存在风险隐患；第一产业、第二产业、第三产业融合不够，产业链价值链不完整；等等。

农业高质量发展具有几个典型特征：一是产品质量要高。主要表现为优质农产品供给数量要大幅提升，口感更好、品质更优、营养更均衡、特色更鲜明，能够有效满足个性化、多样化、高品质的消费需求，农产品供需在高水平上实现均衡发展。二是产业效益要高。主要表现为第一产业、第二产业、第三产业深度融合，农业业态更多元、分工更优化，低碳循环发展水平明显提升，农业增值空间不断拓展。三是生产效率要高。主要表现为农业劳动生产率、土地产出率、农业生产机械化率、资源利用率等全面提高。

农业的多功能性应该为促进农业提质增效、实现高质量发展提供理论支撑。实现农业高质量发展，既要发挥农业的生产功能，提高农业综合生产能力，保障粮食和农产品供给安全；又要发挥农业的生态功能，保护和改善农业资源环境，保障和提升农产品质量安全水平，提供更多绿色优质农产品、生态产品与服务；还要发挥农业的文化、社会等功能，促进第一产业、第二产业、第三产业融合，延长产业链，提升价值链，提升产业效益，促进农民增收等。

具体而言，研究农业生态功能价值与政策，有助于人们深刻认识到农业具有巨大的生态价值，从而进一步增强农业环境保护意识，转变农业发展方式，推动农业资源节约与高效利用、农业环境污染治理、农业生态修复，促进农业提供更多绿色优质农产品、生态产品和服务；同时，有助于人们推动农业产业生态化、农业生态产业化，促进第一、第二、第三产业有机融合，延长农业产业链、提升农业价值链，推动农业高质量发展。

1.5.5　优化农业生态系统，推进生态文明建设

生态兴则文明兴，生态衰则文明衰。生态环境是人类生存和发展的根基，生态环境变化直接影响文明兴衰演替[①]。生态与文明兴衰的历史规律不以人的意志为转移。历史经验表明，一个国家、一个民族的崛起与发展必须有良好的自然生态作保障（赵树丛，2013）。许多古代文明都发源于森林茂密、水量丰沛、田野肥沃等生态良好的地区，随着土地荒漠化、水资源短缺等生态恶化加剧而衰落，如古代埃及、古代巴比伦，以及古代中国的楼兰文明等。可以说，一部人类文明的发展史，也是一部人与自然的关系史。

生态文明是人类文明发展的新阶段，是重构人与自然关系、促进人类可持续发展的新文明形态。生态文明的核心问题，是正确处理人与自然的关系。党的十七大报告提出“建设生态文明，基本形成节约能源资源和保护生态环境的产业结构、增长方式、消费模式”，以及“生态文明观念在全社会牢固树立”。党的十八大报告提出“全面落实经济建设、政治建设、文化建设、社会建设、生态文明建设五位一体总体布局，促进现代化建设各方面相协调，促进生产关系与生产力、上层建筑与经济基础相协调，不断开拓生产发展、生活富裕、生态良好的文明发展道路”，以及“建设生态文明，是关系人民福祉、关乎民族未来的长远大计”。党的十九大报告强调“加强对生态文明建设的总体设计和组织领导”，提出“建成富强民主文明和谐美丽的社会主义现代化强国”。多年来，我国牢固树立绿色发展理念，出台了系列政策措施，不断加大投入力度，推动生态文明顶层设计和制度体系建设加快形成，环境污染治理明显加强、生态环境质量持续改善，资源保护与高效利用水平全面提高，能源资源消耗强度大幅下降，生态系统修复力度不断加大，生态文明建设取得显著成效。但总体上看，我国生态文明建设仍滞后于经济社会发展，资源约束趋紧，环境污染严重，生态系统退化，发展与人口、资源、环境之间的矛盾日益突出，成为经济社会可持续发展的重大瓶颈。

农业生产是人类一切生产活动和文明的基础，是与自然关系最密切的人类经济

① 习近平. 2018. 推动我国生态文明建设迈上新台阶. 习近平在全国生态环境保护大会上的讲话。

社会活动。农业生产过程本质上是人类对农业资源开发利用的过程，具有巨大的生态环境效应。同时，农业生产又受到资源环境的影响与制约。可以说，农业是生态文明建设的基础产业，农业生态文明是生态文明战略的基石。纵观农业发展史，几千年来，我国传统农业始终秉承协调和谐的三才观、趋时避害的农时观、辨土施肥的地力观、御欲尚俭的节约观、变废为宝的循环观，形成的稻田系统、桑基鱼塘、轮作互补、庭院经济等一系列传统生态循环模式，更是我国历经千载而“地力常壮”的主要原因（韩长赋，2015）。只是近些年来，随着人类活动的加剧、工业化城镇化的发展以及农业发展方式的粗放，我国传统农业的生态循环和平衡被逐渐打破，资源和环境两道“紧箍咒”越绷越紧，农业生态系统面临空前危机与挑战。

开展农业生态功能研究，可明确农业生产对生态环境的正、负影响效应，强化人们农业生态环境保护意识，促使人们更加重视农业生态环境保护，推动农业生产更加自觉地遵循生态系统原理和生态经济规律，将环境与生态目标融入现代农业建设之中，优化农业生态系统结构，不断提高农业的综合生产能力和可持续发展能力，为生态文明建设奠定坚实基础。

1.5.6 建立相关技术方法，丰富农业生态价值理论

尽管世界各国对农业多功能性理念的意见并不完全一致，如日本、韩国、欧盟等国家和地区积极提倡推崇，美国比较反对，部分发展中国家持谨慎态度，但多数国家对农业生态环境保护的重要性、农业具有生态价值等还是较为认可的。尤其随着农业环境形势的日趋严峻，农业生态功能、生态价值等相关研究也日益成为学界热点。

多年来，国内外学者在农业生态功能、生态价值等领域开展了大量研究，探索建立了相关基础理论、技术方法、指标体系等，为促进人们认识农业生态环境重要性、保护和改善农业生态环境提供了重要支撑；特别是在这些理论研究的支撑下，一些国家、地区或组织围绕发挥农业生态功能、实现农业生态价值等进行了一系列应用实践，进一步推动了农业的可持续发展。但总体来看，由于发展背景、关心问题、研究角度等不同，各个国家、地区或组织对农业多功能性、农业生态功能、农业生态价值等的理解还存在较大差异，相关研究仍然薄弱，如理论支撑仍不健全、技术方法仍不规范、指标体系仍不完善，人们对农业生态功能、生态价值等仍然缺乏全面深入的了解，农业生态功能等多功能性作用发挥效果仍不明显，农业提供的优良生态产品和服务远远不能满足人类的需求；农业产业发展仍然被限定在一个较小的范畴内，产业体系还不健全，对农业的支持保护还是过多局限在生产领域，绿色生态导向的支持补贴有待全面深入实施等。

开展农业生态功能价值与政策研究具有重要的理论意义。一是明确农业生态功能的内涵、特点与主要内容，建立农业生态功能价值评估指标体系与技术方法，进一步丰富农业生态功能和生态价值评估理论体系。二是评估农业生态功能价值，促使人们全面认识农业价值、加强农业生态环境保护，为进一步实施农业补贴、生态补偿等提供支撑。三是丰富和拓展农业内涵，把特色产业、生态产业、旅游休闲产业等农业新业态新模式纳入农业产业范畴，为建立健全现代农业产业体系提供支撑。

第 2 章　农业生态功能价值的理论基础

价值，是经济学、社会学中一个非常重要的概念，体现着事物间的相互作用与联系。从认识论上讲，人对客观世界的认识主要分为两大类：一是客观世界内部事物间的关系，即客观世界各种事物的属性与本质及运动规律，也就是一般科学理论；二是客观世界与人的关系，即客观世界各种事物对于人类的生存与发展的意义，也就是价值理论。可见，价值属于关系范畴，是主体与客体之间在相互联系、相互适应、相互依存、相互作用、相互影响的互动关系中所产生的效应，既包括客体对主体的效应，也包括主体对客体的效应（巨乃岐和王建军，2009）。

价值理论是人类科学理论体系的重要组成部分，是经济学理论的基础与核心。经济学三大价值理论体系包括马克思主义价值理论体系、新古典主义价值理论体系和斯拉法价格理论体系，它们对价值的形成、衡量各有不同表述。具体对生态环境而言，其是否具有价值、价值量多大等问题，不同的价值理论观点也不一致。但有一个事实是被世人所接受的，也是客观存在的，即随着人类活动的加剧、经济社会的发展，资源约束趋紧、环境质量下降、生态系统退化等生态环境问题逐渐成为人类生存发展的制约因素。也正因为此，人们认识到生态环境并不是取之不尽、用之不竭的，也不是无偿的、无价的，而是具有稀缺性、承载阈等特点的。所以，生态环境具有价值也逐渐成为共识，也有着相关的理论基础支撑。

考察农业生态功能的提出背景，尽管只是日本当时为了保护本国农业发展而采用的一种说辞，但不可否认农业具有生态功能这一表述或理念逐渐被世人所接受，并在实践中不断发展、应用，为人类的生产生活发挥着重要作用。农业生态环境是生态环境的重要组成部分，也具有价值，并具有相关理论基础支撑。但我们知道，没有一种理论是完美的、能够解决所有问题，况且某些理论还存在一定的争论。因此，开展农业生态功能价值评估需要综合应用多种理论，为其提供支撑和指导。

2.1　外部性理论

2.1.1　内涵与原理

外部性理论是环境经济学、生态经济学较重要的基础理论之一。它起源于 19 世纪末，盛行于 20 世纪六七十年代。其实，早在 1776 年，亚当 •斯密（Adam Smith）

在其经济学著作《国民财富的性质和原因的研究》（*An Inquiry into the Nature and Causes of the Wealth of Nations*）中就指出“自然的经济制度（即市场经济）不仅是好的，而且是出于天意的，因为在其中，每一人改善自身处境的自然努力可以被一只无形的手引导着去尽力达到一个并非他本意想要达到的目的”，由此产生了外部性思想的最初萌芽。1890 年，阿尔弗雷德·马歇尔（Alfred Marshall）在著作《经济学原理》（*Principles of Economics*）中将企业生产规模扩大的原因归结为两类：一类是该企业所在产业的普遍发展，即“外部经济”；另一类则为单个企业自身资源组织和管理效率的提高，即“内部经济”。可以说，第一次提出了“外部经济”概念。1920 年，阿瑟·塞西尔·庇古（Arthur Cecil Pigou）在著作《福利经济学》（*Welfare Economics*）中提出了“内部不经济”和“外部不经济”的概念，并从社会资源最优配置的角度出发，运用边际分析方法，提出边际私人净产值和边际社会净产值、私人边际成本和社会边际成本等概念，最终建立形成外部性理论。1960 年，罗纳德·哈里·科斯（Ronald Harry Coase）在著作《社会成本问题》（*The Problem of Social Cost*）中提出外部性的相互性，试图通过市场方式解决外部性问题，认为“在交易费用为零的情况下，初始产权的情况并不会影响资源配置的结果，市场交易和自愿协商均可以使资源配置达到最优；但在交易费用不为零的情况下，制度安排与选择是重要的”。此后，许多经济学家从理论、实践层面进一步丰富与发展外部性理论。

外部性的定义至今仍是一个难题。我们不妨根据上述经济学家的研究归纳地看。外部性又称为外在性、溢出效应、外部效应、外部影响等，是指一个经济主体（生产者或消费者）在自己的活动中对旁观者的福利产生了一种有利影响或不利影响，这种有利影响带来的利益（或者说收益）或不利影响带来的损失（或者说成本），都不是生产者或消费者本人所获得或承担的，是一种经济力量对另一种经济力量“非市场性”的附带影响。换言之，外部性就是未在价格中得到反映的经济交易成本或收益。

用数学语言表达，即只要某一经济主体的效用函数所包含的变量有其他的影响，或者说存在该主体的控制之外的部分，则有外部性存在。设 U^A 表示经济主体 A 的效用，那么如果

$$U^A = U(X_1, X_2, \cdots, X_n, Y_k), 1 < k < n \tag{2-1}$$

则外部性存在。式中，$X_1, X_2, \cdots, X_n$ 为经济主体 A 所控制的活动；Y_k 为由经济主体 B 控制的活动。第二个经济主体 B 的决策行为或经济活动对第一个经济主体 A 产生了外部性，即第一个经济主体 A 的福利和效用受到他自己经济活动水平的影响，同时也受到另一个经济主体 B 所控制的经济活动 Y_k 的影响。

当外部性存在时，人们在进行经济活动决策中所依据的价格，既不能精确地

反映其全部的边际社会收益，也不能精确地反映其全部的边际社会成本（marginal social cost，MSC），导致价格信号失真。外部性的存在，实际上是边际社会收益（marginal social benefit，MSB）与边际私人收益（marginal private benefit，MPB）之间的非一致性，或者边际社会成本与边际私人成本（marginal private cost，MPC）之间存在着非一致性。当某种产品或劳务的边际社会收益大于边际私人收益时，即为正外部性（图 2-1），会导致产品或劳务供给不足；反之，当某种产品或劳务的边际社会成本大于边际私人成本时，即为负外部性（图 2-2），会导致产品或劳务供给过多。无论哪种情况，都意味着资源配置不合理，不能实现帕累托最优，而这又是完全竞争的市场机制所不能克服的。例如，当存在负外部性时，生产商忽视产品的外部成本将会造成产品的实际供应量大于帕累托最优（pareto optimality）的供给量，导致产品供给过度，实际上表明了在私人市场机制下对公共资源的过度利用和效率损失，也会导致社会福利的损失。

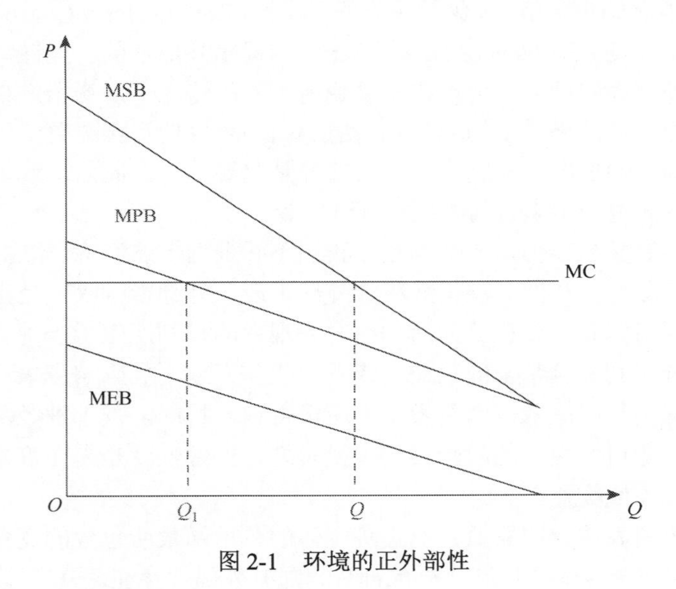

图 2-1 环境的正外部性

在生态环境领域同样如此。外部性可以用边际社会收益、边际私人收益的关系来进行界定，边际社会收益和边际私人收益之差为边际环境收益（marginal environmental benefit，MEB）。

当存在正的外部性时，边际社会收益（MSB）＞边际私人收益（MPB），二者之差为边际环境收益（MEB）。边际社会收益（MSB）与边际成本（marginal cost，MC）决定社会需求生产量（Q），边际私人收益（MPB）与边际成本（MC）决定私人生产量（Q_1），私人生产量（Q_1）＜社会需求生产量（Q），若使私人生

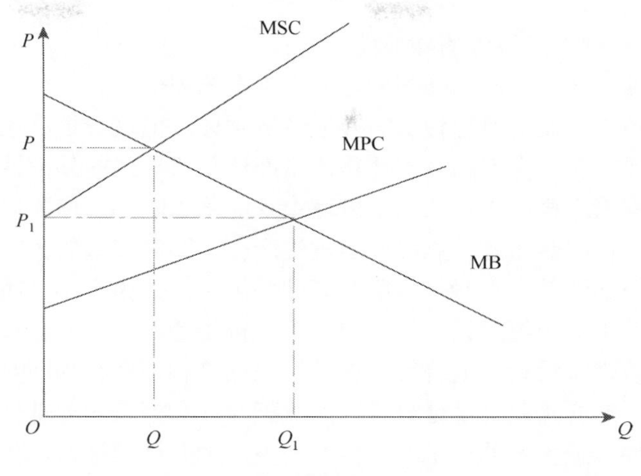

图 2-2　环境的负外部性

产量（Q_1）达到社会需求生产量（Q），则必须降低边际成本（MC）。所以如果正的外部性得不到有效补偿，会导致资源配置失误。

当存在负的外部性时，边际社会成本（MSC）＞边际私人成本（MPC）。边际社会成本（MSC）与边际收益（MB）决定社会需求生产量（Q），边际私人成本（MPC）与边际收益（MB）决定私人生产量（Q_1），私人生产量（Q_1）＞社会需求生产量（Q），若使私人生产量（Q_1）减小到社会需求生产量（Q），则必须提高边际私人成本（MPC）。所以，若负的外部性得不到有效纠正，同样会导致资源配置的失误。

2.1.2　主要分类

根据外部性的表现形式，其可以分为以下几种类型。

1）正外部性和负外部性

根据外部性的影响效果，外部性可分为正外部性和负外部性。正外部性又称为外部经济性，是指某一经济主体的活动使其他经济主体受益而又无法向后者收费的现象，这时社会效益大于私人效益，产生外部经济性。例如，农民在农田里种植油菜花给路人带来美的享受，保护农业湿地会调节小气候、给周边居民提供清新的空气等。负外部性又称为外部不经济性，是指某一经济主体的活动使其他经济主体受损而前者无法补偿后者的现象，这时社会成本大于私人成本，产生外部不经济效果。例如，河流上游的居民砍伐树木或者乱排污水、倾倒垃圾等，导致水土流失、河流污染危及下游居民生活等。

2）生产的外部性和消费的外部性

根据外部性的产生领域，外部性可分为生产的外部性和消费的外部性，是指某一经济主体的生产或消费行为影响其他经济主体，但这一经济主体并未因此而给予相应补偿或惩罚。生产的外部性是由生产活动所导致的外部性，如城市郊区的农民在农田种植水稻，水稻在成长过程中既能蓄水防洪、增加湿度，又能形成良好景观、提供休闲娱乐等，农民的这种生产行为即对城镇居民产生了外部经济效果。消费的外部性是由消费行为所带来的外部性，如由于不文明的生活习惯，城镇居民在日常生活中随意丢弃生活垃圾、乱排生活污水，并转移到周边农村，对农村生活环境带来污染、危害等，城镇居民的这种消费行为即对农村产生了外部不经济效果。结合正负外部性分类，可以把生产和消费的外部性进一步细分成生产的正外部性（或生产的外部经济性）、生产的负外部性（或生产的外部不经济性）、消费的正外部性（或消费的外部经济性）和消费的负外部性（或消费的外部不经济性）四种类型。

3）代内外部性与代际外部性

根据外部性的产生时空，外部性又可分为代内外部性和代际外部性。通常，我们所理解的外部性是一种空间概念，主要是从即期考虑资源是否合理配置，即主要是指代内的外部性问题。但随着可持续发展理念逐渐被普遍认可和接受，外部性问题已不再局限于某一代人、某一空间，而逐渐扩展到了代代之间、区际之间，即产生了代际外部性，其主要解决人类代际之间行为的相互影响，尤其是要消除前代对后代、当代对后代的不利影响。可以把这种外部性称为“当前向未来延伸的外部性”。尤其在生态环境领域，这种现象日益突出，如生态破坏、环境污染、资源枯竭、淡水短缺、耕地减少、生物多样性丧失等，都危及子孙后代的生存。

4）其他分类

根据外部性产生的前提条件，外部性又可分为竞争条件下的外部性与垄断条件下的外部性；根据外部性的稳定性，外部性又可分为稳定的外部性与不稳定的外部性；根据外部性的方向性，外部性又可分为单向的外部性与交互的外部性；根据外部性的根源，外部性可分为制度外部性和科技外部性；等等。

2.1.3 纠正手段

经济活动的外部性是市场机制运行中的典型故障和市场失灵。因此，当外部性存在时，市场配置是无效的。根本原因就在于边际私人收益与边际社会收益、边际私人成本与边际社会成本的非一致性。因此，对外部性的校正需要着眼于对边际私人收益或边际私人成本的调整。当某种产品或劳务的边际私人收益或成本被调整到足以使得个人或厂商的决策考虑其所产生的外部性，即考虑实际的边际社会收益或边际私人成本时，就能够实现外部性的内部化。这是解决外部性的根本思路，也是促使资源配置由缺乏效率到更具效率的过程。

新制度经济学派、产权经济学派等提出了多个解决外部性的具体措施，核心就是通过各种法律、行政或补贴、税收等手段，使得外部性的成本或收益能够计算并还原到产生该外部性的经济主体身上。负外部性的内部化，即外部边际成本被加入计算到边际私人成本之上，从而使产品、劳务的价格能反映全部的边际社会成本；正外部性（外部收益）的内部化，就是外部边际收益被加入计算到边际私人收益上，从而使产品、劳务的价格能反映全部的边际社会收益。

一是庇古手段。侧重于用政府干预的方式来解决经济活动中的外部性问题。庇古认为，当经济活动出现外部性时，依靠市场是不能解决的，这时市场是失灵的，需要政府进行干预。具体来讲，就是对边际私人成本小于边际社会成本的部门实施征税，即存在负外部性（外部不经济性）时，向生产者征税；对边际私人收益小于边际社会收益的部门实行奖励和津贴，即存在正外部性（外部经济性）时，给予生产者补贴。庇古指出，政府实行的这些特殊鼓励和限制，是克服边际私人成本（或收益）和边际社会成本（或收益）偏离的有效手段，政府干预能弥补市场失灵。这种通过征税和补贴实现外部性内部化的手段，被称为“庇古税”。当然，庇古手段也存在一定的局限：首先，庇古税的制定对信息要求很高，决策者必须掌握准确的生产情况、排污情况，才能确定最优的税率和补贴水平，而现实中这样的信息不一定全面、准确或者获取很难。其次，没有考虑成本问题，如果政府干预的成本大于外部性所造成的损失，则就没有必要消除外部性了。最后，征税过程中可能出现寻租，导致资源的浪费与配置的扭曲。

二是科斯手段。侧重于运用产权理论、市场机制来解决经济活动中的外部性问题。科斯认为，在市场交易费用为零的前提下，无论产权属于哪一方，通过协商、交易等途径都可达到资源配置最优，即经济活动的边际私人成本（或收益）等于边际社会成本（或收益），实现外部性内部化，这也是所谓的科斯第一定理。但现实生活中是存在交易费用的，这时就可以通过界定与明晰产权结构以及选择合适的经济组织形态来实现外部性内部化，使资源配置达到最优，无须抛弃市场机制或引入政府干预，这也是科斯第二定理。同时，科斯还认为，由于制度本身的生产不是无代价的，生产什么制度、怎样生产制度的选择，将导致不同的经济效率，换言之要从产权制度的成本收益比较的角度，选择合适的产权制度，这是科斯第三定理。科斯强调，应当从庇古的研究传统中解脱出来，寻求方法的改变，用市场手段解决外部性问题，政府只需界定明晰产权、制度即可。当然，科斯手段也存在局限性：首先，如果市场化程度不高，科斯手段就很难发挥作用。其次，自愿协商或市场机制建立需要考虑交易费用，如果交易费用高于社会净收益，那么资源协商就失去意义。最后，公共物品的产权很难界定或界定成本很高，也使自愿协商失去前提。

2.1.4 对农业生态功能价值评估的指导意义

农业环境与农业生产密不可分。农业生产依赖生态环境，农业生产又影响生态环境。农业环境问题产生于农业生产和农民生活过程之中。显然，农业生产具有典型的外部性特点，可对生态环境产生有利、不利影响，即农业生产既能对生态环境产生正外部性效果、改善生态环境，又能对生态环境产生负外部性效果、污染生态环境。

一方面，农业生产者为保障粮食产量与质量安全，在农业生产过程中会采取翻土、施肥、增加有机物覆盖等多种措施对农田进行管理维护，从而保持与改良土壤环境、防止水土流失。同时，种植的大面积农作物也能够固碳释氧、净化空气、增加生物多样性和景观美学、调节区域小气候等，为人类提供良好生态服务。尤其随着绿色发展理念逐渐深入人心，农家乐、生态体验园等新业态新模式日益火爆，休闲农业、乡村旅游蔚然成风，农业的多元化价值得到挖掘。可见，农业生产既提供了粮食、农产品，保障了国家粮食和食物安全，又改善了生态环境，促进了人类可持续发展。从经济角度看，尽管农业生产的部分生态、文化、社会价值可以通过市场交易的方式得到体现，但总体上农业生产的正外部性效果并未完全在市场交易中得到体现，产生的收益难以完全体现到农业生产者身上，绝大多数被其他主体或社会无偿享用，这也导致农业生产者利益受损、动力不足，不利于农业的可持续发展。

另一方面，农业生产者为达到粮食增产、个人增收等目的，在农业生产过程中可能盲目地、掠夺式地开发与利用农业资源，如毁林开荒、过度开垦农田，超量施用化肥、农药、农膜等农业投入品，导致农田水土流失，土壤板结、肥力降低，重金属污染，生物多样性丧失等农业生态破坏和环境污染。农业生态功能退化威胁人类生存环境，不利于人类可持续发展。相应地，这些负外部性效果也未在市场交易中得到充分体现，产生的成本也难以计算到农业生产者身上，生产者也没有因为这样的负外部性受到惩罚来改变自己利益最大化追求或生产习惯，而成本却由其他主体或社会无故承担。

解决农业生产的外部性问题，可综合采用庇古手段和科斯手段，通过向农业生产者征税或补贴、明确农业生态环境产权等措施，将农业生产的外部性内部化，实现边际私人收益（或成本）与边际社会收益（或成本）一致。

2.2　公共物品理论

2.2.1　内涵与原理

公共物品理论，又称为公共产品理论，是现代经济学的基本理论，也是环境经济学、生态经济学的基础理论之一。公共物品理论最早起源于西方。1739 年，英国经济学家大卫•休谟（David Hume）在著作《人性论》（*A Treatise of Human Nature*）中论述了某些事件对个人没有好处，但对集体来说是必要的现象。1776 年，亚当•斯密在《国民财富的性质和原因的研究》中阐述了公共产品的类型、提供方式、资金来源、公平性等，认为政府只需充当“守夜人”，仅提供最低限度的公共服务。大卫•休谟和亚当•斯密的研究形成了公共物品理论的雏形。

其后，埃里克•罗伯特•林达尔（Erik Robert Lindahl）、约翰森（Johansen）、鲍温（Bowen）、保罗•萨缪尔森（Paul A. Samuelson）、詹姆斯•麦吉尔•布坎南（James Mcgill Buchanan）等从不同的角度研究了公共物品，使公共物品理论逐渐成熟。1919 年，埃里克•罗伯特•林达尔分析了公共物品供给的均衡，即个人对公共产品的供给水平以及它们之间的成本分配进行讨价还价，并实现讨价还价的均衡，这是公共物品理论较早的成果之一。1954～1955 年，保罗•萨缪尔森发表“公共支出的纯理论”（The pure theory of public expenditure）和“公共支出理论的图式探讨”（Diagrammatic exposition of a theory of public expenditure），将公共物品定义为“每个人对这种产品的消费，都不会导致其他人对该产品消费的减少”。这也成为经济学关于纯粹的公共物品的经典定义。1965 年，詹姆斯•麦吉尔•布坎南在“俱乐部经济理论”（An economic theory of clubs）中对非纯公共物品（准公共物品）进行了讨论，公共物品的概念得以拓宽，认为只要是集体或社会团体决定，为了某种原因通过集体组织提供繁荣物品或服务，便是公共物品。1973 年，阿格纳尔•桑德莫（Agnar Sandmo）发表“公共产品和消费技术”（Public goods and the technology of consumption），从消费技术角度研究了混合物品（准公共物品）。

公共物品有狭义和广义之分。从狭义角度讲，我们通常所理解的公共物品是指纯公共物品，是具有非排他性和非竞争性的物品，如国防、法律、社会安全、环境保护等，一般由政府提供。从广义角度讲，公共物品是指具有非排他性或非竞争性的物品，一般包括纯公共物品、准公共物品。纯公共物品具备完全的非竞争性和非排他性，而准公共物品是介于纯公共物品和纯私人物品之间的产品，兼有纯公共物品和私人物品的特性，主要依据物品的非排他性和非竞争性强弱来确定供给模式，一般又包括俱乐部物品、公共池塘资源等。其中，俱乐部物品是指相互的或集体的消费所有权的安排，是具有非竞争性但有排他性的物品。公共池塘资源是具有非排他性和消费共同性的物品，是一种特殊的公共物品，其公共性主要考察的是自然资源配置过程中的制度安排。按公共物品的地域划分，还可以分为全球性公共物品、全国性公共物品、区域性公共物品、地方性公共物品。

2.2.2 主要特征

1）效用的不可分割性

效用的不可分割性，是对公共物品本身特性而言的。公共物品是一个整体，其供给也是整体性的、不可分割的，向整个社会共同提供，全社会共同受益，任何人都无法拒绝且不可分割。例如，国防、法律、公共安全、环境保护等，这些物品一旦被国家提供，全体国民都能享用，同时增加居民一般也不会降低其他居民对这种服务的享用。

2）受益的非排他性

受益的非排他性，是指公共物品可以提供给任何一个人并使之受益，无论这个人是否为自己的使用行为进行了支付，或者别人是否已经因此而受益；也就是说，对于既定的公共物品，如果已有一定数量的经济主体为此受益，也并不妨碍别的经济主体从中获取效用，即任何经济主体对于公共物品的使用受益并不相互排斥。这种受益的非排他性，也不可避免地会出现“搭便车”现象。

3）消费的非竞争性

消费的非竞争性，是指针对既定产出的公共物品，每增加一个消费者，并不会影响已有消费者对此公共物品的消费和从中获得的效用，也不会增加生产此公共物品的额外成本。也就是说，既定产出的公共物品随着消费者数量的增加，其消费的边际成本为零，每一个消费者的消费行为互不影响，不构成竞争关系；消费的边际拥挤成本也为零，即任何人对公共物品的消费不会影响其他人同时享用该公共物品的数量和质量。因此，边际拥挤成本是否为零也是区分纯公共物品、准公共物品的重要标准。

2.2.3 产生的主要问题及解决手段

1）搭便车问题

搭便车问题首先由美国经济学家曼瑟尔·奥尔森（Mancur Lloyd Olson，Jr）提出。1965 年，他发表“集体行动的逻辑：公共物品与集团理论”（The logic of collective action：public goods and the theory of groups），核心观点是由于集体行动所产生的收益由集团内部每一个人共享，但成本却很难平均地分担，每个集体成员在分析自己的成本-收益时，都会选择让别人去努力而自己坐享其成。换个角度理解就是，由于有公共物品的存在，每个成员不管是否对这一物品的产生做出过贡献，都能享受这一物品所带来的好处，或者说个人不付成本而坐享他人之利。

曼瑟尔·奥尔森认为，“搭便车”问题会随着一个群体中人员数量的增加而加剧：①当群体成员数量增加时，群体中每个人在获取公共物品后能从中取得的好处会减少；②当群体成员数量增加时，群体中每个人在集体行动中能做出的贡献相对减少，这样，因参与集体行动而产生的满足感就会降低；③当群体成员数量增加时，群体内人与人之间进行直接监督的可能性会降低；④当群体成员数量增加时，把该群体成员组织起来参加一个集体行动的成本会大大提高。“搭便车”问题源于公共物品的非竞争性和非排他性，每个人都拥有享用的权利。所以，这影响着公共物品供给成本分担的公平性，以及公共物品供给的持续性。由于个人支付较大成本而只享受较少的收益，集体中的理性个人没有动力去继续提供公共物品，并且随着集体组织规模的日益扩大，公共物品的供给会越来越不足。

“搭便车”问题，往往导致“市场失灵”，市场无法达到效率。而解决这一问题，仅仅依靠市场机制本身很难奏效，需要政府干预，提供这种公共物品或服务，同时建立公平机制、加强监管，并不断提高每个主体的付出或服务意识。

2）公地悲剧问题

公地悲剧问题最早由学者加勒特·哈丁（Garrett Hardin）提出的。1968 年，他在《科学》(*Science*)杂志上发表文章“公地的悲剧”(The tragedy of the commons)，指出作为理性人，每个牧羊者都希望自己的收益最大化。在公共草地上，每增加一只羊会有两种结果：一是获得增加一只羊的收入；二是加重草地的负担，并有可能使草地过度放牧。经过思考，牧羊者决定不顾草地的承受能力而增加羊群数量，于是他便会因羊只的增加而收益增多。看到有利可图，许多牧羊者也纷纷加入这一行列。由于羊群的进入不受限制，所以牧场被过度使用，草地状况迅速恶化，悲剧就发生了。

从根本上说，“公地”作为公共物品，具有非排他性和非竞争性等特征，每一个经济主体都有使用权，都为了自身利益最大化都倾向于过度使用，从而造成资源枯竭、“公地”不再。例如，过度砍伐的森林、过度放牧的草原、过度捕捞的渔业资源，以及过度投入化肥、农药污染耕地等都是“公地悲剧”的典型例子。公地悲剧，其实就是每个主体都按照自己的方式，无节制地、掠夺式地处置公共资源。从经济角度分析，是公共物品因产权难以界定而被竞争性地过度使用或侵占，私人收益大于社会收益、私人成本小于社会成本，资源配置低效率或无效率。

因此，解决“公地悲剧”问题，可采用两种手段：一是界定产权。根据科斯定理，只要界定和明晰公共物品的产权，则通过市场机制，最终总能使该资源达到最优配置和使用。因此，明确“公地”产权，或者将“公地”私有化、分配给每个主体，是理论上避免“公地悲剧”发生的最好途径。进一步理解，既然公共物品容易遭到滥用和损害，不如把它们分配给私人，使其产权明晰、权责明确。这样每个主体在追求自身利益最大化的时候，就会自觉考虑长期效应，从而使公共资源得到更有效率和更可持续的利用。从实践来看，家庭联产承包责任制、草原保护承包制、林地管护承包制等，就是通过产权制度安排来避免“公地悲剧”发生的一个应用和体现。二是政府干预。现实中，往往并不是所有公共物品都能或者适合通过产权分配的方式来避免“公地悲剧”的发生，尤其还附加着社会制度等因素。例如，空气是典型的公共物品，属于典型的“公地悲剧”问题，但加强空气环境保护、避免污染发生，就无法通过界定产权归属这一途径来实现。因此，在公共物品仍然保持其公有属性的情况下，只能通过公共部门（政府）干预，来规范和协调每个经济主体的行为，确保公共物品的合理有效利用。

2.2.4　对农业生态功能价值评估的指导意义

生态环境中的空气、水、土地、草原、湿地、林地等要素，为人类生存发展提供着基本的物质和能量保障，但同时也吸纳着人类生产生活所产生的大量废弃物，具有明显的非竞争性和非排他性特点。具体来说，提供资源服务和能源的生态环境具有一定程度的排他性，但又有消费上的非竞争性特征；提供居住、工作和娱乐等空间服务的生态环境具有一定程度的竞争性，但又有受益上的非排他性特征，这两类生态环境属于准公共物品。所以，总体来看，生态环境属于广义上的公共物品范畴。随着生态时代的来临，生态环境已成为目前人类最大和最重要意义上的公共物品。而农业环境作为生态环境的重要组成部分，不仅具有生态环境的基本特征，还担负着为人类提供粮食和农产品的特殊使命。所以，对人类而言，农业环境更是属于特殊意义的公共物品。

农业环境存在典型的“搭便车”问题。农业是人与自然关系最为紧密的产业，农业环境是人类与自然界的一个巨大接口、广阔平台。农业的底色就是绿色。曾几何时，农村山清水秀、绿树成荫、鸟语花香、空气清新，是人类生活居住的世外桃源。但随着人类活动的加剧，对资源环境过度开发利用、破坏损害，导致农村环境恶化、污染加重，逐渐威胁人类生存与发展。究其原因，在于农业环境的公共物品属性，每个私人主体只顾开发利用，而不采取行动加以保护，却幻想着其他主体来治理保护，即获取了个人收益却未付出成本或成本很少。这种“搭便车”行为，加上政府职能缺位，久而久之就导致这种公共物品短缺直至没有（生态系统崩溃）。同样地，农村基础设施保护与破坏也存在典型的“搭便车”问题。农村基础设施具有公共物品属性，是农业生产的物质载体和农村经济发展的基础，目前以政府投资建设为主。在农村生产生活中，每个主体都可以享用这种农村基础设施，但在享用的过程中，却因为是公共物品而不加爱护，导致这些基础设施折旧加快、没有发挥预期作用，甚至提前报废。

农业环境存在典型的“公地悲剧”问题。我国农村地域广阔，农业农村资源环境是一片肥沃且诱人的“公地”。由于城乡二元结构的管理体制、环境监管的不到位，以及农村居民环境保护意识的不足，农民或企业有十足的动力为了利益最大化而侵占、掠夺或损害农业资源环境，导致农业环境“公地悲剧”现象频繁发生。例如，农村水环境污染已成为美丽乡村建设的重要制约因素之一。多年来，虽然政府投入了大量物力、财力开展治理，但农村水环境污染问题仍未得到根本解决，相反一些地方还出现加剧现象。究其原因，农村水环境具有典型的公共物品特性，农村的沟渠、池塘等作为公共物品存在，是天然的污水接纳体。在产权不清、缺乏管制的情况下，人们当然有动力将自家产生的污水、垃圾等污染物排入其中，以减小自家的污染压力。于是，随着每个人都有这种想法，且排污者和排污量日益增多，农村水环境不堪重负、超越承载界限，产生污染问题。同样，广袤的农业草地（草原）也存在类似情况。如果草原没有界定产权、缺乏管制，就会如加勒特·哈丁描述的那样，牧民们将会为了追求个人利益最大化而无节制地放牧或开垦草原，最终导致草原退化、不复存在。

解决农业环境中的“搭便车”“公地悲剧”等问题，需要从公共物品的特性入手，采取明晰产权、政府干预、提高居民环境保护意识等多种措施，纠正公共物品供给过程中的外部效应，使外部性内部化。

2.3　生态资本论

2.3.1　内涵与原理

资本是经济学中最基本的概念之一。早在 1678 年，《凯奇·德佛雷斯词典》（*Cage De Vries Dictionary*）就给出了定义，认为“资本”是“能产生利息的本钱”。而“生态资本”的概念，则建立在自然资本理论之上。1948 年，威廉·沃格特（William Vogt）提出自然资本概念，指出滥用自然资本会对美国的偿债能力产生不利影响。但当时主流经济学仍拥有绝对话语权，资源环境问题没有引起关注，自然资本概念在很长一段时间并未受到重视。20 世纪 80 年代，随着可持续发展概念的提出，人们逐渐重视生态环境问题，一些经济学家也逐渐意识到经济发展与生态环境、自然资源有关，于是自然资本、环境资本等词汇频繁出现在各种场合。1987 年，世界环境与发展委员会在“我们共同的未来”（Our common future）中提出应该把环境当成资本，并认为生物圈是一种最基本的资本。1988 年，大卫·皮尔斯（David Pearce）间接提到自然资本的概念，认为可持续发展可以按照经济变化进行分类，而标准就是自然资本存量的稳定性，即环境资产的存量保持稳定。1990 年，大卫·皮尔斯和科里·特纳（Kerry Turner）在著作《自然资源与环境经济学》（*Economics of Natural Resources and the Environment*）中正式提出“自然资本”的概念，并将其定义为“任何能够产生有经济价值的生态系统服务的自然资产”，而且认为所有的生态系统服务可能都会产生经济价值，后来还提到把自然资本作为评估可持续性的一项指标。之后，关于生态资本的研究逐渐增多，主要包括生态资本的内涵界定、属性特点、价值评估（或核算）、资本运营等。

关于“生态资本”的定义，至今仍无一个完全统一的表述。但综合已有研究来看，生态资本一般是指能够带来社会经济收益的生态资源和生态环境，是通过自然因素和人为投资的双重作用而形成的资本，是一个涵盖经济、生态和社会三方面的复合系统概念。主要有四个方面的内容：①自然资源总量（可更新和不可更新的）和环境消纳并转化废物的能力（环境的自净能力），即能直接进入当前社会生产与再生产过程的自然资源；②生态潜力，即自然资源（或环境）的质量变化和再生量变化；③生态环境质量，指生态系统的水环境质量和大气等各种生态因子质量，为人类生命和社会生产消费所必需的环境资源；④生态系统作为一个整体的使用价值，主要指呈现出来的各环境要素的总体状态对人类社会生存和发展的有用性。

生态资本理论认为，生态环境具有价值且具有资本属性。因此，生态资本具有二重性：一是具有生态环境的自然属性，遵循生态规律并具有生态功能，表现为生态资本的使用价值；二是具有资本的一般属性，即以保值增值为目的，遵循市场供求与竞争规律，表现为生态资本的价值。具体分为以下几种属性：①阈值性。生态资本承载着人类生存、经济发展与社会进步的物质和服务需求，但这些需求也不是生态资本能够无限满足的，而是有一定的极限要求。当人类的需求在生态资本的阈值范围之内时，生态资本的供给不会受到影响，且具有可持续性；但当这些需求超过生态资本的阈值时，生态资本的供给就会受到影响，导致生态系统的退化。②稀缺性。稀缺性是资本的基本特性。生态资本作为一种资源，只有比周围系统具有明显或特殊的优势，即具有稀缺性，才有转化的可能性，才可经营，实现其资本的保值、增值等目标。因此，稀缺性是生态资本价值实现转化的前提。③产权性。理论上，资产只有明确产权，其价值才具有计量的可能性，其服务价值才能被经营、控制和管理。所以，生态资本的产权必须是清晰明确的。但现实中，生态资本具有很强的公共物品性质，有些权属难以准确界定，如良好的空气等。④增值性。资本具有天然的逐利性，其目标是价值最大化或盈利最大化。生态资本具有资本的一般属性，具有追逐回报的性质，通过合理利用、长期积累，可促使自动增值。但生态资本又受到生态系统整体性的制约，只有保持生态系统内各因子的平衡协调，才能实现生态系统整体价值最大化和整体增值。⑤运动性。资本只有运动，才有实现增值的可能性。生态资本既具有资源环境的空间固定性，又具有一般资本规避风险的逃逸性。低回报率的生态资本会转移地域或变换形态，流动到回报率较高的领域。

2.3.2　生态资本价值核算

既然生态资本论认为自然资源、生态环境等生态资本具有价值，那么，其价值量是多少、如何开展价值核算等则是人们思考研究的关键问题。而开展生态资本价值核算也具有重要意义：第一，可以通过建立价值核算方法、开展经济价值核算，体现生态资本的自身价值，同时掌握生态资本的价值“本底”；第二，可以增进人类对生态资本的理解，使其认识到良好的生态环境蕴藏着巨大的经济价值是一种巨大的财富或宝藏，要更加重视、爱护生态资本；第三，可以加强对生态资本的管理，通过监控其利用、损耗和恶化趋势，以采取针对性措施，不断保护与改善自然资源和生态环境，提高生态资本利用率、促进资本增值，使之更好地为人类服务。

国外对生态资本价值核算的研究较早，比较关注核算方法，并开展了系列实践。早在 1967 年，约翰·克鲁梯拉（John Krutilla）就定义了自然环境价值，将“存在价值”引入主流经济学，认为生态资本的存在价值是独立于人们对它进行使用的价值，要考虑生态资本在当代人和后代人之间的价值分配，这为定量评估生态资本价值奠定了理论基础。1978 年，挪威开始资源环境核算，以国民经济为模型建立环境账户。1985 年，荷兰开始土地、能源、森林等的核算。1989 年，法国发布《环境核算体系——法国的方法》（*Environmental Accounting System—The French Method*）。1990 年，墨西哥把土地、水、森林等纳入环境经济核算，并率先进行绿色国内生产总值（green gross domestic product，绿色 GDP）核算。1993

年，美国建立反映环境信息的资源环境经济综合账户体系。1997 年，罗伯特·科斯坦萨等对全球生态资本的经济价值进行评估，将全球生态系统的服务功能分为 17 种并进行赋值计算，得出每年 33 万亿美元的结论，使人们认识到生态资本拥有巨大的经济价值，同时也在世界范围内掀起了生态系统服务功能价值评估与核算的研究热潮。2003 年，联合国发布《综合环境与经济核算体系（2003 年版）》（*System of Integrated Environmental and Economic Accounting-2003*，SEEA-2003）核算手册进一步明确了核算对象和核算方法。2014 年，联合国发布《2012 年环境经济核算体系：中心框架》（SEEA-2012），其成为环境经济核算体系的国际标准和指南。这些研究与实践，进一步推动了世界范围内的生态资本价值核算工作，为丰富与完善生态资本理论发挥了重要作用。国外形成的生态资本核算体系，主要包括：联合国的综合环境与经济核算体系（the system of integrated environmental and economic accounting，SEEA）、美国的经济环境一体化卫星账户（integrated economic and environmental satellite accounts，IEESA）和环境与自然核算项目（environmental and natural resources accounting project，ENRAP）、欧盟的包含环境账户的国民经济核算矩阵（national accounting matrix including environmental accounts，NAMEA）、日本的环境核算账户（environmental management accounting，EMA），以及挪威和芬兰的资源环境核算体系框架等。但由于自然资源分类的复杂性、价值估算方法的不统一规范，以及自然资源基础数据的缺失等问题，仍未有任何一个国家或组织真正完全实现自然资本核算。

我国对自然资源环境价值、生态资本核算等的理论研究与社会实践开展得相对较晚。20 世纪 80 年代，李金昌、过孝民等翻译和出版了自然资源核算方面的外文著作，刘鸿亮等构建了环境污染和生态破坏引起的经济损失的计算方法，国务院发展研究中心还与美国世界资源研究所合作研究“自然资源核算及其纳入国民经济核算体系”，为国内认识和了解资源环境价值、评估方法，以及开展价值核算等奠定了基础。20 世纪 90 年代以来，欧阳志云、李文华、王金南、刘思华、严立冬、谢高地等许多学者围绕生态系统服务价值（生态资本）分类、评估方法、价值核算等开展了一系列研究，进一步推动了生态资本的价值核算工作。2002 年，国家统计局扩展国民经济核算体系，新增自然资源实物核算卫星账户，补充水、土地、矿产、森林等资源的实物核算表，并开展污染物排放的实物量数据统计。2006 年，国家统计局与国家环境保护总局发布《中国绿色 GDP 核算报告 2004》，这是我国第一份经环境污染调整的 GDP 核算研究报告，尽管核算结果并不系统全面，但这是对生态资本核算的有益尝试。2013 年，国家林业局和国家统计局联合启动全国林地林木资源价值和森林生态服务功能价值核算。2015 年，环境保护部又启动了“绿色 GDP 核算 2.0”。与此同时，很多学者、研究机构等也开展了系列生态资本核算的理论与方法研究，如界定生态资本概念、建立价值评估方法、开展某种生态系统的经济价值估算、提出核算政策建议等，为生态资本理论的丰富与完善提供了重要支撑。

梳理国内外已有研究，生态资本的价值核算或评估方法，从资本市场的角度来看，大致可以分为三类：①直接市场法。对于能够在市场上进行交易的生态资本，将其能提供的生态产品或服务的市场价格作为价值。主要有市场分析法、生产率变动法、恢复费用法、机会成本法等。②间接市场法。对于没有直接市场价格，但有相关替代产品或服务的市场和价格的生态资本，将替代品的价格作为价值。主要有损失成本法、生产函数法、防护费用法等。③意愿调查法。对于没有市场交易价格的生态资本，通过构建假想市场、获得人们对此的支付意愿或受偿意愿来估计其价值。但总体来看，关于生态资本的价值核算，目前国际上尚无统一规范的技术方法，这也是当前和今后生态资本价值评估最需要解决的紧迫课题。

2.3.3　生态资本的运营

逐利、增值是资本的本质属性，而运动、发展是实现资本增值的前提和条件。资本一旦停止运动，就不能增值，也就丧失了它的生命力。生态资本具有资本属性，如果说生态资源只有实现资本化才能体现自身的价值，那么生态资本的运营则是生态资源实现最优配置的关键。

生态资本的运营，又可称作生态资本的经营、运作、管理等，旨在把自然资源和生态环境作为一种资本投入到社会经济生产过程中，通过科学的经营、管理，在维持这些生态资本存量的基础上，使之更有效率并不断扩大其生态功能和服务，增进生态效益，在再生产过程中实现保值与增值，实现经济效益、生态效益与社会效益的协调统一。进一步理解，生态资本运营的本质在于将生态系统潜藏的生产力转化为现实的生产力，在保证生态系统服务价值不减的前提下实现生态资本的不断积累，最终形成生态系统与经济社会发展的良性循环。

关于生态资本运营的理论研究，可以追溯到 20 世纪六七十年代兴起的环境保护运动。当时，环境保护人士纷纷指出“被动投入型”的环境保护行动难以解决环境问题，而“主动增值型”的环境保护行为依靠个人、企业、社会和各级政府的共同努力，借助商业手段，可以改善环境质量，实现环境与经济利益的双赢。于是，就诞生了“环境资本经营”的概念。随后，国内外学者开展了大量理论研究。例如，特里·安德森（Terry Anderson）在著作《环境资本运营：经济效益与生态效益的统一》（*Enviro-Capitalists：Doing Good While Doing Well*）中用大量案例资料解释了“环境资本经营”的概念；黄爱民和张二勋（2006）剖析了环境资本运营的运作过程，认为只有在市场上，环境资本才能发挥经济与生态的双重功能，只有利用市场的力量才能以尽可能低的花费达到保护环境的目的；王海滨（2005）认为生态资本运营是实现生态服务价值的现实手段，并以北京市密云县为例提出生态资本运营的四种途径和实现条件，之后又进一步提出生态资本运营的主体、原则、目的、途径、步骤等；严立冬等（2009）分析了生态资本运营与相关资本运营的关联性，提出绿色农业生态资本运营的概念，分析探讨了绿色农业生态资本运营的机理、原则和思路；邓远建等（2012）从生态位原理、限制因子原理、食物链原理、整体效应原理、生物与环境协同进化原理、最佳持续收获量原理、生物种群相生相克原理等出发，分析了绿色农业生态资本安全运营的生态原理，同时提出了相关政策建议；刘加林等（2015）从生态补偿的角度探讨了生态资本运营机制，分析了生态资本运营机制的逻辑起点，构建了生态资本运营机制的总体框架，提出了生态资本运营机制的保障措施等。

生态资本的运营，在国内外早已成功实践。20 世纪 80 年代，美国野生动物学家和企业家汤姆·波兰德（Tom Boland）利用休闲族对打猎、钓鱼和野营等的需求，通过实行野生动物和休闲经营项目，将土地租用、游客休闲与野生动物保护结合起来，在拯救野生动物、保护环境的同时创造了丰厚的利润，实现了生态资本的增值。我国江苏省无锡市在太湖流域水污染防治工作中，积极强化“环境就是资本”理念，通过水环境综合整治，改善和美化周围生态环境，同时使环境资本增值 50 亿～60 亿元。此外，我国海南、贵阳等地也在积极推动生态资本运营实践，且取得了不错的效果。

总的来看，国内外关于生态资本运营的研究与实践不断深化，基本构建了一个理论框架，同时对一些具体领域也进行了积极探索，如森林生态资本、农业生态资本、海洋生态资本等，为进一步完善生态资本运营积累了有益经验。但在生态资本运营的微观运行机制方面仍然缺乏深入细致的分析，如生态资本运营不同阶段的设计、执行及优化等，仍未形成系统性、动态性的体系，而且相关实践也有待进一步拓宽。

2.3.4 对农业生态功能价值评估的指导意义

生态资本论作为生态经济学、环境经济学领域的一项重要理论，在农业环境保护中应用广泛，尤其对农业生态功能价值评估具有重要的指导与支撑意义。

一是促使人们认识到农业具有生态价值。生态资本论认为，自然资源、生态环境等生态资本具有价值。农业依靠自然环境而产生，又在改造生态环境的过程中得以发展。在农业生产过程中，生态环境既是劳动对象又是劳动资料，农业生产的过程就是人们通过劳动改变自然物的形态以适应人类社会需要的过程，即利用对农业自然资源和生态环境的消费及其形态的变化过程（屈志光等，2014）。所以，农业生态系统与自然生态系统有着天然的耦合性，农业生态系统是自然生态系统的重要组成部分。因此，农田、草原、果园、湿地，以及土壤环境、水环境、大气环境等农业资源环境是重要的生态资本，具有价值。此前，人们对农业的理解与定位主要是粮食与农产品生产，对农业资源环境关注不够，或者即使关注也没有意识到其具有价值。随着工业化和城市化的快速推进，各种自然资源、生态环境要素稀缺性和生态系统的阈值性日益凸显，如耕地数量日益减少、土壤环境污染加剧、农业水资源短缺、草原沙化等，良好的农业生态环境资源成为一种稀缺的“奢侈品”。尤其生态资本价值核算研究的深入，进一步使人们深刻认识到农业资源环境是一种资本，具有宝贵价值。

二是指导与支撑农业生态功能价值估算。随着生态资本理论的不断发展，其研究形成的各种生态资本价值核算方法也对农业生态功能价值评估起到良好的指导、支撑与促进作用。例如，直接市场法可作为计量农业环境质量变化的经济损失或经济效益方法。通过建立剂量-反应函数、损害函数或生产率变动方程等具体技术方法计算农业环境质量的实际变化情况，同时结合市场价格，从而直接估算农业环境质量变化而带来的经济损失或效益，即获得具体的农业生态功能价值。再如，替代市场法也可作为估算农业生态功能价值的方法。与直接市场法不同，它是一种间接的计量方法，即使用替代物的市场价格来估算没有市场价格的农业环境物品的价值的方法。这种方法是在研究不可再生性农业生态资源有限性与人类社会需求无限性，且消费不断增加的情况下提出的。在估算农业的某项生态功能价值时，可通过建立旅行费用、防护支出、影子价格等相关替代方法或替代物，间接计量其市场价值。

三是促进人们强化农业资源环境的运营管理。生态资本的运营是生态资源实现最优配置的关键，也是生态资源价值发挥与否或者说正反效果的重要因素。如果生态资本的运营、管理比较科学，在生产过程中合理有序，注重保值、增值，那么就能促进生态资源的合理配置，充分发挥其正向服务功能或价值；反之，如果生态资本的运营、管理杂乱无序，在生产过程中过度开发、索取，那么就会导致生态资源配置的不合理或者失衡，其负面影响就会逐渐显现并不断扩大。对农业而言，自然资源和生态环境是农业发展的物质基础，其空间分布、结构存量等不仅决定了农业地域分工和布局，而且也直接影响农业的产出效益。农业对自然资源的依赖程度远远高于其他产业，之所以称为“第一产业”，实际上就是“第一次”把自然资源转化为人类可以利用的物质的产业（陈光炬，2014）。因此，从本质来看，农业自然生产过程就是生态环境和生态资源的投入、转化和产出的过程，是一种天然和自发的生态资本运营过程。良好的空气、土壤环境、水源供给等农业生态资本是农业生产发展的最根本保障，不仅可以带来直接的农业生产效益、维护粮食安全和农产品质量安全，而且对农业可持续发展产生深远影响、提供源源不竭的动力，同时能为人类提供良好生态服务，满足人们日益增长的生态环境需求。当然，如前所述，如果对农业生态资本的运营、管理不重视，或者不科学等就可能导致其资本减值，甚至产生严重的生态环境问题，既不利于农业生产发展，又可能危害人类生存繁衍。因此，加强农业生态资本的科学运营、管理，对维持农业可持续发展、发挥生态服务功能具有重要意义。

2.4　劳动价值论

2.4.1　内涵与原理

价值论是经济学的基础理论，劳动价值论对于开展农业资源环境价值评估具有重要意义。劳动价值论是经济学中一个古老的基本理论，是人们在长期的历史过程中不断认识价值和劳动的关系而逐步形成的。最先由英国经济学家威廉·配第（William Petty）提出，1662 年，他在其著作《赋税论》（*A Treatise of Taxes and Contributions*）中阐述了劳动时间决定商品价值的思想，提出“劳动是财富之父，土地是财富之母”，将价值的源泉归结为劳动，奠定了劳动价值论的理论基础。1776 年，亚当·斯密在《国民财富的性质和原因的研究》中进一步提出“劳动是衡量一切商品交换价值的真实尺度”和“劳动是一切财富的源泉，两个商品互相交换的前提就是耗费了等量的劳动”，进一步发展了劳动价值论。1817 年，大卫·李嘉图（David Ricardo）在《政治经济学及赋税原理》（*On The Principles of Political Economy and Taxation*）中对商品价值取决于劳动时间这一原理做了比较深入的分析，认为没有使用价值的东西就不可能有交换价值，在批判地继承亚当·斯密思想的基础上进一步完善了劳动价值理论。之后，卡尔·海因里希·马克思（Karl Heinrich Marx）从辩证法和历史唯物论的角度借鉴了亚当·斯密和大卫·李嘉图理论中的合理部分，在《资本论》（*Das Kapital*）中提出了“商品二因素”和“劳动二重性”学说，最终形成了完整的劳动价值理论（于新，2010）。

马克思劳动价值论认为，生产商品的劳动分为具体劳动和抽象劳动，具有二重性：具体劳动创造商品的使用价值，体现的是人与自然之间的关系；抽象劳动形成商品价值，体现的是商品生产者之间的社会经济关系。生产商品的劳动二重性决定了商品的二因素，即价值和使用价值：使用价值是商品的自然属性，具有不可比较性；价值是一般人类劳动的凝结，是商品的社会属性，构成商品交换的基础。商品的价值量由生产商品的社会必要劳动时间决定。

2.4.2　与相关理论的区别联系

劳动价值论的建立与发展在人类经济学历史上具有重要的理论价值和地位。它深刻阐释了商品经济的本质和运行规律，赋予了活劳动在价值创造中的决定作用。尤其是马克思劳动价值论，更是揭示了资本主义生产方式的特点和基本矛盾，以及从产生到灭亡的历史规律，是指导无产阶级革命的思想武器。但不可否认的是，劳动价值论一直存在争论，其缘由既有理论自身局限性和不足，也有时代变迁等客观因素影响，这既是理论发展的需要，也是实践发展的需要。

1）关于价值源泉的争论

价值源泉是经济学价值论的核心问题，也是各种价值论争论的焦点。关于价值源泉的争论，代表性的观点主要有以下几种。

首先，传统的劳动价值一元论。马克思劳动价值论认为，价值实体是凝结在商品中的无差别的一般人类抽象劳动，价值只包含人的活劳动，而不包括任何一点物质资料的成分。价值仅仅是人的抽象劳动的凝结，生产实物形态商品的劳动是商品价值的唯一源泉。

其次，要素价值论。认为商品的有用性即客观效用是价值的基础，价值的源泉就是生产出客观效用的各生产要素。这里的生产要素包括劳动价值论所说的“劳动”，但只是诸要素之一，并且随着社会发展已不是第一生产力，更不是唯一的价值源泉。他们的论据主要有：一是马克思劳动价值论存在逻辑矛盾。根据马克思劳动价值论，劳动对价值的贡献率是100%，其他生产要素的价值贡献率一律为零，不符合逻辑。二是非劳动生产要素的作用日益凸显。近现代以来，科技、信息、管理等“新生产要素”日益成为经济发展的重要驱动力量，共同创造价值，若对此视而不见、固守只有劳动才能创造价值则会阻碍经济社会发展。三是在商品交换关系中表现出的共同的东西不仅包括抽象劳动，还应包括对物品和活动有用性的抽象概括。使用价值不仅是交换价值的物质承担者，还是交换价值的直接决定者，从而创造使用价值的生产要素也是价值的源泉。

最后，知识价值论。在知识经济中，人的直接劳动已脱离生产过程，不再是创造价值的主要源泉。劳动价值论已经过时，应该用知识价值论取代劳动价值论。知识价值论其实是内涵于要素价值论的，二者的不同在于知识价值论认为只有知识才创造价值，而要素价值论认为包括知识等在内的各生产要素共同创造价值。

2）关于劳动的争论

自马克思关于劳动价值论分析研究以来，劳动概念的内涵与外延均有扩大的趋势，学界围绕着到底什么劳动才创造价值展开争论。

首先，传统的生产劳动创造价值论。他们以价值定义为依据，坚持只有物质生产劳动才能创造价值，即“劳动”仅指商品生产过程中的生产性劳动。而对于科学技术劳动、管理劳动、服务劳动等，由于其不直接参与生产过程或生产非物质商品，都不创造价值。他们认为，价值是凝结在商品中的一般的无差别的人类劳动，并强调“凝结在商品中的”这一定语非常重要。因为劳动只能凝结于物质产品中，不能凝结于非物质产品中，所以只有生产出物质产品的劳动才能创造价值。

其次，其他劳动是否创造价值。有观点认为，应当突破只有物质生产劳动才能创造价值这一“传统”观点，拓宽创造价值的劳动的范围，与时俱进地发展马克思劳动价值论，不管是经济领域还是非经济领域，一切有益于人民和社会的必要劳动都是创造价值的劳动，如科学技术劳动、管理劳动以及服务劳动等。还有一种观点将劳动分为四类，即物质生产劳动、精神生产劳动、商业服务劳动和社会公务劳动，并认为社会公务劳动不创造价值，在其他的劳动中，属于商品经济关系、对社会有正面作用的劳动才创造价值。

最后，提供服务的劳动是否创造价值。有观点认为，价值从本质上讲是商品生产者互相交换劳动的一种社会关系，这种社会关系不是以物品而是以使用价值为承担者。因此，无论什么劳动，只要创造出用于交换的使用价值（不论是实物形式还是非实物形式）就创造价值。服务是一种非实物形式的使用价值，只要服务是为交换而提供的，它作为用于交换的劳动产品就是商品，就具有价值，提供服务的劳动就是创造价值的劳动。

2.4.3 对农业生态功能价值评估的指导意义

农业的产生、发展与人类活动密切相关。农业生态系统是一个自然、生物与人类社会生产活动交织在一起的复杂系统。农业生产，是自然再生产与经济再生产相互交织的过程。劳动价值论在农业环境中应用广泛，尤其对农业生态功能价值评估而言，存在一些不同的观点。

一种观点认为，劳动价值论不适用于农业生态功能价值评估，天然的农业生态环境没有价值。根据劳动价值论，特别是马克思主义的劳动价值论，价值在于其中物化的社会必要劳动，价值量大小取决于其中蕴含的社会必要劳动时间的多少。对于一切未经人类劳动，而处于自然状态下的农业形态包括各种功能，如原始森林对气候的调节作用、原始草原对土壤的保持作用、原始湿地对水源的涵养作用、原始生态对生物多样性的保护作用等，都是自然界赋予我们的天然产物，由于其没有凝结人类的劳动不具有使用价值，更谈不上具有价值（彭武珍，2014）。照此理解，部分农业环境因为没有凝结人类的劳动，都是没有价值的，例如两块同样的草原，一块被用来放牧或者用作草皮卖掉，那么它就具有价值，而另一块无人问津、自生自灭，则没有价值，显然这种结论很难让人接受。此外，按照劳动价值论，只要某环境商品凝结的人类劳动相同，则其价值也相同，与环境自身的品质毫无关系（彭武珍，2014）。假如一个农民在农田种植水稻，使用同样的生产工具、用同样的劳动强度，第一块农田种植 1 亩水稻，但水稻的长势不好、株体矮小、茎叶萎缩；第二块农田的 1 亩水稻，长势很好、株体较大、枝繁叶茂。如果用劳动价值论来衡量，因为其凝结的人类劳动一样，所以这两亩水稻的价值也应该一样，显然这个结论也不能让人信服（彭武珍，2014）。

另一种观点认为，需要用发展的眼光来看待劳动价值论，农业生态环境具有价值也是劳动价值论的具体体现。当今社会的生态环境已经不同于原始社会，人类为了保持经济社会的可持续发展，经常投入大量人力、物力和财力植树造林、保护草原、改善环境和发展生产，此过程中或多或少有人类劳动，人类付出了社会必要劳动，使农业生态环境具有价值。另外，在工业化程度高和科技迅速发展的时代，为了满足人类生存的需要，需要投入越来越多的人类抽象劳动来开发和利用农业的多种功能，也必然具有价值。这种观点解释说，马克思所处的时代人类经济发展水平不高，人类的需求也相对简单，农业的生态等功能还没有受到重视，农业提供的食品和纤维能较好地满足人类的生存需求，所以提倡没有人类劳动就天然存在的生产资料不具有价值。但随着经济与社会的发展，特别是到了 20 世纪后半期，农业资源过度开发与环境污染成为人类面临的重大问题。为了可持续发展，人们不得不投入大量劳动植树造林、保护草原、改善环境等，因而使农业生态环境具有了价值，这体现了马克思主义的劳动价值论。

本书认为，劳动价值论是分析评估农业价值的基础理论之一，对农业生态功能价值评估仍然有着重要的指导与支撑意义。首先，人类劳动已经渗透、凝结于生态系统之中。一方面，当前人类文明已进入生态文明新时代，以往那种与生态过程无关的纯粹的经济过程已不存在，与社会经济无关的纯粹的自然过程也不存在，可以说人类的活动已延伸到生态系统的每一个角落，人类劳动对生态系统的渗透已是一种普遍的生态经济现象。另一方面，在全球生态环境问题形势日趋严重的形势下，现有的自然资源、环境质量等存量已不能满足人类进一步生产生活的需求，人类必须在遵循自然生态规律的基础上再投入一定量的社会劳动，对自然环境加以利用优化，提升存量、优化增量，才能再生产出达到人类需求的使用价值。所以，当代人类的各种智力的、体力的、直接的、间接的劳动流转和凝结于生态系统之中，形成生态价值。其次，农业生态环境保护凝结着人类劳动。农业生态系统是被人类驯化了的、以自然生态系统为基础的人工生态系统。人类从事农业生产，就是利用并促进绿色植物的光合作用，将太阳能转化为化学能，将无机物转化为有机物，使农业生态系统为人类社会尽可能多地提供农产品。可以说，农业生产是充分体现并充满人类劳动的过程。从总体上看，农业生产是人类劳动与智慧的结晶，这既包括具体劳动，也包括抽象劳动，所以既具有使用价值，又具有价值。一方面，人类为了生存，必须依靠农业，以获取食物和纤维等的基本供给，这其中必然要付出具体的劳动，如耕地、播种、田间管理、收割等具体的生产活动；另一方面，人类为了可持续发展，必须根据时代变迁、环境变化等发展农业，除付出具体的劳动外，还要付出大量的抽象劳动，如建立农业可持续生产模式、耕作制度、科技支撑等相关抽象劳动。具体对农业环境而言，农业生产过程中种植的农作物、草皮植被、防护林，以及围建的稻田水地、灌溉水渠、农业湿地等，无不凝结着人类劳动，具有保护土壤、涵养水源、净化空气、维持生物多样性等重要生态环境价值，是劳动价值论的重要体现。尤其随着绿色发展理念逐渐深入人心，在生态文明建设的背景下，人们对农业的要求不断提高，不仅要求其提供更多优质安全的农产品，而且要求其提供更多优美的生态环境服务，这就需要付出更多的具体劳动、抽象劳动来发展绿色循环优质高效农业，以保护和改善农业生态环境，使其产生更多更好的生态环境效益与服务。

2.5　效用价值论

2.5.1　内涵与原理

如果把劳动价值论作为农业资源环境价值评估的基础理论之一，那么效用价值论也是一个绕不开的基础理论。效用价值论也是经济学中的一个古老的基本价值理论，由历史上多个相关价值论演变发展而来，是从商品满足人的欲望的能力或人对商品效用的主观心理评价来解释价值及其形成过程的经济理论。19 世纪 60 年代前主要表现为一般效用论，自 19 世纪 70 年代后主要表现为边际效用论。

考察效用价值论的产生、演变历程，其思想萌芽最早可以追溯到古希腊思想家亚里士多德（Aristotle）和中世纪教会思想家圣多马斯·阿奎那（St. Thomas Aquinas），他们曾提出过把商品交换的基础归结为商品效用的观点。但效用价值论的明确表述，还是在 17～18 世纪。1690 年，英国经济学家尼克拉斯·巴本（Nicholas Barbon）在其著作《贸易论》（*Discourse of Trade*）中明确提出“一切商品的价值来自商品的用途，没有用的东西是没有价值的；商品效用在于满足需求；一切商品能满足人类天生的肉体和精神欲望，才成为有用的东西，从而才有价值”，他是较早明确表述效用价值观点的思想家之一。1750 年，意大利经济学家费迪南多·加利亚尼（Ferdinando Galiani）从物品的稀缺性出发，认为稀缺物品往往具有最大的效用，物品的价值由其效用和稀缺性决定。1776 年，法国经济学家孔狄亚克（Condillac）认为价值是由效用和稀少性两种因素决定的，效用决定价值的内容，稀少性决定价值的大小。随着“边际革命”的兴起，效用价值论重新焕发生机、开始蓬勃发展，逐渐形成边际效用价值论，在经济学价值理论中占据重要地位。1854 年，边际效用论的主要先驱者德国经济学家赫尔曼·海因里希·戈森（Hermann Heinrich Gossen）在《人类交换规律与人类行为准则的发展》（*The Development of the Law of Human Exchange and the Code of Human Behavior*）中重申了效用价值论，提出人类满足需求的三条定理（后来被称为“戈森定理”），为边际效用价值论奠定了理论基础，具体是：①效用递减定理，即随着物品占有量的增加，人的欲望或物品的效用是递减的。②边际效用相等定理，即在物品有限条件下，为使人的欲望得到最大限度满足，务必将这些物品在各种欲望之间作适当分配，使人的各种欲望被满足的程度相等。③在原有欲望已被满足的条件下，要取得更多享乐量，只有发现新享乐或扩充旧享乐。1871 年，英国经济学家威廉·斯坦利·杰文斯（William Stanley Jevons）在《政治经济学理论》（*Theory of Political Economy*）中提出了“最后效用程度”价值论；奥地利经济学家卡尔·门格尔（Carl Menger）在《国民经济学原理》（*Principles of Economics*）中提出了类似的理论。1874 年，法国经济学家里昂·瓦尔拉斯（Léon Walras）在《纯粹政治经济学纲要》（*Outline of Pure Political Economy*）中，提出了“稀少性”价值论。可以说，他们三个人几乎同时独立地提出理论，同是边际效用价值论的创始人。之后，欧根·冯·庞巴维克（Eugen Bohm-Bawerk）、弗里德里克·冯·维塞尔（Friedrich von Wieser）、维弗雷多·帕累托（Vilfredo Pareto）、约翰·希克斯（John Hicks）、阿尔弗雷德·马歇尔、保罗·萨缪尔森等继续加以发展，逐渐形成了完整的边际效用价值论，并逐渐发展成心理、数理两个学派，其中数理学派又提出基数效用、序数效用两个概念，进一步丰富了价值理论体系。

效用价值论的主要内容包括：①效用是价值的源泉，商品的价值起源于效用，效用是消费者对商品满足自己欲望能力的主观评论；同时商品的价值又以稀缺性为前提，稀缺性与效用相结合才是商品价值形成的充分必要条件。②商品的价值取决于其边际效用，即商品一系列效用中满足人的最后即最小欲望的那一单位的效用，这是衡量商品价值量的尺度。③遵循边际效用递减规律，即人们对某种商品的欲望程度随着享用该商品数量的不断增加而递减。

2.5.2　与相关理论的区别联系

效用价值论是西方价值理论的重要基础之一，在西方经济学中占据重要地位。尤其是边际效用价值论，更是进一步坚持和反映了经济学中实证主义的原则，其中的边际分析法、局部均衡和一般均衡分析，以及对数学方法的运用等被经济学广泛采用，对资本主义经济学的发展产生了深远的影响。更为重要的是，效用价值论的产生与发展，对西方资本主义国家辩护其资本主义制度、维护社会稳定和资产阶级利益发挥了重要作用。但长期以来，效用价值论也一直存在争议，尤其是受到马克思劳动价值论学派的不断批判和抨击。效用价值论和马克思劳动价值论，通常被称为经济学价值论的两个“范式”，是完全对立的两个价值理论体系。从具体内容看，二者既有区别也有联系。

1）关于价值的来源问题

效用价值论者认为，商品的价值不是商品的内在属性，而是源于商品的效用，是能够满足人的欲望或需求的主观感觉与评价。马克思劳动价值论者认为，价值是商品的属性，是客观存在的，商品价值的唯一源泉是人类的劳动，而且是活劳动。关于“效用”的获得，效用价值论者认为，可以通过大自然的存在获得，也可以是人的主观感觉，如原生态美景的观光旅游、对某种农产品的急迫需要等都可以使人获得效用；马克思劳动价值论者也承认商品的“效用”，认为是“物的有用性”“物的有用性使之具有使用价值”，但这种使用价值只是商品价值的物质承担者和载体，商品的效用应该是人的需要与商品本身属性相结合的产物，而商品的价值是处于凝结状态的人类抽象劳动。可见，两种理论也有共同点，即效用来源于两个方面：一是人们客观的和主观的需要；二是物的属性或某种特定的过程；但区别在于效用价值论者更强调人的主观感觉，马克思劳动价值论者更强调物的属性。

2）关于价值的衡量问题

效用价值论者认为，价值是人对商品满足欲望程度的主观感觉和评价，以商品的“效用”大小或满足需求的程度作为衡量商品价值的标准。早期的基数效用论者，试图用人们愿意支付的货币量来代替商品效用的绝对量，假定货币的边际效用不变；之后的序数效用论者，不需要知道商品效用的绝对量，只需排定商品效用的优先序即可。尤其当边际效用价值论建立后，将商品一系列效用中满足人的最后即最小欲望的那一单位的效用，即边际效用作为衡量商品价值的尺度，且价值量随着效用的不断满足而递减。马克思劳动价值论者认为，价值是人类抽象劳动的凝结，由生产该商品的社会必要劳动时间决定，与劳动生产率成反比，商品交换以价值量为基础实行等价交换。两种不同的价值理论体系，各有不同的价值衡量标准。对于同一种商品，如一斤绿色生态农产品，如果用效用价值论来衡量其价值，可能会出现因消费者不同而导致价值量不同或同一消费者因时间境况等不同而导致价值量也不同等现象；对于不同种商品，更是可能会出现多种价值量的情况。对于同一种商品，如一斤大蒜，如果用劳动价值论来衡量其价值量，可能会出现即使消费者不同其价值量也相同，或同一消费者在任何境况下其价值量均相同；对于不同种商品，如钻石、纸张等，可能会出现因消耗的社会必要劳动时间相同而价值相同的情况，无论其大小、规模或市场需求如何，尤其是那些天然的、没有凝结人类劳动的如原始森林等则可能不具有价值。

3）关于价值的本质问题

效用价值论者认为，商品的价值就是商品给人的欲望或需求带来的满足程度，是商品对人的有用性，取决于人的心理感受或主观评价。价值的内涵是人的主观需要、主观意图，价值存在与否、价值量大小等取决于人的主观意志的选择，与商品的生产过程、生产成本、生产者的劳动、社会关系等没有联系。从本质上说，效用价值论者眼中的“价值”，体现的是人与物、人与自然之间的关系，即主观心理因素与客观商品效用之间的关系，这种价值不仅要体现商品对人的效用，还要具备稀缺性条件。马克思劳动价值论者认为，商品的价值是凝结在商品中的人类抽象劳动，是劳动与其他生产要素相比的根本差异，是劳动在市场经济条件下表现出来的特殊的社会属性，与商品的生产过程、消耗的劳动时间等息息相关。本质上说，马克思劳动价值论者眼中的“价值”是从商品交换关系中抽象出来的，是商品交换价值的基础，体现着人与人之间的关系。

2.5.3　对农业生态功能价值评估的指导意义

经过几百年的发展，效用价值论已经深深扎根于西方主流经济学，成为现代西方微观经济学的基础。从演变轨迹看，尽管效用价值论带有资产阶级理论属性、功利色彩，尤其是屡受马克思劳动价值论者的批判，他们认为其是一种唯心主义理论，抹杀了劳动在价值创造中的作用，但其对商品价值的认识角度、计量方法等对农业资源环境价值评估仍然具有一定的指导意义。

一是能够明确证明农业资源环境具有价值。效用价值论强调商品的价值取决于商品的效用，是一种满足人的欲望或需求能力的心理评价，同时又以稀缺性为前提条件。自然资源、生态环境作为一种客观存在，是人类生存发展的物质基础，对人类具有巨大的效用。同时，随着人类活动的加剧、经济的发展和社会的扩张，人与自然环境的矛盾日益尖锐，资源短缺、环境污染、生态退化等问题日益突出，自然环境的重要性、稀缺性更加凸显。显然，资源环境具有价值。对农业而言更是如此。一方面，农业资源环境对人类具有巨大效用。农业是人类的生存之本、衣食之源，为人类生存发展提供着必不可少的粮食、农产品和纤维素等，是一切生产的首要条件；同时农业又是人类与自然接触最为紧密的产业，以自然资源、生态环境为发展的基础和前提。可以说，农业资源环境状况的优劣，直接影响农业的生产与发展，进而影响人类的生存与发展。另一方面，农业资源环境具有典型的稀缺性。农业资源环境是自然生态环境的重要组成部分，同样具有稀缺性特点。20 世纪 60 年代以来，人类对环境问题逐渐重视，其中农业环境污染是重要方面，而这也是导致农业资源环境稀缺性显现的重要原因所在。耕地质量退化、农业水资源短缺、农业面源污染、农业废弃物资源化利用率低、农业湿地被侵占等一系列问题，已成为农业转型升级和可持续发展的瓶颈。同时，随着生活水平的提高，人们对绿色优质农产品和生态环境服务的需求日趋强烈，进一步彰显了良好农业资源环境的珍贵。

二是为评估农业资源环境价值大小提供指导借鉴。效用价值论认为，价值是人对商品效用的主观评价，以商品的效用大小作为价值的衡量标准。更确切地说，以边际效用作为价值的衡量尺度。自然资源、生态环境具有价值，已经可以使用效用价值论来证明。但其价值量具体多大、能够为人类提供多少服务，一直是生态环境学家、经济学家等非常关注和研究的科学问题。现实情况是，资源环境价值评估是一项极其复杂的工作，虽然已有很多学者开展了大量研究，但仍未建立一个公认、统一、标准的价值评估方法，对于那些不能直接在市场上交易或者无法找到替代市场的资源环境更是如此。效用价值论的建立或许可以提供一种资源环境价值评估的参考方法。例如，目前较为流行的意愿价值评估法，就可以理解为效用价值论在资源环境价值评估领域的具体实践运用，即强调人对资源环境效用的主观感觉、心理评价，进一步表现为对资源环境改善的支付意愿或对环境质量损失的赔偿意愿。同时，边际效用价值论将均衡分析法引入经济学，更是为评估资源环境价值大小提供了借鉴与可能。例如，评估植树造林的环境价值，当植树造林的边际社会成本与边际社会收益相等时，植树量达到最大最优，产生的生态环境效益最大。

2.6　可持续发展理论

2.6.1　内涵与原理

可持续发展的思想萌芽可以追溯到 20 世纪 60 年代。1962 年，美国海洋生物学家蕾切尔·卡逊出版著作《寂静的春天》，深刻揭示了化学杀虫剂的滥用对生物界和人类的致命危害，提出人类应该与大自然的其他生物和谐共处，共同分享地球的思想。此后，人们更加关注环境问题。1972 年，罗马俱乐部发表研究报告《增长的极限》（*Limits to Growth*），该报告深刻阐述了自然环境的重要性以及人口和资源之间的关系，指出经济增长不可能无限持续下去，世界将会面临一场“灾难性的崩溃”，并提出“零增长”的对策性方案。同年，联合国在斯德哥尔摩召开人类历史上第一次环境会议——联合国人类环境会议，第一次将环境问题纳入世界各国政府和国际政治的事务议程，讨论了可持续发展的概念。1984 年，美国学者爱迪·B.维思（Edith Brown Weiss）系统论述了代际公平理论，成为可持续发展的理论基石。1987 年，世界环境与发展委员会在《我们共同的未来》（*Our Common Future*）中正式提出可持续发展模式，明确阐述了“可持续发展”的概念及定义。1992 年，联合国在里约热内卢召开环境与发展大会，讨论通过《里约环境与发展宣言》（*Rio Declaration*）和《21 世纪议程》（*Agenda 21*），确立将可持续发展作为人类社会共同的发展战略，标志着可持续发展由理论和概念走向行动，拉开了世界可持续发展的实践序幕。

关于可持续发展的定义有很多种，但被广泛接受、影响最大的仍是世界环境与发展委员会在《我们共同的未来》中的定义，即将可持续发展描述为“既能满足当代人的需要，又不对后代人满足其需要的能力构成危害的发展”。从提出背景与目标初衷理解，可持续发展的核心仍然是发展，而且是一种持续的、高质量的与公平的发展；在发展中，要注重环境保护与资源节约，以自然资源为基础，使其与环境承载能力相协调，提高发展质量；强调经济、社会、环境要协调发展，使子孙后代能够永续发展和安居乐业。

可持续发展与传统发展模式有着本质上的区别：一是由单纯追求经济增长转变为经济、生态、社会综合协调发展；二是由以物为本的发展转变为以人为本的发展；三是由物质资源推动型的发展转变为非物质资源（科技、知识）推动型的发展；四是由注重眼前、局部利益的发展转变为注重长远和全局的发展。

可持续发展战略被世人逐步接受并永恒追求，是人类对自然及人类自身的再认识，是人类在反思自身发展历程的基础上，对思维方式、生产方式、生活方式进行的一次历史性变革，是人类世界观、发展观的伟大进步。

2.6.2　主要战略目标与内容

可持续发展的目标是持续的经济繁荣、生态良好、社会进步，是经济、生态、社会的协调发展。具体包括经济可持续发展、生态可持续发展、社会可持续发展三个方面，其中，经济发展是基础，生态、资源与环境是基本条件，社会进步是目的。三者是一个相互影响的综合体，要保持协调发展，才能实现人类的可持续发展。

1）经济可持续

可持续发展并不否定经济增长，相反却强调经济增长的必要性，鼓励经济增长。因为，经济增长是人类生存、发展与社会进步的重要动力，其提供着重要的物质保障。对发展中国家、贫困国家而言，经济增长尤为重要。这些国家面临的许多困难和问题都需要通过经济增长来解决；经济增长可以提高当代人福利水平，增强国家实力和社会财富。但经济方面的目标，是追求经济发展的质量和效率。可持续发展不仅重视经济增长的数量，更追求经济增长的质量。要求改变传统的以“高投入、高消耗、高污染”为特征的发展模式，强调充分考虑资源环境承载能力等限制因素，选择资源节约、环境友好、生态良性的可持续发展模式，以提高经济增长的质量和效益，实现经济的可持续发展，不断满足人类生存发展的需求。

2）生态可持续

可持续发展追求人与自然的和谐。正如前所述，自然资源与生态环境是人类生存与发展的物质基础，也是可持续的首要条件。如果发展没有限制，超越资源环境承载极限，那么这种发展也终将不可持续。所以，生态、资源与环境方面的目标，是强调发展的限制性，要以自然资源为基础，与其自身承载能力相协调，不能超越其自身的承载极限，这样才能为发展持续提供条件。要求在保护环境和资源永续利用的条件下进行发展，以可持续的方式使用自然资源和环境成本，使人类的发展控制在资源环境的承载能力之内。必须采取科学合理的发展方式，从根本上、源头上降低资源环境的损耗速率，使之低于其再生速率，使自然资源与生态环境能够自我净化、自我恢复，实现持续发展。

3）社会可持续

可持续发展的总目标是谋求社会的全面进步。尽管世界各国的发展阶段不同，发展的具体目标也不相同，但发展的本质应该一致，即不断改善人类生活质量，提高人类健康水平，创造一个保障平等、自由、教育、人权和免受暴力的社会环境。也就是说，发展不仅仅是经济问题，不能单纯追求产值的经济增长；也不只是生态环境保护问题，不能单纯为了保护生态环境而不发展；发展的最终目的是在生态环境承载能力约束下，通过提升经济增长的质量与效率，促进社会经济结构发生变化，实现人类社会的全面进步和可持续发展。

2.6.3　基本原则

可持续发展综合了经济、生态、社会三大目标，充分体现了时空上的整体性。强调经济、生态与社会的一体化发展，不可偏废；强调人类在时间和空间上的共同发展，而不是某时段、某几代人的发展；强调其是人类的共同选择，而不是某些国家和地区的追求。

1）公平性原则

公平，是指机会选择的平等性。可持续发展是一种机会、利益均等的发展。

公平性原则包括两个方面：一方面是本代人的公平，即代内之间的横向公平；另一方面是代际公平，即世代之间的纵向公平。代内公平，主要强调同代内区际的均衡发展，即一个地区的发展不应以损害其他地区的发展为代价；可持续发展要满足当代所有人的基本需求，给他们机会以满足他们要求过美好生活的愿望。代际公平，主要强调既满足当代人的需要，又不损害后代的发展能力，因为人类赖以生存与发展的自然资源是有限的；未来各代人应与当代人有同样的权力来提出他们对资源与环境的需求，当代人在考虑自己的需求与消费的同时，也要对未来各代人的需求与消费负起历史的责任。总的来说，人类各代都处在同一生存空间，他们对这一空间中的自然资源和社会财富拥有同等享用权，他们应该拥有同等的生存权；各代人之间的公平要求任何一代都不能处于支配的地位，即各代人都应有同样选择的机会空间。

2）持续性原则

持续性，是指在对人类有意义的时间和空间尺度上，支配这一生存空间的生物、物理、化学定律规定的限度内，资源环境对人类福利需求的可承受能力或可承载能力。可持续发展，顾名思义，就是一种可“持续”的发展，强调发展的长期性、持续性，不能超越资源和环境的承载能力，不能过“度”。具体来说，就是在满足发展需要的同时必须有限制因素，即 “发展”的概念中包含制约因素。因为归根结底，人类生存与发展的物质基础还是资源环境，资源的持续利用和生态环境的健康是保持人类社会可持续发展的首要条件。所以，人们要尊重自然、顺应自然、保护自然，不断调整完善自己的生产生活方式，在经济社会发展中要充分考虑资源环境承载力这一限制因素，以及科学合理的发展规模、发展方式、发展布局、人口数量等一系列问题，不能超越资源环境承载能力，做到与自然和谐相处、和谐共生，维持自然生态系统持续、再生，最终保障人类社会的可持续发展。

3）共同性原则

可持续发展是超越文化与历史的障碍来看待全球问题的，所讨论的问题是关系到全人类的问题，所要达到的目标是全人类的共同目标。所以，可持续发展关系全球发展。要实现可持续发展的总目标，必须争取全球共同的配合行动，这是由地球整体性和相互依存性所决定的。地球系统是一个有机的整体，其各子系统之间具有相互依赖、相互影响的关系。正如《我们共同的未来》中写的“今天我们最紧迫的任务也许是要说服各国，认识回到多边主义的必要性”“进一步发展共同的认识和共同的责任感，是这个分裂的世界十分需要的”。这就是说，实现可持续发展就是人类要共同促进自身之间、自身与自然之间的协调，这是人类共同的道义和责任。致力于达成既尊重各方的利益，又保护全球环境与发展体系的国际协定至关重要。无论富国还是贫国，各个国家要实现可持续发展都需要适当调整其国内和国际政策。

2.6.4　对农业生态功能价值评估的指导意义

可持续发展理论与农业环境保护紧密相连。追溯可持续发展思想的产生，其正是源于农业生产中农药对环境的污染、对生态系统带来的危害唤醒了人们对环境保护问题的思考、对自身行为的反思。可持续发展理论来源于农业，又作用于农业，它促使人们改变农业生产方式、减少环境污染，同时又加强农业环境保护，推进农业可持续发展。

第一，促使人们认真思考环境问题、反思自身行为。在可持续发展思想产生之前，人们并未意识到环境保护的重要性。例如 20 世纪 40 年代，人们为了提高粮食产量，在农业生产中大量使用“六六六”“滴滴涕”等剧毒杀虫剂。之后，这些有机氯化物又被广泛运用到生产和生活中。虽然这些剧毒物在短期内能够起到杀虫效果，提高粮食产量，但对环境造成极大危害，且残留在粮食等农产品中，进而通过食物链影响人体健康。于是，人们认识到环境的重要性，环境资源并不是取之不尽、用之不竭的，并反思自身行为，变革思维方式，在发展中充分考虑资源环境的限制与成本代价。可持续发展理论承认资源环境的价值，不仅体现在资源环境对经济发展的支撑和服务上，也体现在对生存繁衍的支持上；强调在生产发展中要修正国民经济核算体系，把资源环境的成本考虑在内，全面反映资源环境价值。农业是人类生存与发展的基本产业，也是人类与自然接触最为紧密的产业，其在为人类提供粮食、农产品等食物的同时，也具有重要的生态环境保护作用，担负着维系生态系统安全的重任。在经济社会发展中，我们不能只看到农业的生产功能，更要看到与重视农业的生态功能，农业具有保持土壤、涵养水源、维持生物多样性等多重环境价值。

第二，转变农业发展方式，加强农业环境保护，增强农业可持续发展内生动力。农业环境是自然环境的重要组成部分，其状况优劣也是检验人类与自然关系的一把重要标尺。可持续发展强调生态的可持续，强调发展的限制性，要以自然资源为基础，与生态环境承载能力相协调。就农业环境而言，多年来，人们为了粮食增产大量使用化肥、农药等化学投入品，导致农业资源约束趋紧、环境污染加剧、生态系统退化，农业发展的内在动力、持续性不足，也威胁着人类健康，甚至威胁着人类生存与发展。按照可持续发展理论，人们要切实转变农业发展方式，从依靠拼资源消耗、拼农资投入、拼生态环境的粗放经营，尽快转到注重提高质量和效益的集约经营上来，自觉改变以往大肥大药大水的农业生产方式，大力推进节肥节药节水以及秸秆、农膜、畜禽粪污等农业废弃物资源化利用，同时积极开展污染治理修复、耕地轮作休耕、草原河湖休养生息等，切实减少农业生产发展对资源环境的损耗，重还农业的“蓝天、碧水、净土”，为农业发展提供源源不断的内在条件。

第三，促进农业生产、生态相协调，实现农业可持续发展。农业发展如何，农业可持续发展与否，不仅关系着农业本身的发展状况，而且直接影响到整个国民经济和其他相关产业的发展，影响着人类生存发展和社会的全面进步。可持续发展的目标是持续的经济繁荣、生态良好、社会进步，强调经济、生态、社会的协调发展。尽管农业环境问题需要引起我们的高度重视，并采取有效措施加以防控治理，但农业的可持续发展不只是单纯地强调资源、生态、环境保护，而且要求发展与资源环境协调。如果只抓环境保护，不谋求发展，也不符合可持续发展的要求。从可持续发展思想萌芽诞生的那一天起，人们就不断研究、寻找新的农业发展模式，提出许多诸如“生物农业”“有机农业”“自然农业”等来替代“石油农业”“化学农业”，避免资源、生态、环境问题；但这些模式“过分”强调自然的作用，“全盘”否定化肥、农药等化学品的投入，致使在生态环境得到保护的前提下，农业生产力大幅度下降，不能满足社会需求。于是，后来又出现了“可持续农业”“农业可持续性”“农业可持续发展”等理念、模式，意在发展农业生产的同时，保护好农业资源环境，使之协调发展，实现农业的可持续发展，为经济可持续、生态可持续、社会可持续的总目标提供持续有力的保障。

2.7　需要层次理论

2.7.1　内涵与原理

需要层次理论，又称“马斯洛需要层次理论”，由美国心理学家亚伯拉罕·马斯洛（Abraham Maslow）创建。1943年，他在《人类激励理论》（*A Theory of Human Motivation*）中提出，人类需求像阶梯一样从低到高按层次可分为五种，分别是生理需求、安全需求、社会需求、尊重需求和自我实现需求。

1）生理需求

这是人类需求中级别最低的需求，也是人类维持自身生存的最基本要求，包括呼吸、水、食物、睡眠、生理平衡、住宿等方面。如果这些需求得不到满足，人类的生理机能就无法正常运转，人类的生命就会受到威胁。因此，从这个意义上说，生理需求是推动人们行动最首要的动力。亚伯拉罕·马斯洛认为，只有这些最基本的需求得到满足以维持生存后，人类才会有其他追求，换言之，其他的需求才会成为新的激励因素；而那时，这些已相对满足的生理需求也就不再成为激励因素。

2）安全需求

这是人类在满足生理需求后更进一步的需求，即为了使身体和心理免受危险和胁迫而产生的对安全保障的需求，主要包括人类自身安全、健康保障、资源所有、财产所有、工作职位与家庭安全等方面。马斯洛认为，人的整个有机体是一个追求安全的机制，其感受器官、效应器官、智能和其他能量主要是寻求安全的工具，甚至连科学和人生观都看成是满足安全需求的一部分。当然，当安全需求相对满足后，也不再成为激励因素，而其他需求又成为新的激励因素。

3）社会需求

人是感情动物，都希望得到相互的关心和照顾。这是更高层次的需求，包括友情、爱情、归属等方面。一是友情需求，即人人都需要朋友间、同事间的关系融洽或友谊、忠诚；人人都希望得到爱情，希望爱与被爱。二是归属需求，即人都有一种归属于一个群体的感情，希望成为群体中的一员，并相互关心和照顾。相对生理需求，这种需求较为细致，与一个人的生理特性、经历、教育、宗教信仰都有关系。

4）尊重需求

人人都希望自己有稳定的社会地位，要求个人的能力和成就得到社会的承认。这是更高层次的需求，可分为内部尊重和外部尊重。内部尊重是指一个人希望在各种不同情境中有实力、能胜任、充满信心、能独立自主，确切地说就是人的自尊。外部尊重是指一个人希望有地位、有威信，受到别人的尊重、信赖和高度评价。马斯洛认为，尊重需求得到满足，能使人对自己充满信心，对社会满腔热情，体验到自己活着的用处和价值。

5）自我实现需求

这是最高层次的需求，是指实现个人理想、抱负，发挥个人的能力到最大限度，完成与自己的能力相称的一切事情的需求，包括个人成长，问题解决能力，发挥个人潜能、创造力，实现个人理想等方面。处于自我实现需求层次的人的个人能力发挥到极致，达到了自我实现境界。马斯洛提出，为满足自我实现需求所采取的途径是因人而异的。自我实现的需求是努力挖掘自己的潜力，使自己成为自己所期望的人物。

进一步讲，马斯洛需要层次理论具有以下几个特点：

（1）五种需求像阶梯一样从低到高、逐级递升，但次序也不完全固定，可以变化。

（2）一般来说，某一层次的需求相对满足了，就会追求高一层次的需求。相应地，获得基本满足的需求也不再是激励因素。

（3）五种需求可以分为高低两级，其中生理需求、安全需求和社会需求属于低一级的需求，可以通过外部条件来满足；尊重需求和自我实现需求是高一级需求，必须通过内部因素才能达到，而且这两种需求没有极限。同一时期，一个人可能有几种需求，但每一时期总有一种需求占支配地位，对行为起决定作用。任何一种需求都不会因为更高层次需求的发展而消失。各层次的需求相互依赖和重叠，高层次的需求发展后，低层次的需求仍然存在，只是对行为影响的程度大大减小。

（4）一个国家多数人的需求层次结构，与这个国家的经济、科技、文化和人民受教育的水平直接相关。在不发达国家，生理需求和安全需求占主导的人数比例较大，而高级需求占主导的人数比例较小；在发达国家，则刚好相反。在同一国家不同时期，人们的需求层次会随着生产水平的变化而变化。

2.7.2　存在的主要争论

自亚伯拉罕·马斯洛提出需要层次理论后，就一直存在争论。例如，Mahmoud Wahba 和 Lawrence Bridwell 在《马斯洛反思：对需要层次理论的研究概述》（*Maslow reconsidered*：*A review of research on the need hierarchy theory*）中表示，马斯洛理论的需求排名或者某些特定需求存在的证据并不足；Douglas Hall 等通过五年的研究发现没有足够证据证明需求是有层次的，需求层次的提高是职位上升的结果，而不是低级需求得到满足后产生的等。辩证地看，马斯洛需要层次理论既有积极因素，也有消极因素。

1）积极因素

第一，人的需求存在一个从低级向高级发展的过程，这在某种程度上符合人类需求发展的一般规律。一个人从出生到成年，其需求的发展过程，基本上是按照马斯洛提出的需求层次进行的。

第二，人在每一个时期，都有一种需求占主导地位，而其他需求处于从属地位。

第三，人的内在力量不同于动物的本能，人要求内在价值和内在潜能的实现是人的本性，人的行为是受意识支配的，人的行为有目的性和创造性。

2）消极因素

第一，过分强调遗传的影响，认为人的价值就是一种先天的潜能，而人的自我实现就是先天潜能的自然成熟过程，忽视了社会生活条件对先天潜能的制约作用。

第二，带有一定的机械主义色彩。在一定程度上，把这五种需求视为固定程序，看作是一种机械式的上升运动，忽视了人的主观能动性，忽视了在一定条件下可以改变需求的主次关系。

第三，只注意了需求之间存在的纵向联系，忽视了横向间的需求可能产生的相互矛盾，进而导致动机的斗争。

2.7.3　对农业生态功能价值评估的指导意义

马斯洛需要层次理论是人本主义科学的理论之一，注重研究人的本能，倾向于人的自然属性，从人的需求出发探索人的激励和研究人的行为，在一定程度上反映了人类行为和心理活动的规律。虽然马斯洛需要层次理论尚有争论，也存在一定的消极因素，但对于认识农业生态功能价值、开展农业环境保护仍有一定的指导意义，尤其在注重人的全面发展的当代，其应用更加广泛。

一是满足生理需求，必须加强农业资源环境保护。正如马斯洛需要层次理论指出的那样，生理需求是人的最基本、最强烈、最明显的需求，必须优先满足。生理需求，离不开空气、水、食物等基本的物质和能量。自然界是一个巨大的“生产车间”“能量宝库”，先于人类而存在，创造了适合于生命生存的环境和条件。人因自然而生，是自然的一部分，依赖于自然、生活于自然，无时无处不与自然环境进行着物质和能量的交换。农业是与自然接触最为紧密的产业，是人类的衣食之源、生存之本，为人类维持生理机能运转、生存发展提供着不可或缺的粮食、农产品和纤维等。而农业资源环境不仅是自然环境的重要组成部分，更是农业生产发展的物质前提。空气、水、土壤、微生物、草原、森林等资源环境要素的优劣或多寡，直接影响着农业的生产质量，进而影响着人类的生存发展。归根结底，人类要满足基本的生理需求，必须充分认识农业资源环境的重要性，切实保护好农业资源环境。

二是满足安全需求，必须充分认识农业的生态功能价值，维护农业生态环境安全。马斯洛需要层次理论指出，安全需求是更进一步层次的需求，是人类为了使身体和心理免受危险和胁迫而产生的对安全保障的需求。生态环境安全需求，是安全需求的重要方面。良好生态环境是最公平的公共产品，是最普惠的民生福祉。生态环境没有替代品，用之不觉，失之难存。历史和现实的经验教训表明，生态环境安全不仅直接关系人类个体本身的健康、生命的安全，还关系国家民族和人类社会的兴衰存亡。农业生态环境是自然生态环境的重要组成部分，是农业生产发展的物质基础，是农产品质量安全的源头保障，是重要的生态屏障。随着经济社会的发展和人民生活水平的提高，人们在得到物质需求满足之后，越来越追求优美的自然环境、舒适的体验享受、健康营养的农产品等，尤其是城里人到农村“养眼洗肺、解乏去累”的愿望更加强烈。因此，满足人类的这些需求，必须充分认识农业的生态功能价值，维护农业资源、环境、生物等生态安全，为农业生产创造良好环境条件，促进农业可持续发展，为人类发展提供源源不断的物质和能量；从源头保障农产品质量安全，提高产品品质，维护人类身体健康；创造更多优美生态环境和舒适体验，提供更多生态服务；更重要的是为国家生态安全、总体安全体系提供重要保障。

三是满足社会需求、尊重需求、自我实现需求，实现全面发展，必须保护农业资源环境。马斯洛需要层次理论认为，人在满足生理需求、安全需求后，会向社会需求、尊重需求等更高层次需求迈进，以至达到自我实现需求的最高境界，这在一定程度上符合人类需求发展的一般规律。从更高、更宽的视野观察，无论是个体本身的成长，还是整个社会的进步，人的全面发展都是一个动态的发展过程，遵循一定的自然、历史逻辑，与自然环境密不可分、相互交织与促进。人离不开自然，自然界为人类的生存提供了基本栖息地，为人类的物质生产活动提供了基本场所，为人类的发展提供了广阔的空间。同时，自然界也离不开人的存在，自然是人的无机身体，是人类活动的前提、要素和结果（王青和崔晓丹，2018）。如果人与自然的关系可以用阶段来划分的话，那么在人的成长、进步初期，人会对自然非常依赖，与自然的关系非常“亲密”，要从自然界获取足够的物质、能量，来满足基本的生理需求、安全需求等；到了中期，人会随着基本物质需求的满足，追求更高层次的需求，如尊重需求等精神层面的需求，对自然的实际需求程度减弱，与自然的关系会显得“疏远”；到了后期（或成熟期），人的发展已进入到另一个较高境界，其生理、安全、社会、尊重等方面的需求基本都已满足，会将自我实现、全面发展作为主要追求，这时自然又会起到关键性作用，决定着人的最终发展程度，人与自然的关系应是“相互尊重”“和谐共生”。正所谓人从自然中来，又到自然中去。因此，实现人的全面发展，必须坚持人与自然是生命共同体，尊重自然、顺应自然、保护自然，与自然和谐共生。对农业资源环境而言，更是如此。

第3章　农业生态功能的演变与政策

农业具有生产功能、生活功能、生态功能；或者从另一种角度看，农业具有经济功能、政治功能、社会功能、文化功能、生态功能等多种功能。在不同时间、不同空间，农业的功能表现出不同的内涵、不同的形式。对生态功能而言，其是农业的固有属性、基础功能。客观上，农业的生态功能与生俱来。从农业出现的那一天起，农业的生态功能就一直存在，只是受人类认知水平、社会发展需求、生态环境自身承载能力等众多因素影响，没有表现出显性特征。尽管如此，农业生态功能还是逐渐被世人认可、接受、需要，只是从概念的提出到理论的研究、具体的实践等经历了较长的时间。

3.1　农业生态功能的历史演进

20 世纪中期，农药、化肥等农用化学品在农业生产中广泛应用。由于给农业带来了显著的增产效应，化肥、农药使用产生的环境污染并没有受到世人关注。1962 年，蕾切尔·卡逊发表《寂静的春天》，指出农业“化学化”的弊端，唤起了全社会对环境问题的关注。可见，人类对农业生态功能的认识，是从其负外部性——污染环境开始的。但此时，字面上并没有出现“农业生态功能”这个词汇。

正如前文所述，农业“生态功能”的真正出现或提出，源于农业“多功能性”概念。但农业多功能性问题最初是贸易保护主义范畴的问题，其背景是在经济全球化趋势下为贸易保护主义提供理论支撑。20 世纪 80 年代末和 90 年代初，日本为了保护国内的稻米市场，并在与美国等农产品出口国贸易谈判中获得优势，最先在其“稻米文化”理念中提出了农业多功能性的概念。这一提法得到了与其情况类似的韩国的积极响应，他们为应付国际游戏规则调整的形势和保护国内农产品市场的需要，明确提出了农业多功能性建设问题。他们认为，农业生产应当具有保证食物安全、保持水土、保护自然环境、维护生物多样性、增强农村地区社会经济生存能力等多种功能，并通过采取公共投资、技术支持、优惠贷款、补贴和市场保护等一系列政策措施维持农业的多功能性发展。他们的这种做法，有力地保护和促进了本国农业发展，也引起了国际社会的普遍关注、持续讨论，农业多功能性理念逐渐走向世界。

1992 年，联合国环境与发展大会通过《21 世纪议程》，提到农业多功能性问题，将第 14 章第 12 个计划（可持续农业和乡村发展）定义为“基于农业多功能特性考虑上的农业政策、规划和综合计划”（陶陶和罗其友，2004）。

1996 年，世界粮食首脑会议通过《世界粮食安全罗马宣言》和《世界粮食首脑会议行动计划》，提出“鉴于农业的多功能属性，我们将在低潜力和高潜力地区，致力于在家庭、国家、区域和全球推行具有可参与性和可持续性特征的粮食、农业、渔业、林业和乡村发展的政策与实践，并同病虫害、干旱和沙漠化做斗争。这对保证粮食充足稳定供应至关重要”。

1998 年，经济合作与发展组织（Organization for Economic Cooperation and Development，OECD）引入农业多功能性概念，在其农业部长委员会宣言中指出，“除了基本的提供食物和纤维的功能外，农业活动还能改变陆上风景，提供诸如土地保护、对可更新的自然资源的可持续管理、保护生物多样性等环境利益，同时对于很多农村地区的社会经济生存有利。除了其基本的生产食物和纤维的角色外，当农业还具备一个或多个功能时，那么农业就是多功能的”。

1999 年，联合国粮食及农业组织（简称联合国粮农组织）在荷兰召开国际农业和土地多功能特点会议，指出“所有的人类活动，包括农业，都具有多功能特征，因为它们在实现主要功能的基础上，还为满足其他需要和价值做出贡献，粮食和原材料是农民赖以谋生的基础”（陶陶和罗其友，2004）。同年，法国颁布《农业指导法》提出“多功能农业”，强调农业不仅是一个产业部门，而且与国土整治、动植物保护、生态优化息息相关。

2000 年，联合国可持续发展委员会第 8 次会议和国际非贸易关注大会，讨论了农业多功能性，强调在 WTO 农业贸易改革中应充分考虑农业的特殊性和多功能性，要给予各国政府一定政策上的灵活性（曹俊杰和徐俊霞，2006）。

2005 年，欧盟启动欧洲农村发展基金，全面建立共同农业政策第二支柱，强调要改善乡村环境、加强对林农在环境管理方面的支持，标志着农业政策目标和重点开始转向农业多功能方面。

2007 年，中央 1 号文件《中共中央 国务院关于积极发展现代农业扎实推进社会主义新农村建设的若干意见》，提出开发农业多种功能，健全发展现代农业的产业体系，认为“农业不仅具有食品保障功能，而且具有原料供给、就业增收、生态保护、观光休闲、文化传承等功能”。

2008 年、2009 年，联合国可持续发展委员会第 16 届、17 届政府间会议召开，农业多功能性是“77 国集团 + 中国”、欧盟、美国等利益集团共同关注的焦点问题之一（孙新章，2010）。

2012 年，我国将生态文明建设纳入中国特色社会主义事业“五位一体”总体布局，大力推进生态文明建设。

2013 年，欧盟就共同农业政策改革达成一致，颁布《2014—2020 年计划》，强调农业支持政策环保导向、对农村地区的环境保护等，进一步推动共同农业政策绿色生态转型。同年，日本发布《农林水产业・地域活力创造计划》，强调维持发挥农业多功能性。

2017 年，我国出台《关于创新体制机制推进农业绿色发展的意见》，提出优化乡村种植、养殖、居住等功能布局，拓展农业多种功能，打造种养结合、生态循环、环境优美的田园生态系统。

2018 年，我国印发《中共中央 国务院关于实施乡村振兴战略的意见》《乡村振兴战略规划（2018—2022 年）》等，提出大力开发农业多种功能等一系列精神。当前，农业生态功能已出现在许多国家或地区农业政策的讨论中，成为国际社会越来越关注的一个重要问题，如表 3-1 所示。

表 3-1　农业生态功能的历史演进

时间	国家、地区或组织	背景	内容	意义
20 世纪 80 年代末和 90 年代初	日本	保护稻米市场、应对农产品出口贸易谈判	农业具有保证食物安全、保持水土、保护自然环境、维护生物多样性、增强农村地区社会经济生存能力等多种功能	首次提出农业具有生态功能等多种功能
	韩国		稻田具有蓄水、防洪等价值	积极响应农业多功能性理念，成为较早实践者之一
1992 年	联合国环境与发展大会	通过《21 世纪议程》	基于农业多功能性，考虑农业政策、规划和综合计划	在国际性会议上明确农业多功能性的实践意义，并作为农业发展的指导思想之一
1996 年	世界粮食首脑会议	通过《世界粮食安全罗马宣言》和《世界粮食首脑会议行动计划》	鉴于农业的多功能属性，将在低潜力和高潜力地区推行农业发展政策与实践，并同病虫害、干旱和沙漠化做斗争	
	荷兰	可持续发展技术计划	除粮食生产和市场外，还兼顾自然、文化、景观、保健和福利基础上的可持续农场管理（彭建等，2014）	
1997 年	欧盟	欧洲农业模式	除生产功能外，农业必须能够维护农村、保护自然并成为农村活力的最大贡献者，在食品质量、食品安全、环境保护与动物福利等方面必须对消费者的关心与需求做出反应（彭建等，2014）	
1998 年	经济合作与发展组织	发布农业部长委员会宣言	农业活动还能改变陆上风景，提供诸如土地保护、对可更新的自然资源的可持续管理、保护生物多样性等环境利益	
	欧盟	发布《乡村社会的未来》	除生产功能外，农业的其他多功能性，如社会、文化和生态等非商品功能同样重要	以专业术语出现在欧盟文件中

续表

时间	国家、地区或组织	背景	内容	意义
1999 年	联合国粮农组织		农业具有多功能性	
	日本	颁布《食品·农业·农村基本法》	农业具有防止或减轻洪水灾害、水源的保护和涵养、防止土壤流失、防止山体滑坡、处理有机垃圾、净化大气、增加自然景观，以及缓和气候变化等生态功能	
	法国	颁布《农业指导法》	农业与国土整治、动植物保护、生态优化息息相关	
2000 年	联合国可持续发展委员会	第 8 次会议和国际非贸易关注大会	强调在 WTO 农业贸易改革中应充分考虑农业的特殊性和多功能性	农业多功能性逐步从理论迈向实践，走向世界范围，相关研究向更深层次迈进
2005 年	欧盟	欧洲农村发展基金正式启动，全面建立共同农业政策第二支柱	改善乡村环境，包含污染物治理、污染源控制、农业景观和生态多样性的保护	欧盟共同农业政策的基本目标和执行重点开始全面转向农业多功能性
2007 年	中国	中央 1 号文件《中共中央 国务院关于积极发展现代农业扎实推进社会主义新农村建设的若干意见》	开发农业多种功能，农业具有生态保护功能	提出农业多功能性、生态功能
2008 年	联合国可持续发展委员会	第 16 届政府间会议	回顾《21 世纪议程》《千年发展目标》等的执行情况，交流各国取得的经验、面临的限制因素与挑战等	农业多功能性是焦点问题之一
2009 年	联合国可持续发展委员会	第 17 届政府间会议	应对粮食危机，保障粮食安全，促进可持续发展	农业多功能性是焦点问题之一
2012 年	中国	中国共产党第十八次全国代表大会	将生态文明建设纳入中国特色社会主义事业“五位一体”总体布局，大力推进生态文明建设	农业环境保护、生态功能开发是重要内容
2013 年	欧盟	颁布《2014—2020 年计划》	强调农业支持政策的环保导向、对农村地区的环境保护	进一步推动共同农业政策的绿色生态转型
	日本	发布《农林水产业·地域活力创造计划》	维持发挥农业多功能性	强调农业多功能性
2017 年	中国	《关于创新体制机制推进农业绿色发展的意见》	提出优化乡村种植、养殖、居住等功能布局，拓展农业多种功能，打造种养结合、生态循环、环境优美的田园生态系统	全面推进农业绿色发展
2018 年	中国	发布《中共中央 国务院关于实施乡村振兴战略的意见》《乡村振兴战略规划（2018—2022 年）》	充分发掘、开发利用农业多种功能和多重价值	强调拓展农业多种功能

审视农业生态功能的提出、发展与实践的演变轨迹，人们对农业及其功能的认识是一个不断深化的过程，对其功能的需求也是一个不断变化的过程。农业是一个多功能的统一体，生产、生活、生态，或者经济、政治、社会、文化、生态等多种功能一直是客观存在的，随着农业的产生而产生、消亡而消亡。只是在人类社会发展的不同阶段，农业的功能和作用表现为不同的内涵、不同的形式，即农业的功能随着社会的发展、人类的认知和需求而呈现出不同的组合，如表 3-2 所示。

表 3-2　农业功能的演进特点

时期	农业的主要功能	表现形式	生态功能
农业社会时期	生产、生活功能，或者经济、社会、文化功能	供给粮食、农产品、纤维等，吸纳农民就业，传承文化	潜性存在
农业社会向工业社会转型时期	生产、生活功能，或者经济、政治、社会、文化功能	供给粮食、农产品、纤维，提供原材料、资本、劳动力，吸纳农民就业，传承文化等	潜性显性共存
工业社会时期	生产、生活、生态功能，或者经济、政治、社会、文化、生态功能	供给粮食、农产品、纤维，提供原材料、资本、劳动力，吸纳农民就业，传承文化，提供生态服务	显性存在

1）农业社会时期

农业的功能主要表现为生产功能、生活功能，或者经济功能、社会功能、文化功能，生态功能潜性存在。农业的作用，主要是养活人类，为人类的生存和发展提供必需的粮食、农产品、纤维等基本物质资料。这个时期，农业生产是人类主要的经济社会活动，农业也是最主要的生产部门；人类的需求也主要集中在物质产品方面，即满足基本的生理层次需求是第一位的、最主要的。但农业的生态功能是存在的，只是其外部表现特征不明显，也没有被人类所认识和强烈需要。因为当时人类的环境保护意识尚未启蒙，关注较多的是农业的物质贡献，且当时的经济和社会活动对自然生态系统的负面影响在地球环境系统的容纳限度之内，农业生态功能表现的是正外部性特征，为自然环境和人类社会提供的是保护、服务作用，以致人类对农业的生态功能察觉、认识不够，需求也不强烈。

2）农业社会向工业社会转型时期

农业的功能主要表现为生产功能、生活功能，或者经济功能、政治功能、社会功能、文化功能等，生态功能有所显现但不明显，可谓潜性显性共存。农业的作用，除为人类提供生存所需的粮食、食物外，还要为工业发展提供必要的原材料、资本、劳动力，甚至市场等。这个时期，农业仍然是社会主要的生产部门，只是工业在逐渐兴起，并呈现快速发展态势；人类的需求主要还是集中在物质产品方面，但对文化产品的需求愿望逐渐强烈，即生理层次需求仍然排在第一位，安全等其他层次需求也慢慢提升。农业为工业服务，为工业发展提供充足的原始积累，也是一个国家或地区要实现经济发展、迈入现代社会的必经过程。但农业的生态功能也是存在的，只是没有被人类完全认识和强烈需求。因为这个时期，国家或社会的主要关注点都集中在发展工业上，力促向工业社会转型，对农业强调更多的是供给、保障与兜底作用，要服务于工业发展，且此时农业生产导致的负面生态环境影响仍在自然生态系统承载范围之内，人类还可以忍受来自生态环境被污染或破坏的威胁，对良好生态产品和服务的需求也不强烈。

3）工业社会时期

农业的功能主要表现为生产功能、生活功能、生态功能，或者经济功能、政治功能、社会功能、文化功能、生态功能等，生态功能显性存在。农业的作用不断拓展，由经济拓展到生态、社会、文化等领域，除向人类提供粮食、农产品，以及为工业发展提供原材料、市场外，还承担起保护生态环境、保障农民就业、传承农耕文化等任务。这个时期，农业仍然是一个重要的生产部门，只是工业已经相对比较发达，在国家GDP中的比重已经远远超过了农业，成为经济社会发展的支柱产业；人类的需求逐渐由物质产品转向文化产品、生态产品，且这种欲望日趋强烈，即生理层次需求得到满足后，生态环境安全、社会、自我实现等层次的需求逐渐占据重要位置。从物质创造等角度看，工业化的“威力”确实很大，短短的二三百年却创造了无与伦比的物质财富；但从生态平衡等角度看，工业发展所造成的生态失衡、能量失衡、物质失衡会给人类带来怎样的灾难也是不堪设想、无法估量的，尤其是近些年来工业化导致的生态环境问题更促使人们加深了这样的认识，也承受着生态环境危害的后果。正因为此，随着经济社会的发展、人类认知能力的提升和生活需求的多元，人类审视农业的视角、心态发生变化，除一如既往地要求保障粮食、农产品外，还希望农业能够起到保护生态环境、增加绿色景观、提供休闲场所、陶冶思想情操等作用。于是，一直存在的农业生态功能，就越来越受到人们重视，并被要求充分开发，以为人类提供良好的生态服务。

3.2　国外农业生态功能发展与政策

3.2.1　基本情况

世界上对农业生态功能等多功能性研究和实践较早的国家或地区，主要有日本、韩国、欧盟等，他们是这一概念的提出者、倡导者和实践先行者，并引起了多个国际组织和相关国家的关注，使这一问题逐渐成为热点问题。美国虽然对农业多功能性理念持反对态度，但对农业对环境的作用与影响还是给予了肯定，并开展了相关研究和实践，积累了一定经验。

1）日本

日本是农业多功能性概念的提出者。20 世纪 80 年代末和 90 年代初，日本在与美国等农产品出口国开展贸易谈判时强调日本文化与水稻种植密切相关，认为水稻种植不仅能够增加稻米供给，还能蓄水、防洪减灾、传承文化，保护日本水稻生产就是保护日本的“稻米文化”（陶陶和罗其友，2004）。虽然日本的这一提法，从根本上是为了保护国内的稻米市场、加大对农业的支持和保护，以在国际贸易谈判中获得优势，但也勾勒出了农业不仅具有农产品生产供给功能，还具有保护环境等生态功能的宏观轮廓。

农业的生态功能，正是基于农业多功能性理论，这也为日本制定农业政策和农业环境政策奠定了基础。20 世纪 90 年代以后，随着农业政策取向日益向重视农业多功能性的方向转变，日本形成了以生态环境保护为基本目标，手段措施日益完备的农业环境政策体系。1992 年，日本对 1961 年制定的《农业基本法》进行修改，形成《新粮食 · 农业 · 农村政策的方向》，提出重视农业在国土和环境保全方面的多功能性。1999 年 6 月，日本向 WTO 提交的农业谈判议案，提出农业多功能性指农业除农产品供给等基本功能外，还具有国土保全、涵养水源、自然环境保全、良好景观形成、文化传承等功能。同年，日本颁布了《食品 · 农业 · 农村基本法》，取代 1961 年制定的《农业基本法》，作为日本农业中期发展的政策性纲领，指导和统筹日本全国涉农事业的发展与改革。该法提出了食品稳定供应、农业多功能、农业可持续发展、农村振兴的四个理念和农产品自给率目标，对农业多功能性给予了法律认可，也是日本实践多功能农业的开端；将农业多功能性定义为“根据农村的农业生产活动，农业具有除农产品供给功能以外的多种功能，可用五个功能作为展示，如土地保持、水源涵养、自然环境的保护、良好景观的形成、文化的传承”。具体来说，日本理解的农业生态功能，主要体现在这样几个方面：防止或减轻洪水灾害、水源的保护和涵养、防止土壤流失、防止山体滑坡、处理有机垃圾、净化大气、增加自然景观以及缓和气候变化等。

作为指导日本农业发展的政策纲领，《食品 · 农业 · 农村基本法》每五年要修订一次，以保证农业发展政策可以精确响应日本社会、经济各方面变化对农业的影响，有效推动农业和农村事业的不断发展。这其中，农业生态功能的理念也始终贯穿全程。例如 2005 年的修订版本，除强调粮食安全保障外，还要求建造环境和乡村资源的农村系统，在具体提到多功能农业的场合中也以土壤保护为开头阐述稻田农业所能带来的多功能，且认为只有绿箱政策①不足以发挥农业的多种功

① 绿箱政策：WTO《农业协定》关于农业国内支持政策之一，指由政府提供的、其费用不转嫁给消费者，且对生产者不具有价格支持作用的政府服务计划。这些措施对农产品贸易和农业生产不会产生或仅有微小的扭曲影响，成员方无须承担约束和削减义务。

能；2015 年的修订版本，除确保稳定的粮食供给外，还强调农业的可持续发展，要推进生态农业和环境保护，在农业生产中保护和持续利用生物多样性，维持和发展畜禽粪污施肥、秸秆利用、生物防病虫害等自然循环功能，以温室种植、农业机械化等措施节能减排，推进环境变化的生态适应计划，使农业与环境保护协调发展。

如果说日本在法律上对农业生态功能给予了确认、保障，那么在实践上，日本则通过多种方式注重发挥农业的生态功能。例如，通过农地使用结合生态与休闲旅游的概念，结合地方政府及各种合作社，推动地方农业及观光业发展，其做法是通过当地农会、旅馆合作社、废弃物处理合作社成立协会，收集地方上的有机废弃物以制造堆肥，再用于生产有机农业产品，如有机葡萄和桃等，以实现环境净化和自然生态的可持续发展。同时，推行多样性的农地经营发展，以作物多样化取代单一作物经营，使农地既能保障粮食生产自给率，又能维持生物多样性等。

在评估方法上，日本主要采用成本替代法和应急估价法等方法，评价农业生态功能等多功能性的经济价值，为制定相关政策提供依据。具体来说，成本替代法是一种间接评估方法，即选择一种由市场销售的物品来代替比较抽象的被评估的某种非生产功能，评估其生产或维护成本及经济价值；应急估价法是一种假想市场法，用模拟市场来假设某种公共物品存在市场交换，通过调查、询问、问卷、投标等方式获得消费者对该公共物品的支付意愿，即可得到该公共物品的经济价值（曹俊杰和徐俊霞，2006）。例如，吉田太郎运用成本替代法、条件价值法和享乐价格法等评估了日本稻作生态系统服务功能，得出每年稻田多功能性价值为 68.8×10^8 美元。

2）韩国

韩国也是世界上农业多功能性理念的较早倡导者之一。农业的生态功能，是其多功能之一。韩国政府认为农业生产应当具有保证食物安全与农民的生存、保持水土、保护自然资源与环境、维护生物多样性等多种功能。韩国许多专家也认为农业除了提供农产品以外，还存在保护粮食安全、防洪、蓄水、净化环境、乡村休闲、保护历史文化等许多社会与生态功能。

韩国提出开发农业多功能性或生态功能问题有一定的历史原因。20 世纪 60 年代以后，韩国的工业化、城市化发展迅速，导致工农业之间、城乡之间、区域之间的发展严重失衡，农业和农村问题越来越突出。韩国农村分布着很多民族文化景观和山水自然景观，是人们观光旅游、休闲度假、文化娱乐的好去处。为了解决日趋严重的农业农村问题，韩国于 1970 年发起了著名的“新村运动”，加强农业基础设施建设，完善农村公共服务与社会保障体系；在此基础上，又于 90 年代提出研究和建设农业多功能性，通过增加对农村地区的财政投入，加强土地改良、兴修水利和农业基础设施建设，降低农业生产成本和经营风险，减轻农业的弱质性等。此举不仅因为农业多功能性在保护地面景观与传统文化遗产、发展乡村旅游和民俗文化事业等方面具有重要的意义，还因为农业多功能性能发挥稻田的蓄水、防洪价值，可以有效降低洪水和山崩的风险。

此后，农业环境保护日益受到韩国重视。20 世纪 90 年代末，韩国将环境友好型农业定位为 WTO 体制下农业可持续发展的基本方向，农业政策的重心也由注重规模效率的产业结构调整向农业环境保护方面转移。例如，1998 年，韩国制定《环境农业育成（促进）法》，提出环境友好型农业政策；1999 年，颁布《农业·农村基本法》，为环境友好型农业建设、环境友好型农业直接支付制度等奠定了基础；2004 年，制定促进环境友好型农业与农产品安全性对策，把推广环境友好型农业与食品安全相联系，构筑政策和市场两方面的制度框架。

在评估方法上，韩国也主要是利用成本替代法、应急估价法等方法，估算农业生态功能的经济价值。例如在防洪功能的经济价值方面，韩国利用成本替代法，即用建造和维护防洪堤坝的成本估算，每年农业防洪功能的经济价值达到 11.83 亿美元；在涵养水源功能的经济价值方面，也是利用成本替代法来估算，农业旱地涵养水源功能的经济价值达 10.1 亿美元；在净化污水功能的经济价值方面，每年农业净化污水功能的经济价值达 10.5 亿美元；在净化空气功能的经济价值方面，每年农业净化空气功能的经济价值达 19.56 亿美元；在防止土壤流失功能的经济价值方面，每年可达 4.01 亿美元；在处理有机废物功能的经济价值方面，每年经济价值约为 7800 万美元；在维护地面景观的经济价值方面，达到 8.63 亿美元（顾晓君，2007）。

3）欧盟

欧盟也是农业多功能性理念的较早实践者之一。在应对有关国家关于农业多功能性理念为贸易保护主义提供支撑的指责时，欧盟坚持认为，讨论农业多功能特性，并没有与农产品贸易相联系，贸易问题应该在世界贸易组织讨论，需要联合国粮农组织这一中立的、权威机构来对此进行研究。关于农业多功能性内涵，欧盟对此界定为：农业除了具有生产功能外，还具有维护、管理和改善农村景观，保护环境（包括抵抗灾害），维持农村地区稳定等功能。

农业多功能性也成为欧盟共同农业政策（common agricultural policy，CAP）的理论基础。CAP 是欧盟实施的第一项共同政策，旨在提高农业生产力，稳定农产品市场和农产品供应，免遭外部廉价农产品的竞争。自 1962 年实施以来，CAP 先后经历了 1984 年、1992 年和 1999 年几次调整与改革，而农业多功能性问题扮演着越来越重要的角色，并逐渐成为欧盟农业政策的重要导向之一。1992 年，CAP 开始实践农业多功能性、农业生态功能，也从根本上转变了共同农业政策的发展方向以及功能。例如，实施“农业环境行动项目”，鼓励为环境利益而进行低强度的耕作，资助农业用地的森林再造等。1997 年，欧盟提出“欧洲农业模式”，指出“除了生产功能外，农业必须能够维护农村，保护自然并成为农村活力的最大贡献者，在食品质量、食品安全、环境保护与动物福利等方面必须对消费者的关心与需求做出反应”，并于 1998 年将农业多功能性作为一个专业术语纳入《乡村社会的未来》文件中。1999 年，欧盟通过《欧盟 2000 议程》，强调农业发展的多功能性、可持续性等特征，注意到农业对确保粮食安全、保持空间上的平衡发展、保护地面景观与环境具有不可替代的重要作用，在共同农业政策中增加对环境保护和结构性措施的综合考虑；各成员国开展了一些乡村、滨海等特色化的农业旅游项目，逐渐形成绿色农业、生态农业和观光农业等生态功能和文化功能相结合的多样化发展模式。2003 年 6 月，欧盟通过新的 CAP 改革协议，提出加强对环境、食品安全、动物健康和动物福利标准的要求。2005 年 9 月，欧盟正式启动欧洲农村发展基金，建立全新的 CAP，把农业多功能性细分为三个方面。其中，“第二支柱”强调要改善农业生产环境，加强对林农在环境管理方面的支持，包括生物多样性管理、污染源控制、农业景观维护以及在原有农田上植树等；增加传统农业的色彩，不只以产量为导向，还追求保持赏心悦目的农村风光和充满活力的农村社区，以及形成和保持稳定的农业就业。2008 年 5 月，欧盟进行了新一轮的共同农业政策改革，强调农业补贴不再以粮食产量作为唯一标准，还要考虑环境保护、食品安全及动物福利等多种因素，放松了对农场主的管制，促使农业向着更加公平及绿色的方向发展。2013 年，欧盟就共同农业政策改革达成一致，颁布《2014—2020 年计划》，强调农业支持政策环保导向、对农村地区的环境保护等，进一步推动共同农业政策绿色生态转型。

在理论研究方面，欧盟学者热衷于农业多功能性的环境因素研究。例如，大卫·布兰德福德（David Blandford）和理查德·博瓦维尔（Richard Boisvert），在著作《OECD 农业多功能性分析框架》（*OECD Agricultural Multifunctional Analysis Framework*）中提到，农业的非商品产出有正、负两种，如农业景观美学休闲价值和环境中农药化肥等化学物质的残留分别是其典型代表。在市场失灵的情况下，若无政府相关政策的激励，农民在生产决策时，更容易采取生产成本最低的策略，而非过多考虑化肥农药残留量。尤西·蓝口斯基（Jussi Lankoski）和马库·奥利凯宁（Markku Ollikainen）用投入和土地配置模型分析农业环境外部性的最优供给，认为生物多样性和景观多样性是农业的公共利益方面，而营养流失是负外部性，在私人最佳状态下，化肥的使用量比社会最佳状态下更高，缓冲带更小。同时，欧盟学者还善于运用环境经济学方法开展农业生态功能评价，尤其是经常运用陈述偏好法、揭示偏好法等。

4）美国

美国是世界上重要的农产品生产国和出口国，也一直崇尚农产品自由贸易。对于农业多功能性理念，美国并不接受，甚至持批判态度。他们认为，人类活动都具有多重功能，“农业多功能性”没有任何理论指导和实践意义，只能被用来作为反对贸易自由化的工具。他们强调，问题的本质是农产品进口国和出口国之间的利益之争，农业多功能性不能成为农业贸易扭曲政策的基础和依据。他们指出，农业多功能性问题是一些国家塞进《21世纪议程》和《罗马宣言和行动计划》中的一块砖，并以此建立一个庞大建筑来阻碍农产品贸易自由化进程。

尽管如此，美国也一直认可或肯定农业对环境的作用与影响，或者从另一种意义上说，美国对农业多功能性的认知，集中在农业与环境特性相关的功能上。正如他们认为的那样，农业多功能性概念的提出，是一些国家为了替其农业高保护政策寻求理论依据，农业可持续发展概念已包含了农业在环境保护等方面的多重功能。此外，美国农业环境政策中的保护与储备计划也十分认可农业的环境功能，其目标是计划的实施成本和环境利益之间比率最大化，即能够提供最大化的环境产出。虽然美国农业环境政策有着市场决定农业环境支付的优点，但是同样存在过分依赖激励和补贴方式而很少利用税收来处理外部性问题的不足。

2004年，在法国雷恩召开的“农业多功能性”专题学术讨论会上，美国研究者卡尔·尼尔森根据美国环境保护局1975～2000年杀虫剂使用的专门数据，就美国对杀虫剂继续使用还是取消使用两种观点进行回归分析，结果表明继续使用和取消使用所估算的风险水平没有明显亮线，利益风险比较说明继续和取消杀虫剂使用不能基于纯粹的成本利益（陈秋珍和Sumelius，2007）。2008年，美国学者阿兰·兰德尔（Alan Randall）为了估算多功能农业的产出，采用支付意愿法（willingness to pay，WTP）从湿地改善、陆地生态与地表水质量三个方面分析并估算农业保护计划对现代多功能农业价值的影响。结果为：新增一个典型淡水沼泽（湿地自然保护项目），市民愿意每年额外支付1英亩（acre，1acre≈0.405hm^2）大约425美元（90%的置信区间，上下限范围为255～707美元）；新增1英亩陆地储备以改善生态，公众愿意每年额外支付约196美元（90%的置信区间，上下限范围为93～419美元）；100英里(mi，1mi≈1.609km)水域上，地表水质量每提高2.5个单位，对于提供淡水的机构，这个水质的改善将使得每个家庭每年愿意为其额外支付约102美元的价值（90%的置信区间，上下限范围为91～114美元）（周镕基，2011）。

3.2.2 主要特点

1）普遍承认农业具有生态功能

尽管农业多功能性理念并未取得各国一致认可或者说存在争议，但其蕴含的农业生态功能内容还是得到了普遍承认与接受。例如，日本、韩国、欧盟等国家或地区，在提出、实践农业多功能性理念时，不仅重视农业的生产功能、文化功能，还特别强调农业具有保持土壤、防洪蓄水、增加景观、维持生物多样性等生态功能，认为开发农业生态功能对保护生态环境、促进农业农村可持续发展具有重要作用。美国反对农业多功能性理念，主要还是从贸易自由化角度考虑，认为农业多功能性理念会加剧农产品贸易保护主义而引起国际农产品贸易市场扭曲。但对于农业的生态功能或者说农业生产对环境的作用与影响，美国还是承认和肯定的，如在反对农业多功能性理念时，认为农业可持续发展概念已经包含了农业生态功能，农业多功能性的提出是多余的或者不合适的。

2）赋予农业生态功能合法地位

国外不仅认可和接受农业具有生态功能，一些国家、地区或组织如日本、韩国、欧盟等，还出台相关法律法规、政策文件给予正式确认，赋予农业生态功能合法地位。1992年，联合国环境与发展大会通过《21世纪议程》，在国际性会议上明确了农业多功能性的实践意义，并作为农业发展的指导思想之一。1998年，欧盟将农业多功能性作为一个专业术语纳入《乡村社会的未来》，1999年《欧盟2000议程》强调农业发展的多功能性。1999年，日本将“农业多功能性”写入《食品·农业·农村基本法》，对农业的生态功能给予了正式确认。这部法律是日本农业中期发展的政策性纲领，指导和统筹日本全国涉农事业的发展与改革，从而也能够保障、指导日本在以后的农业生产与发展中充分发挥生态功能。

3）建立农业生态功能价值评估方法

国外学者经常运用环境经济学的理论和方法来评价农业的多功能性价值，主要有陈述偏好法、揭示偏好法和直接市场评估法等。其中，揭示偏好法包括内涵资产定价法、旅行费用法、防护支出法和重置成本法等；陈述偏好法包括意愿调查价值评估法、条件价值评估法等。相对来说，条件价值法是国外用于农业多功能价值评估的较为广泛的方法。例如，Takatsuka等（2009）运用条件价值法和选择模型，评估了新西兰耕地的气候调节、水调节、土壤保持和风景景观四种关键生态系统服务价值。Krause等（2017）运用条件价值法，从森林、草原和农田等方面评估了埃塞俄比亚六个农村社区生态系统服务价值和各土地利用类型的总经济价值，结果表明，1982～2013年森林为280美元/(hm^2·a)、农田为79美元/(hm^2·a)、草原为12美元/(hm^2·a)，各土地利用类型的总经济价值中森林最高、耕地次之、草地再次之。Torres-Miralles等（2017）利用条件评估法和推断评估法，评估了安达卢西亚（西班牙南部）自然保护区内的橄榄农业生态系统服务价值，明确了人们对生态系统服务的优先序，认为在文化和生态系统调节服务方面得分高的受访者更有可能为保护计划付费。

4）注重发挥农业生态功能作用

无论最初是基于何种利益考量，农业的生态功能作为一个理念被提出，在一定程度上拓宽、加深了人们对农业价值的认知，强化了人们的农业生态环境保护意识，而随着大量应用实践的不断开展与深入，人们因“农业生态功能”获得了许多切切实实的好处。例如，日本通过发展生态与休闲旅游，推动地方农业及观光业发展，既有效处理了农业废弃物、净化了生态环境，又促进了农业发展，增加了农民收入；推行多样性的农地经营发展，用作物多样化取代单一经营，既保障了粮食生产，又维持了生物多样性等。欧盟一些国家积极发展农业旅游，形成绿色农业、生态农业和观光农业等生态功能和文化功能相结合的多样化发展模式，既保护了农业生态环境，又促进了农业发展。

3.2.3 经验启示

1）重视农业生态环境保护，保障农业可持续发展

客观地说，在农业多功能性理念提出之前，人们对农业生态环境问题已经警觉、重视，并着手研究与探索解决之道。农业生态功能的提出，更加助推了这种意识和做法，而且是从正面角度强调农业对生态环境保护的积极作用，在强化人们重视农业生态环境保护意识的同时，也保障和促进农业的可持续发展。日本、韩国、欧盟等国家或地区较早地提出并实践农业多功能性政策，强调开发农业的生态功能等多种功能，通过加强农业生态环境保护，促进农业可持续发展，这给了我们很好的借鉴与启示。

首先，农业生态功能与农业可持续发展思想一致。他们认为，农业除了为社会提供食物和原料这一基本生产功能外，还有确保国土保持、涵养水源、防止自然灾害、改善环境、保持生物多样性、保护地面景观等生态功能，能够为农业可持续发展提供基本支撑。其次，制定农业生态环境保护相关法律。正是基于对农业生态功能相关理论研究的结果，他们制定了专门的法律、政策，以加强农业生态环境保护。例如，日本出台了《食品·农业·农村基本法》《家畜排泄物法》《有机农业促进法》《肥料管理法》《持续农业法》等法律，以及相关配套制度、规则等，形成了农业环境法律体系，为加强农业生态环境保护提供了重要保障。

从理论上讲，农业生态功能可表现为正负外部经济性。但日本、韩国、欧盟等国家或地区在实践农业生态功能时，更多的是强调发挥农业生态功能的正外部经济性，体现农业对自然环境的保护作用，强调农业的可持续发展。这就要求我们在工作实践中，要控制自己的经济社会活动，采取法律、政策等多种措施加强农业生态环境保护，以发挥农业生态功能的正外部经济性，保障和促进农业的可持续发展，为人类社会发展提供持续良好的生态产品和服务。

2）强化农业重要地位，加大农业的支持与保护

日本、韩国等国认为，强调农业的生态功能、文化功能等多种功能，并用法律形式予以确定，有助于人们对农业这一传统产业进行全面评价，重新审视农业

的地位，唤起国民对本国农业的热情。同时，可以利用农业生态功能等多功能性的相关理论，制定符合时代形势发展要求的农业发展战略，促进农业和农村经济的可持续发展。更为重要的是，国家可以依法加强对农业的支持与保护，以稳定农业在本国经济社会发展中的重要地位。

尤其对日本而言，如果仅仅从经济效益的角度考虑，就可能会放弃农业的重要地位，以换取经济总量的增长；但如果从农业的生态功能等多功能性角度考虑，就应强化农业的基础地位，因为这样不仅能确保粮食的稳定供应，而且能带来生态环境保护、文化传承等多种效用。因此，日本一直持续加强对农业的支持和保护。资料显示，日本政府每年对农林水产业的总预算额一直保持在3万亿日元以上，日本政府对农业的财政投入更是达到了农业GDP的50%以上（方志权和吴方卫，2007）。欧盟用于共同农业政策的资金占欧盟财政预算的比重一直在60%以上，占欧盟GDP的比例超过0.6%（张云华等，2020）。

受日本、韩国等国有关农业支持和保护的经验启示，考虑我国的农业大国和人口多、粮食刚性需求大等基本国情，我国也应积极开发农业的生态功能等多种功能，让国民全面正确认识农业的价值、重要性，并加大对农业的支持与保护力度，继续夯实与巩固农业的基础性地位，切实保障粮食、农产品供给安全和农业生态环境安全。

3）建立一套科学的评价体系，完善理论支撑

农业生态功能如此重要，但究竟价值几何？用何种方法能够准确评估、完整反映？回答这些问题，需要建立一套涵盖评价指标、评价方法在内的科学评价体系。因为，农业的生态功能价值和农业的生产活动密不可分，如保护土壤、涵养水源、净化空气、消纳废弃物等价值都是在农业生产过程中产生的，这些价值往往不能由市场行为完全反映、难以准确评估。

尽管日本、韩国等国家和组织也尝试了一些农业生态功能价值评估方法，但有些方法还不成熟、存在争议，其准确性、普遍性和可操作性还有待实践的进一步检验。因此，基于农业生态功能的主要内容、基本特点等情况，建立一套科学的价值评价指标体系、评估技术方法，完善农业生态功能理论，对于正确评价农业生态功能价值尤为重要。

3.3　我国农业生态功能发展与政策

从已有文件、报告、文献等材料看，我国对农业生态功能等多功能性的研究和实践相对较晚，开始于20世纪90年代；但从内容上理解，我国开展的与农业生态功能相关的农业生态环境保护工作却可以追溯至20世纪70年代。可见，此

项工作具有明显的关联性、阶段性。2007 年是我国开展农业生态功能实践的重要一年，中央 1 号文件《中共中央 国务院关于积极发展现代农业扎实推进社会主义新农村建设的若干意见》（中发〔2007〕1 号）提出“开发农业多种功能”，标志着农业生态功能纳入政府决策，此后便不断发展。

3.3.1 理论研究取得积极进展

1）积极探索了概念内涵

自农业多功能性概念提出并陆续被国际社会关注以后，我国学者也纷纷就农业生态功能的内涵、特点、指标、重要性等问题开展了系列研究。

罗其友等（2003）分析了农业功能的概念、演变过程、形成的经济学基础，根据我国实际将农业功能划分为食物功能、生态功能等四大类并进行了具体论述。姜亦华（2004）强调要发挥农业的生态功能。陶陶和罗其友（2004）探讨了农业各功能及障碍因素的内涵并进行了地域类型划分。何凡（2005）分析了农业的生态功能与农业现代化路径的关系，认为农业生态功能将成为我国农业基础地位中越来越重要的内容。严火其和沈贵银（2006）认为农业具有生态功能，在不同历史阶段表现形式不同，并以水稻为例进行了分析。郑有贵（2006）分析了农业功能拓展的历史变迁与未来趋势，认为农业保护自然资源和生态环境的功能日益凸现。吕耀等（2007）研究了我国农业环境功能的演变规律及趋势并分析了影响因素。陈锡文（2007）指出，农业多功能性研究是农业理论的重要进展，具有理论和实践上的重大意义。王勇和骆世明（2008）分析了农业生态服务功能的内涵并进行了类型划分。孙新章（2010）把农业的多功能性分为产品生产功能、生态环境功能等四类，分析了新中国 60 年的农业功能演变情况。刘向华（2010）构建了我国农业生态系统核心服务功能体系。鲁可荣和朱启臻（2011）重新认识了农业的性质和功能，认为农业具有生态功能。孟素洁等（2012）提出了“都市型现代农业生态服务价值”概念，建立了监测评价指标体系，测算了农田、森林、草地、湿地四大生态系统的服务价值。彭建等（2016）分析了北京都市农业多功能性动态，提出了农业生态功能指标体系，认为发挥农业多功能性对于农业可持续发展及建设“宜居城市”意义重大。叶兴庆（2017）强调突出生态功能、打造高标准农田建设升级版。黄姣和李双成（2018）开展了中国快速城镇化背景下都市区农业多功能性演变特征综述分析，总结了都市区农业生态功能的评价指标体系。谢彦明等（2019）从城乡、工农演进的视角分析了农业功能演进与乡村发展的关系，研判了我国农业多功能性的进程与乡村振兴的策略。

从研究成果看，尽管专家学者对农业生态功能、农业多功能性等问题的理解、看法不完全一致，但还是存在很多共同点。首先，肯定了农业具有生态功能，即农业的生态功能是农业多功能性的一种，是农业的客观属性，与农业紧密相连。其次，探讨了农业生态功能的内涵，其内容应主要包括土壤保持、防风固沙、调节空气、涵养水源、净化环境、维持生物多样性、调节气候等。然后，分析了农业生态功能的变化特点，认为农业生态功能随人类的认知水平、发展需求变化而变化，在不同历史阶段表现形式不一。最后，强调了农业生态功能的重要性，认为开发农业生态功能对于强化农业地位、保护农业生态环境、促进农业可持续发展具有重要作用，现代农业建设需要开发农业的生态功能。这些成果为进一步开展农业生态功能的相关研究与实践奠定了坚实基础。

2）初步建立了评估方法

农业生态功能价值是生态服务功能价值的一部分。我国对生态服务功能价值的研究始于20世纪80年代初。20世纪90年代中期以来，农业生态系统研究迅速发展，尤其是进入21世纪，学者围绕不同地区、不同尺度和不同类型的农业生态系统服务开展了大量研究工作，取得了一些很有价值的研究成果，对于正确认识农业生态功能、农业生态价值、保护农业生态环境等都起到了极大的促进作用。

张壬午等（1998）探讨了农田生态系统中水资源利用价值核算方法，将农田生态系统水资源价值分为灌溉收益、投入资产价值、损失价值三部分，并以秸秆覆盖技术开展案例研究。谢高地等（2003）通过对我国200位生态学者进行问卷调查，制定了我国不同陆地生态系统服务价值的当量因子表。高旺盛和董孝斌（2003）运用市场价值法、替代工程法、影子价格法、机会成本法等方法，评价了安塞县（现为“安塞区”）农业生态系统的服务价值。孙新章等（2005）采用市场价格法、机会成本法和影子工程法对农田生产系统土壤保持功能价值进行了评估。郭霞（2006）探讨了农用地生态价值评估方法，提出了造林成本法、碳税法。孙新章等（2007）采用生态经济学的方法，对我国农田生态系统的服务价值进行了量化评估。肖玉和谢高地（2009）采用影子价格法，综合评价了上海市郊稻田生态系统服务价值。张丹等（2009）以物质量和价值量相结合，采用市场价值法、影子工程法、生产成本法、机会成本法等定量方法，评价了贵州省从江县传统农业区生态系统服务功能经济价值。孙能利等（2011）采用生态系统生态服务价值当量因子法，测算了山东省农业生态价值。韩永伟等（2012）综合应用修正后的通用土壤流失方程、市场价值法、机会成本法和替代工程法，评估了陇东黄土高原丘陵沟壑重要生态功能区生态系统的土壤保持功能及其经济价值。杨文艳和周忠学（2014）采用市场价值法、影子工程法、机会成本法等方法，估算了西安都市圈农业生态系统水土保持价值。叶明珠和余峰（2016）采用吸碳制氧法，测算了玉山县农用地生态价值，并与玉山县各乡镇农用地经济价值比较分析。周镕基等（2017）运用揭示偏好法和陈述偏好法等环境经济学价值评估方法，对2014年湖南农业（狭义种植业）生产产生的正外部性间接价值进行评估，探讨了农田生态系统正外部性环境价值及其提升策略。刘向华（2018）以河南省为例，根据社会、经济和环境因素界定了农业生态系统服务类型，筛选并改进了服务价值评估方法，结合专家调研与生态系统服务的复杂网络特性，运用非线性总量方法测算了河南省农业生态服务价值总量。杨文杰等（2019）参照我国陆地生态系统服务价值当量因子表，估算了2001～2016年耕地非农化造成的农业生态服务价值损失，并结合不同时段的社会发展系数进行修正。李学锋等（2019）以生态系统生态服务价值当量因子表为基础，对生态价值指标体系加以综合、调整，构建了一个生态资源价值指标体系，并以云南为例评价了包括农田在内的不同类型用地生态价值。

总体来看，专家学者的研究主要有两个特点：一是研究视角不同。既有全国、区域的农业生态功能价值评估，也有地块、园区的农业生态功能价值评估，还有农业整体生态功能或某一类型功能的价值评估。二是研究手段各异。既有参考借鉴罗伯特·科斯坦萨建立的生态系统服务功能评估方法，也有利用环境经济学、生态经济学方法的，还有自主建立相关评价模型的。多年的研究取得的成果主要有：第一，初步建立了评价指标。主要包括土壤保持、固碳制氧、涵养水源、环境净化、生物多样性、气候调节等。第二，初步建立了评估方法。主要包括生态系统生态服务价值当量因子法、市场价值法、替代工程法、影子工程法、生产成本法、机会成本法等。对比来看，这些研究成果仍然存在一些不足。一方面，指标类型多样。由于各个学者的专业背景不同等，对农业生态功能价值的理解也有不同，建立的农业生态功能价值评估指标存在类型多样、不统一等问题，不利于相同条件下的农业生态功能价值比较。另一方面，评估方法各异。正如上述所言，学者有的采用生态系统生态服务价值当量因子法，有的采用环境经济学、生态经济学方法评估农业生态功能价值，存在农业生态功能价值评估方法与标准缺失问题，可能会导致同一条件下的评估结果相互间差异较大。为此，今后应进一步开展农业生态功能价值评估的理论研究，在深入掌握农业生态系统形成、变化、相互作用的机理机制基础上，建立科学的农业生态功能价值评估指标体系与技术方法，以便客观正确评估农业生态功能价值。

3.3.2 实践应用逐步拓宽深入

多年来，我国制定了系列农业生态环境保护、农业多功能性相关法律、法规、政策文件与规划，为开发利用农业生态功能起到了重要的推动作用。

1）出台了系列法律法规

农业生态环境相关法律法规，是加强农业生态环境保护、促进农业生态功能作用发挥的根本保障。多年来，我国制定出台了一系列相关法律法规，如《中华人民共和国农业法》《中华人民共和国环境保护法》《中华人民共和国农产品质量安全法》《中华人民共和国土壤污染防治法》《中华人民共和国水污染防治法》《中华人民共和国大气污染防治法》《中华人民共和国水土保持法》《中华人民共和国森林法》《中华人民共和国草原法》《中华人民共和国渔业法》《中华人民共和国畜牧法》《土壤污染防治行动计划》《水污染防治行动计划》《畜禽规模养殖污染防治条例》《农产品产地安全管理办法》，以及全国 20 余个省（自治区、直辖市）的农业生态环境保护条例等，初步建立了农业生态环境保护的法律体系（表 3-3）。这些都贯穿了保护农业生态环境、保护自然资源的理念和立法目标，在实践中促进和强化了农业生态环境保护、农业生态功能作用发挥。

表 3-3　农业生态环境相关法律法规一览表

名称	发布机构	发布时间	涉及内容
《中华人民共和国农业法》（2012 年修正）	全国人民代表大会常务委员会	2012-12-28	第六条 国家坚持科教兴农和农业可持续发展的方针。国家采取措施加强农业和农村基础设施建设，调整、优化农业和农村经济结构，推进农业产业化经营，发展农业科技、教育事业，保护农业生态环境，促进农业机械化和信息化，提高农业综合生产能力。 第五十七条 发展农业和农村经济必须合理利用和保护土地、水、森林、草原、野生动植物等自然资源，合理开发和利用水能、沼气、太阳能、风能等可再生能源和清洁能源，发展生态农业，保护和改善生态环境
《中华人民共和国环境保护法》（2014 年修订）	全国人民代表大会常务委员会	2014-04-24	第三十三条 各级人民政府应当加强对农业环境的保护，促进农业环境保护新技术的使用，加强对农业污染源的监测预警，统筹有关部门采取措施，防治土壤污染和土地沙化、盐渍化、贫瘠化、石漠化、地面沉降以及防治植被破坏、水土流失、水体富营养化、水源枯竭、种源灭绝等生态失调现象，推广植物病虫害的综合防治。 第四十九条（节选） 科学合理施用农药、化肥等农业投入品
《中华人民共和国农产品质量安全法》（2018 年修正）	全国人民代表大会常务委员会	2018-10-26	第十八条 禁止违反法律、法规的规定向农产品产地排放或者倾倒废水、废气、固体废物或者其他有毒有害物质。 农业生产用水和用作肥料的固体废物，应当符合国家规定的标准。 第十九条 农产品生产者应当合理使用化肥、农药、兽药、农用薄膜等化工产品，防止对农产品产地造成污染

续表

名称	发布机构	发布时间	涉及内容
《中华人民共和国土壤污染防治法》	全国人民代表大会常务委员会	2018-08-31	除“建设用地”章节外，其他章节基本都涉及农业生态环境保护内容。 关于生态功能，第三十一条规定（节选） 各级人民政府应当加强对国家公园等自然保护地的保护，维护其生态功能
《中华人民共和国水污染防治法》（2017 修正）	全国人民代表大会常务委员会	2017-06-27	第四章第四节 农业和农村水污染防治全部内容
《中华人民共和国防沙治沙法》（2018 年修正）	全国人民代表大会常务委员会	2018-10-26	第三十六条 国家根据防沙治沙的需要，组织设立防沙治沙重点科研项目和示范、推广项目，并对防沙治沙、沙区能源、沙生经济作物、节水灌溉、防止草原退化、沙地旱作农业等方面的科学研究与技术推广给予资金补助、税费减免等政策优惠
《中华人民共和国水土保持法》（2010 年修订）	全国人民代表大会常务委员会	2010-12-25	第三十一条 国家加强江河源头区、饮用水水源保护区和水源涵养区水土流失的预防和治理工作，多渠道筹集资金，将水土保持生态效益补偿纳入国家建立的生态效益补偿制度
《中华人民共和国大气污染防治法》（2018 年修正）	全国人民代表大会常务委员会	2018-10-26	第七十三条 地方各级人民政府应当推动转变农业生产方式，发展农业循环经济，加大对废弃物综合处理的支持力度，加强对农业生产经营活动排放大气污染物的控制
《中华人民共和国森林法》（2019 年修订）	全国人民代表大会常务委员会	2019-12-28	第三十二条 国家实行天然林全面保护制度，严格限制天然林采伐，加强天然林管护能力建设，保护和修复天然林资源，逐步提高天然林生态功能。 第四十六条 第二款 各级人民政府应当对国务院确定的坡耕地、严重沙化耕地、严重石漠化耕地、严重污染耕地等需要生态修复的耕地，有计划地组织实施退耕还林还草
《中华人民共和国草原法》（2013 年修正）	全国人民代表大会常务委员会	2013-06-29	第四十六条 禁止开垦草原。对水土流失严重、有沙化趋势、需要改善生态环境的已垦草原，应当有计划、有步骤地退耕还草；已造成沙化、盐碱化、石漠化的，应当限期治理。 第四十七条 对严重退化、沙化、盐碱化、石漠化的草原和生态脆弱区的草原，实行禁牧、休牧制度
《中华人民共和国渔业法》（2013 年修正）	全国人民代表大会常务委员会	2013-12-28	第二十条 从事养殖生产应当保护水域生态环境，科学确定养殖密度，合理投饵、施肥、使用药物，不得造成水域的环境污染。 第三十六条 各级人民政府应当采取措施，保护和改善渔业水域的生态环境，防治污染
《中华人民共和国畜牧法》	全国人民代表大会常务委员会	2005-12-29	第三十五条（节选） 国家支持草原牧区开展草原围栏、草原水利、草原改良、饲草饲料基地等草原基本建设，优化畜群结构，改良牲畜品种，转变生产方式，发展舍饲圈养、划区轮牧，逐步实现畜草平衡，改善草原生态环境
《中华人民共和国循环经济促进法》（2018 年修正）	全国人民代表大会常务委员会	2018-10-26	第二十四条 县级以上人民政府及其农业等主管部门应当推进土地集约利用，鼓励和支持农业生产者采用节水、节肥、节药的先进种植、养殖和灌溉技术，推动农业机械节能，优先发展生态农业

续表

名称	发布机构	发布时间	涉及内容
《中华人民共和国环境影响评价法》（2018 年修正）	全国人民代表大会常务委员会	2018-12-29	第八条 国务院有关部门、设区的市级以上地方人民政府及其有关部门，对其组织编制的工业、农业、畜牧业、林业、能源、水利、交通、城市建设、旅游、自然资源开发的有关专项规划（以下简称专项规划），应当在该专项规划草案上报审批前，组织进行环境影响评价，并向审批该专项规划的机关提出环境影响报告书
《国务院关于印发土壤污染防治行动计划的通知》	国务院	2016-05-28	除“规范建设用地管理”内容外，其他内容基本都涉及农业生态环境保护
《国务院关于印发水污染防治行动计划的通知》	国务院	2015-04-02	除“工业污染防治”内容外，其他内容基本都涉及农业生态环境保护
《畜禽规模养殖污染防治条例》	国务院	2013-11-11	全部内容
《农产品产地安全管理办法》	农业部	2006-10-17	全部内容

2）制定了多个相关规划

农业生态功能相关规划是当前和今后一个时期促进农业生态功能作用发挥、推动农业全面发展的设计安排。当前，我国农业发展正处于传统农业向现代农业转变的关键时期，全面发挥农业的生产、生态、社会、文化等多功能性，对保障食物供给安全、提高农民收入、促进农业可持续发展具有重要意义。国家层面制定了《乡村振兴战略规划（2018—2022 年）》《国家质量兴农战略规划（2018—2022 年）》《全国农业现代化规划（2016—2020 年）》《全国农业可持续发展规划（2015—2030 年）》《农业资源与生态环境保护工程规划（2016—2020 年）》《全国农产品加工业与农村一二三产业融合发展规划（2016—2020 年）》等系列相关规划，地方层面也制定了相关规划，均强调要拓展农业多种功能，大力发展生态农业、休闲农业、观光农业，加强农业污染治理与生态环境保护，促进农业可持续发展，如表 3-4 所示。

表 3-4　农业生态功能相关规划一览表

类别	名称	发布机构	发布时间	涉及内容
国家层面	《乡村振兴战略规划（2018—2022 年）》	中共中央、国务院	2018-09	顺应城乡居民消费拓展升级趋势，结合各地资源禀赋，深入发掘农业农村的生态涵养、休闲观光、文化体验、健康养老等多种功能和多重价值。 依托现代农业产业园、农业科技园区、农产品加工园、农村产业融合发展示范园等，打造农村产业融合发展的平台载体，促进农业内部融合、延伸农业产业链、拓展农业多种功能、发展农业新型业态等多模式融合发展

续表

类别	名称	发布机构	发布时间	涉及内容
国家层面	《全国农业现代化规划（2016—2020 年）》	国务院	2016-10-17	拓展农业多种功能。依托农村绿水青山、田园风光、乡土文化等资源，大力发展生态休闲农业
	《国家质量兴农战略规划（2018—2022 年）》	农业农村部、国家发展改革委、科技部、财政部、商务部、国家市场监督管理总局、国家粮食和物资储备局	2019-02-11	一二三产业深度融合，农业多种功能进一步挖掘，农业分工更优化、业态更多元，低碳循环发展水平明显提升，农业增值空间不断拓展
	《全国农业可持续发展规划（2015—2030 年）》	农业部、国家发展改革委、科技部、财政部、国土资源部、环境保护部、水利部、国家林业局	2015-05-20	修复农业生态，提升生态功能
	《农业资源与生态环境保护工程规划（2016—2020 年）》	农业部	2016-12-30	通过 5 年努力，实现农业资源永续利用水平明显提升，农业环境突出问题治理取得积极进展，农业生态功能得到改善恢复，农业绿色化发展取得重要进展
	《全国农产品加工业与农村一二三产业融合发展规划(2016—2020 年)》	农业部	2016-11-14	拓展农业多种功能，推进农业与休闲旅游、教育文化、健康养生等深度融合，发展观光农业、体验农业、创意农业等新业态，促进休闲农业和乡村旅游多样化发展
	《“十三五”生态环境保护规划》	国务院	2016-11-24	限制开发的重点生态功能区开发强度得到有效控制，形成环境友好型的产业结构，保持并提高生态产品供给能力，增强生态系统服务功能。 全面保障国家生态安全，保护和提升森林、草原、河流、湖泊、湿地、海洋等生态系统功能，提高优质生态产品供给能力
地方层面	《北京市乡村振兴战略规划（2018—2022 年）》	中共北京市委、北京市人民政府	2018-12-30	要进一步完善生态保护补偿机制，实施生态修复与生物多样性保护，建设生态清洁型小流域，维护提升区域生态功能及其服务价值。 发挥自然资源多重效益。健全生态文明制度体系，加快推进自然资源资产确权及生态价值应用，巩固深化首都生态文明成果。将生态优势转化为绿色发展优势，大力发展生态旅游、生态农业等特色产业。 坚持服务首都、富裕农民的方针，深入发掘农村产业的生态涵养、休闲观光、文化体验、健康养老等多种功能和多重价值

续表

类别	名称	发布机构	发布时间	涉及内容
地方层面	《浙江省乡村振兴战略规划（2018—2022 年）》	中共浙江省委、浙江省人民政府	2018-12-29	扩大生态产品价值实现机制试点。承接城市新需求，拓展农业农村“接二连三”功能。 充分挖掘乡村生态价值，以美丽乡村、美丽城镇、美丽田园、美丽河湖、美丽海岛等为载体，共同打造全域大美格局。 探索生态资源价值市场实现机制。坚持污染者付费，健全生态资源市场交易机制，发展用能权、排污权、碳汇等生态产品交易，促进实现清洁空气、水土、能源等生态价值
	《广东省实施乡村振兴战略规划（2018—2022 年）》	中共广东省委、广东省人民政府	2019-07	深入发掘农业农村的生态涵养功能、休闲观光功能、文化体验功能，促进农业与旅游、教育、文化、健康养老等产业功能互补和深度融合，开发、拓展和提升农业的科技教育、文化传承和生态环境保护等附加功能。 积极开发农业多种功能。尊重自然、顺应自然，加强农业生态基础设施建设，修复农业农村生态景观，强化山水林田湖草综合治理，提升农业的生态价值、休闲价值和文化价值，打造农业全产业链
	《山东省乡村振兴战略规划（2018—2022 年）》	中共山东省委、山东省人民政府	2018-05-14	加强农业生态基础设施建设，修复自然生态系统、涵养水源、保持水土、净化水质、保护生物多样性等功能。 积极开发观光农业、游憩休闲、健康养生、生态教育等服务
	《江苏省乡村振兴战略实施规划（2018—2022 年）》	中共江苏省委、江苏省人民政府	2018-09-30	完善城镇化地区、农产品主产区和重点生态功能区各自的开发建设、农业生产和生态服务功能。 鼓励支持地方传统优势农业，按照一二三产业深度融合发展导向，兼具旅游度假、文明传承、生活休闲、生态保护等功能 注重发挥农业生态供给及休闲功能，重点发展精品农业、高端农业、都市农业，满足城乡居民多元化需求
	《河南省乡村振兴战略规划（2018—2022 年）》	中共河南省委、河南省人民政府	2018-10-19	农村产业由一产为主向一二三产业深度融合转变。随着新产业新技术革命不断孕育，特别是以信息技术为代表的新一轮科技革命加速兴起，新业态、新模式正在全方位大规模向农村渗透，推动农村产业链条延伸和农业功能不断拓展，一二三产业融合发展进入快速发展时期，农业不再是单一的农业、乡村不再是传统的乡村，乡村的经济价值、生态价值、社会价值、文化价值日益凸显

续表

类别	名称	发布机构	发布时间	涉及内容
地方层面	《湖北省乡村振兴战略规划（2018—2022年）》	中共湖北省委、湖北省人民政府	2018-11-21	切实加强对自然生态空间的整体保护，修复和改善乡村生态环境，有效提升生态功能和服务价值。 强化农业产业支撑，发展生态农业、特色农业，提高农业生产效率和效益。深度开发农业多种功能，将农业生产与观光休闲旅游、农耕文化教育紧密结合，重点发展一批水乡风情村庄、传统农耕村庄、山区特色村庄，促进村民安居乐业
	《湖南省乡村振兴战略规划（2018—2022年）》	中共湖南省委、湖南省人民政府	2018-09-07	建设生态宜居的美丽乡村，发挥多重功能，提供优质产品，传承乡村文化，留住乡愁记忆，满足人民日益增长的美好生活需要 抓好长江、珠江重点防护林体系建设，提升水土保持、水源涵养、防灾减灾等生态功能，构建功能完备、结构稳定、优质高效的防护林体系
	《四川省乡村振兴战略规划（2018—2022年）》	中共四川省委、四川省人民政府	2018-09-02	激发农村产业新动能。深入挖掘农业农村生态涵养、休闲观光、文化体验及康养等新价值。 乡村文化融合行动。实施“乡村文化＋农业、旅游、生态、科技”融合工程，打造乡村文化融合示范区。推进农业与旅游、文化、森林康养等产业深度融合，充分开发农业多种功能和多重价值，提升价值链
	《江西省乡村振兴战略规划（2018-2022年）》	中共江西省委、江西省人民政府	2018-12	加强对自然生态空间的统一规划、整体保护、系统修复，修复和改善乡村生态环境，提升自然生态系统稳定性和生态服务功能。 实现多模式融合、多类型示范，通过复制推广先进经验，加快延伸农业产业链、提升农业价值链、拓展农业多种功能、培育农村新产业新业态。 加大贫困地区生态保护修复力度，探索多种生态价值转换模式
	《安徽省乡村振兴战略规划（2018—2022年）》	中共安徽省委、安徽省人民政府	2018-05	把握城乡居民消费拓展升级趋势，深入挖掘农业农村的生态涵养、休闲观光、文化体验等功能，重新认识乡村新价值，增加乡村生态产品和服务供给
	《甘肃省乡村振兴战略实施规划（2018—2022年）》	中共甘肃省委、甘肃省人民政府	2019-02	加快实施“千村美丽、万村整洁”示范村工程，补齐基础设施、公共服务、生态环境短板，建设生态宜居的美丽乡村，发挥多重功能，提供优质产品。 健全完善重要生态系统保护制度，大力实施乡村生态保护与修复重大工程，完善重要生态系统保护制度，促进乡村生产生活环境稳步改善，自然生态系统功能良性提升，生态产品供给能力进一步增强

续表

类别	名称	发布机构	发布时间	涉及内容
地方层面	《云南省乡村振兴战略规划（2018—2022 年）》	中共云南省委、云南省人民政府	2019-02-11	坚持保护优先、绿色发展，修复和改善乡村生态环境，提升生态功能和服务价值，打造环境优美、宜业宜居的乡村生态系统
	《新疆维吾尔自治区乡村振兴战略规划（2018—2022 年）》	中共新疆维吾尔自治区委员会、新疆维吾尔自治区人民政府	2018-11	推动农村一二三产业融合发展示范园创建。围绕加快延伸农业产业链、提升农业价值链、拓展农业多种功能，培育农村新产业新业态，推进农业与旅游、文化、健康养老等相关产业深度融合

3）发布了系列政策文件

农业生态功能相关政策文件是细化农业生态功能、深化农业多功能性的具体行动。2007 年，中央 1 号《中共中央 国务院关于积极发展现代农业扎实推进社会主义新农村建设的若干意见》（中发〔2007〕1 号），强调开发农业多种功能、健全发展现代农业的产业体系，提出农业不仅具有食品保障功能，而且具有原料供给、就业增收、生态保护、观光休闲、文化传承等功能。建设现代农业，必须注重开发农业的多种功能，向农业的广度和深度进军，促进农业结构不断优化升级。此后，党的十七届三中全会、2008 年和 2015～2016 年的中央 1 号文件，均提出要拓展农业多种功能、强化农业的生态功能、加强农业的支持与保护。

在中央 1 号文件的引领下，我国还出台了多个具体政策文件，如《中共中央办公厅 国务院办公厅印发〈关于创新体制机制推进农业绿色发展的意见〉》《国务院办公厅关于加快转变农业发展方式的意见》《国务院办公厅关于推进农村一二三产业融合发展的指导意见》《关于积极开发农业多种功能 大力促进休闲农业发展的通知》《农业部关于大力实施乡村振兴战略加快推进农业转型升级的意见》《农业部关于打好农业面源污染防治攻坚战的实施意见》《农业部关于进一步促进休闲农业持续健康发展的通知》等，同时各地也出台了相关政策文件，为开发农业生态功能、拓展农业多功能性提供了具体政策指引，如表 3-5 所示。

表 3-5　农业生态功能相关政策文件一览表

类别	名称	发布机构	发布时间	涉及内容
中央 1 号文件	《中共中央 国务院关于积极发展现代农业扎实推进社会主义新农村建设的若干意见》（中发〔2007〕1 号）	中共中央 国务院	2006-12-31	开发农业多种功能，健全发展现代农业的产业体系。 农业不仅具有食品保障功能，而且具有原料供给、就业增收、生态保护、观光休闲、文化传承等功能。建设现代农业，必须注重开发农业的多种功能，向农业的广度和深度进军，促进农业结构不断优化升级

续表

类别	名称	发布机构	发布时间	涉及内容
中央1号文件	《中共中央 国务院关于切实加强农业基础建设 进一步促进农业发展农民增收的若干意见》(中发〔2008〕1号)	中共中央国务院	2007-12-31	在经济社会发展新阶段，农业的多种功能日益凸现，农业的基础作用日益彰显。建立健全森林、草原和水土保持生态效益补偿制度，多渠道筹集补偿资金，增强生态功能
	《中共中央 国务院关于加大改革创新力度加快农业现代化建设的若干意见》（中发〔2015〕1号）	中共中央国务院	2014-12-31	积极开发农业多种功能，挖掘乡村生态休闲、旅游观光、文化教育价值
	《中共中央 国务院关于落实发展新理念加快农业现代化实现全面小康目标的若干意见》（中发〔2016〕1号）	中共中央国务院	2015-12-31	大力推进农民奔小康，必须充分发挥农村的独特优势，深度挖掘农业的多种功能，培育壮大农村新产业新业态，推动产业融合发展成为农民增收的重要支撑，让农村成为可以大有作为的广阔天地
	《中共中央 国务院关于实施乡村振兴战略的意见》（中发〔2018〕1号）	中共中央国务院	2018-01-02	大力开发农业多种功能，延长产业链、提升价值链、完善利益链，通过保底分红、股份合作、利润返还等多种形式，让农民合理分享全产业链增值收益
其他相关政策文件	《关于创新体制机制推进农业绿色发展的意见》	中共中央办公厅、国务院办公厅	2017-09-30	优化乡村种植、养殖、居住等功能布局，拓展农业多种功能，打造种养结合、生态循环、环境优美的田园生态系统
	《国务院办公厅关于加快转变农业发展方式的意见》	国务院办公厅	2015-07-30	积极开发农业多种功能。加强规划引导，研究制定促进休闲农业与乡村旅游发展的用地、财政、金融等扶持政策，加大配套公共设施建设支持力度，加强从业人员培训，强化体验活动创意、农事景观设计、乡土文化开发，提升服务能力
	《国务院办公厅关于推进农村一二三产业融合发展的指导意见》	国务院办公厅	2015-12-30	拓展农业多种功能。加强统筹规划，推进农业与旅游、教育、文化、健康养老等产业深度融合。积极发展多种形式的农家乐，提升管理水平和服务质量。建设一批具有历史、地域、民族特点的特色旅游村镇和乡村旅游示范村，有序发展新型乡村旅游休闲产品
	《国务院办公厅转发环保总局等部门关于加强农村环境保护工作意见的通知》	国务院办公厅	2007-11-13	以保护和恢复生态系统功能为重点，营造人与自然和谐的农村生态环境。
	《关于积极开发农业多种功能 大力促进休闲农业发展的通知》	农业部、国家发展和改革委员会、国土资源部、住房和城乡建设部、水利部、文化部等11部门	2015-08-18	鼓励在适宜区域发展以拓展农业功能、传承农耕文化为核心，兼顾度假体验的休闲农庄

续表

类别	名称	发布机构	发布时间	涉及内容
其他相关政策文件	《关于印发国家农业可持续发展试验示范区建设方案的通知》	农业部、国家发展改革委、科技部、财政部、国土资源部、环境保护部、水利部、国家林业局	2016-08-19	到2020年，试验示范区的农业产业布局与资源环境承载力逐步匹配，转变农业发展方式取得积极进展，农业资源保护水平与利用效率逐步提高，重要农业资源台账制度基本建立，农业环境突出问题治理取得阶段性成效，生态系统功能逐步提升，农村环境明显改善，乡村更加美丽宜居
	《关于启动第一批国家农业可持续发展试验示范区建设开展农业绿色发展先行先试工作的通知》	农业部、国家发展改革委、科技部、财政部、国土资源部、环境保护部、水利部、国家林业局	2017-12-02	以绿水青山就是金山银山理念为指引，以资源环境承载力为基准，以优化空间布局、节约利用资源、保护产地环境、提升生态服务功能为重点，把绿色发展贯穿于农业发展全过程，着力创新农业绿色发展体制机制，全面深化改革、激励约束和政府监管，构建农业绿色发展政策体系，形成一批适宜不同类型特点的农业绿色发展模式，为全面推动形成农业绿色生产方式和生活方式提供样板
	《农业农村部 财政部关于深入推进农村一二三产业融合发展 开展产业兴村强县示范行动的通知》	农业农村部、财政部	2018-06-12	立足乡镇优势特色产业（产品），做大做强1～2个特色主导产业，全面建设规模化、标准化、专业化、优质化的绿色高效生产基地，深入推动农产品产后加工增值，因地制宜推进农业与文化、信息、教育、旅游、康养等产业深度融合，挖掘农业生态价值、休闲价值、文化价值，发展一批新产业、新业态、新模式，培育壮大乡土经济、乡村产业，达到一产优、二产强、三产旺，形成相互紧密关联、高度依存带动的完整产业链
	《农业农村部 财政部关于开展2018年国家现代农业产业园创建工作的通知》	农业农村部、财政部	2018-05-07	构建种养有机结合，生产、加工、收储、物流、销售于一体的农业全产业链，挖掘农业生态价值、休闲价值、文化价值，推动农业产业链、供应链、价值链重构和演化升级，将产业园打造成为一二三产业相互渗透、交叉重组的融合发展区
	《农业部关于进一步促进休闲农业持续健康发展的通知》	农业部	2014-11-26	引导在适宜区域发展以拓展农业功能、传承农耕文化、适宜度假体验的休闲农庄。结合传统农耕文化展示，建设具有科普、教育、示范功能的休闲农园。支持经营主体协作联合，着力打造精品线路、特色产业带和优势产业群

续表

类别	名称	发布机构	发布时间	涉及内容
其他相关政策文件	《农业部关于进一步调整优化农业结构的指导意见》	农业部	2015-01-30	树立大农业理念，开发农业多种功能。大力发展农业产业化，培育壮大龙头企业，推进龙头企业集群集聚，拓展农业多功能，依托龙头企业将产业链、价值链与现代产业发展理念和组织方式引入农业，延伸产业链、打造供应链、形成全产业链，促进一二三产融合互动
	《农业部关于打好农业面源污染防治攻坚战的实施意见》	农业部	2015-04-10	加强农业面源污染防治，可以充分发挥农业生态服务功能，把农业建设成为美丽中国的“生态屏障”，为加快推进生态文明建设作出更大贡献
	《农业部关于推进农业供给侧结构性改革的实施意见》	农业部	2017-01-26	拓展农业多种功能，推进农业与休闲旅游、教育文化、健康养生等深度融合，发展观光农业、体验农业、创意农业等新产业新业态
	《农业部关于大力实施乡村振兴战略加快推进农业转型升级的意见》	农业部	2018-01-18	建设现代农业，要把提升效益放在优先位置，通过降低生产成本、促进一二三产业融合发展、拓展农业功能、推进适度规模经营等多种途径提高农业效益、增加农民收入。 推进农业可持续发展试验示范区、农业绿色发展先行区建设，以优化空间布局、节约利用资源、保护产地环境、提升生态服务功能为重点，总结一批绿色发展模式和制度规范
	《农业绿色发展技术导则（2018—2030年）》	农业农村部	2018-07-02	从注重生产功能为主向生产生态功能并重转变；绿色发展制度与低碳模式基本建立，基本实现农业生产全程机械化，清洁化、农业废弃物全循环、农业生态服务功能大幅增强；建立农业资源核算与生态功能评估技术标准
	《农业农村部关于支持长江经济带农业农村绿色发展的实施意见》	农业农村部	2018-09-11	树立山水林田湖草是一个生命共同体的理念，加强对自然生态空间的整体保护，修复和改善乡村生态环境，提升生态功能和服务价值
	《农业农村部办公厅 财政部办公厅关于开展国家现代农业产业园创建绩效评价和认定工作的通知》	农业农村部办公厅、财政部办公厅	2018-11-27	种养规模化、加工集群化、科技集成化、营销品牌化的全产业链开发格局已经形成，农业生态价值、休闲价值、文化价值充分挖掘，实现一二三产业融合发展
	《农业部办公厅关于开展“美丽乡村”创建活动的意见》	农业部办公厅	2013-02-22	从农村经济发展、农业功能拓展、农民素质提升、农业技术推广、乡村建设布局、资源开发利用、生态环境保护、乡村文化建设等方面，研究制定“美丽乡村”目标体系

续表

类别	名称	发布机构	发布时间	涉及内容
其他相关政策文件	《农业部办公厅关于开展农业特色互联网小镇建设试点的指导意见》	农业部办公厅	2017-10-10	建设一批农业特色互联网小镇，深度挖掘小镇产业价值、生态价值和文化价值
地方政策文件	《关于实施乡村振兴战略的实施意见》	中共福建省委、福建省人民政府	2018-03-26	拓展功能融合一二三产，支持主产区农产品就地加工转化增值，开发农业多种功能，延长产业链、提升价值链、完善利益链；积极开发观光农业、游憩休闲、健康养生、生态教育等绿色生态产品和服务，打造绿色环保的生态旅游产业链
	《中共广西壮族自治区委员会关于实施乡村振兴战略的决定》	中共广西壮族自治区委员会	2018-04-16	大力开发农业多种功能，延长产业链、提升价值链、完善利益链，通过保底分红、股份合作、利润返还等多种形式，让农民合理分享全产业链增值收益
	《中共河北省委 河北省人民政府关于实施乡村振兴战略的意见》	中共河北省委、河北省人民政府	2018-02-26	大力开发农业多种功能，加快发展新产业新业态，延长产业链、提升价值链、完善利益链
	《内蒙古自治区党委自治区人民政府关于实施乡村振兴战略的意见》	内蒙古自治区党委、自治区人民政府	2018-02-13	促进一二三产业融合发展。把现代产业发展理念和组织方式引入农牧业，开发农牧业多种功能，延伸产业链、打造供应链、提高附加值，促进农村牧区产业提质增效、多元发展
	《中共青海省委青海省人民政府关于推动乡村振兴战略的实施意见》	青海省委、青海省人民政府	2018-02-24	探索开展生态系统服务、生态价值核算研究和科学检测、效益评估体系建设。 坚持生态功能与产业功能并举，引导农牧民发展林果药、林草牧、林田花等乡村田园综合体

3.3.3　我国农业生态功能的变化规律

1949 年以来，我国经济、政治、文化、社会、生态等各领域发生了翻天覆地的变化，在推动全国人民生活水平、生活质量和人的全面发展等取得巨大进步的同时，也为推动世界经济发展和人类进步贡献着中国智慧和中国方案。作为经济和社会发展的基础产业，农业作出了不可磨灭的历史性贡献，其持续不断地提供着食物、原材料等。同时，与经济社会发展相适应，我国的农业本身也在不断发展壮大，功能定位也在不断调整变化。从发展规律看，农业的功能表现形式日益丰富多元，农业的生态功能逐渐被人们认识、接受并不断需要，如表 3-6 所示。

1）尚未认识（1949～1969 年）

中华人民共和国刚成立时，一穷二白、百废待兴。这段时期，国家的主要任务就是恢复长年战乱对国民经济的破坏，进行社会主义改造，并积极开展经济发展探索，为新中国经济建设奠定最初的基础。尤其是 1953 年实施的第一个五年计划，优先发展工业，基本完成农业、手工业和资本主义工商业的社会主义改造，有效改变了我国工业落后面貌，向社会主义工业化迈进，奠定了社会主义制度。

这段时期，我国的农业发展历经坎坷、曲折，建立了与计划经济体制相适应的统派购制度。由于工业发展严重依赖农业，农业的丰歉直接影响着工业发展速度的快慢，所以这段时期也是农业发展为我国工业化奠定基础的时期。国家对农业的定位、对工农业关系的认识，是随着工业化的推进而不断深化的。第一个五年计划期间，国家实施“优先发展重工业”战略，实际上开启了农业服务于工业的道路；但当这个五年计划后期农业发展严重制约了工业化速度时，又开始重视农业发展。因此，在第二个五年计划时，又提出“工农业并举”“以农业为基础”的方针，重视农业的发展。总的来看，这段时期，国家对农业的定位是，在发展自身的同时，要服务于工业，要为推进工业化进程奠定基础、提供支撑。

经过 20 年的发展，我国国民经济逐步恢复，并开始向好的方向发展。1952～1969 年，经济总量由 679.1 亿元增长到 1962.2 亿元，增长了 1.9 倍；人均 GDP 由 119 元增长到 247 元，增长了 1.1 倍；第一、第二、第三产业比重，由 50.5∶20.8∶28.7 变化为 37.5∶35.4∶27.1，第一产业比重不断下降，第二产业比重不断上升；全体居民消费水平增长甚微，从 80 元增长到 142 元，部分年份甚至为负增长。可见，农业在国民经济体系中处于支配地位，是主导产业，不仅要为工业发展提供原材料、劳动力，也是人们的主要谋生方式，而且还承担着 5 亿多人民的吃饭使命。可以说，国民经济基本就是农业经济，农业是粮食产业、吃饭产业、生活产业。

这段时期，我国在实现国民经济恢复、发展的同时，也给生态环境带来了一定的破坏。如为了解决全国人民的“吃饱饭”问题，在“粮食为纲”政策的引领下，全国上下围着粮食转，倾全社会之力去抓粮食生产，实施了毁林垦荒、毁牧开垦、围湖造田、填海种植等一系列不合理的资源开发利用方式，在一定程度上造成了水土流失、土地退化、土壤质量下降等生态环境问题。但总的来看，农业生产中产生的负面生态环境影响或问题，仍然在生态系统的承载范围之内，并未引起人们的重视。

从认识层面来看，这段时期，人们的主要精力、心思都集中在发展生产吃饱饭、恢复经济求发展方面。按照需要层次理论，毕竟生理需求是第一层次需求，生存是第一位的，只有吃饱饭生存下来才能顾及其他。正是受这些客观的、特殊的因素影响，再加上自身生活水平、消费水平、需求水平和认知水平的局限，人们对农业的认识或定位，主要还是满足粮食、农产品等食品供给，为工业和经济发展提供原材料、劳动力，以及吸纳农民就业、维持社会稳定等，农业生态环境问题尚未引起重视。农业的功能种类，主要表现为生产功能、经济功能、社会功能、政治功能等，而生态功能并未被人们所认识和需要，只是隐性存在，表现为潜性特点。

2）初步认识（1970～1990 年）

完成社会主义改造之后，我国经济社会发展总体进入快速发展轨道，尤其是 1978 年改革开放加速了这一进程。这段时期，我国经济社会发展的总体方向或主要任务是加快推进计划经济体制向市场经济体制转变，实行“工业和城市优先发展”“工业强国”“以农补工、以乡支城”战略和政策。

随着改革开放的实施，我国农业农村政策发生大调整也促进了农业农村经济的发展。一是开启农村管理体制变革。我国把集中经营、集体劳动、统一分配的管理体制转变为以家庭联产承包责任制为基础、统分结合的农村管理体制，这是适应当时我国农业生产特点、农村生产力发展水平和管理水平的一种崭新形式，赋予了农民经营自主权、实惠不断增多，农民开始有了获得感。二是连续五年发布中央 1 号文件。1982 年，中共中央发布了第一个涉农问题的一号文件，对迅速推开的农村改革进行了总结。1983 年，中共中央发布第二个中央 1 号文件，从理论上进一步说明家庭联产承包责任制的性质。1984 年，中共中央发布第三个中央 1 号文件，强调继续稳定和完善家庭联产承包责任制并规定延长土地承包期。1985 年，中共中央发布第四个中央 1 号文件，取消延续 30 年的农副产品统派购制度。1986 年，中共中央发布第五个中央 1 号文件，充分肯定农村改革的方针政策，并宣布我国农村开始走上有计划发展商品经济的轨道。这极大地调动了广大农民的生产积极性，不但解放和发展了农村生产力，也为城市经济体制的改革提供了坚实的物质基础和人力资源支撑。三是乡镇企业异军突起。随着农村改革不断深入，农业生产也不断向专业化、商品化、社会化方向推进，乡镇企业迅速兴起和发展。据统计，1978～1988 年，我国的粮食总产量由 4000 亿斤增加到 8000 亿斤，创造了占世界 7%的耕地养活占世界 22%的人口的“中国奇迹”。乡镇企业中第二、第三产业产值合计增加到 4854 亿元，这相当于农业总产值的 104%，首次超过了农业总产值。乡镇企业逐步成为我国经济中最活跃的一部分，并在全国工业产值中占据“三分天下有其一”的重要地位。

在农业农村经济坚实支撑下，我国经济社会快速发展，经济总量、产业结构、人均收入都发生了深刻变化，特别是第二产业产值迅猛增长、占 GDP 比重不断上升。经过这 20 年的发展，我国的经济总量由 2252.7 亿元增长到 18547.9 亿元，增长了 7.2 倍；人均 GDP 由 275 元增长到 1634 元，增长了近 5 倍；第一、第二、第三产业比重由 35.2∶40.5∶24.3 变化为 27.1∶41.6∶31.3，第一产业比重不断下降，第二产业比重首次超过第一产业、并继续上升，第三产业比重不断上升；1978～1990 年，城镇居民人均可支配收入由 343.4 元增长到 1510.2 元，城镇居民人均生活消费支出由 311 元增长到 1279 元，农村居民人均纯收入由 134 元增长到 686 元，农村居民人均生活消费支出由 116 元增长到 585 元，城镇和农村居民人均可支配（纯）收入、人均生活消费支出均稳定增长。从经济角度看，工业等第二产业在国民经济中的地位不断上升，逐渐成为国民经济的主导产业、支柱产业，而农业虽然也在发展，但产值比重日益下降，继续为工业和经济社会发展贡献着物质、材料和劳动力等。

这段时期，我国在实现经济快速发展的同时，也给生态环境造成了一定破坏。由于过分强调农业的食物生产功能、为工业发展提供原材料的经济功能等，我国在农业生产发展上，采取毁林（草）开荒、围湖（海）造田等多种措施扩大农业种植面积，并大量施用农药、化肥、塑料薄膜等，导致水土流失加剧、土地退化、土壤沙化、农业面源污染等多种生态环境问题。同时，工业发展所产生的环境污染问题逐渐显现，农业环境问题受到人们的重视。1970 年，周恩来总理在接见农林等部门的领导时说："我们不要做超级大国，不能不顾一切，要为后代着想。对我们来说，工业'公害'是个新课题。工业化一搞起来，这个问题就大了。农林部应该把这个问题提出来。农业又要空气，又要水"（张耀民，1989）。这可以视为我国农业生态环境保护工作的开启之年，之后不断发展。1979 年，农业部出台《关于农业环境污染情况和加强农业环境保护工作的意见》，要求建立全国农业环境监测网，环保工作要专人负责，意味着农业生态环境保护工作思路初步形成。1983 年，农业部组建成立农牧渔业部农业环境监测中心站，明确工作职责，挂靠农业部环境保护科研监测所。1990 年，国务院发布《国务院关于进一步加强环境保护工作的决定》，要求农业部门必须加强对农业环境的保护和管理，控制农药、化肥、农膜对环境的污染，推广植物病虫害的综合防治；根据当地资源和环境保护要求，合理调整农业结构，积极发展农业生产。1990 年，农业部印发通知，将农业环境监测中心站改名为农业部环境监测总站，标志着农业生态环境保护工作实质性开启（张铁亮等，2015）。这段时期，我国农业环境保护工作的主要特点是提出初步的理念与思路，建立相应工作机构，并初步明确工作职责，开始初步的保护工作。

总的来看，这个阶段的农业生态环境保护工作，表现出较浓的预防性色彩，尤其是在对工业生产可能带来的环境公害问题有了一定的认识、预见之后。政府颇有预见性提出，农业发展不要受工业环境公害污染，农业发展要依靠良好的生态环境。对于农业的生态功能来说，在日韩等国家关于农业多功能性理念的影响下，我国对此有了初步的认识，也仅仅限定在部分人员，如专家、学者的研究和政府相关管理人员的探讨范围之内，但并未表明立场，至于广大人民群众，他们更是不知晓、不理解农业生态功能。这段时期，所谓“初步认识”，主要还是对农业生态环境问题的认识与思考，希望在生产发展过程中避免农业环境公害（或污染），或者采取措施来预防和治理农业环境污染，以期为农民生活、农业生产、经济社会发展提供良好的物质条件。迫于人口压力、工业发展等因素，农业的主要任务还是保障粮食和农产品生产，并为工业发展提供足够的原材料，且当时的农业生态环境污染尚在生态系统的容纳限度之内，农业生态环境保护工作也处于起步阶段。农业的功能种类，主要表现为生产功能、经济功能、社会功能、政治功能等，而生态功能并未被广大人民群众所认识，仍是隐性存在，表现为潜性特点。

3）充分认识（1991～2006年）

在度过20世纪80年代末期的短暂“市场疲软”后，步入90年代，我国经济社会发展又进入快车道。这段时期，我国经济社会发展的总体方向或主要任务是加快建立和完善社会主义市场经济体制，进一步解放和发展生产力，保持国民经济持续快速健康发展。

对农业农村发展来说，也是快速发展和政策变动的时期。第一，农村改革向社会主义市场经济转变。1992年，邓小平南方谈话对农业农村发展产生了深远影响。通过立法稳定农村基本经营制度，将土地承包期继续延长30年，保持农村土地制度的稳定。建立农产品收购保护价政策，扩大农产品市场调节范围，初步建立农产品市场体系。第二，乡镇企业迎来第二个高速增长期。1992～1996年，乡镇企业增加值的年平均增长速度达到42.8%，占国内生产总值的比重上升为26.0%，占全国工业增加值的比重达43.4%，成为我国农村经济的主体力量和国民经济的重要支柱。第三，中央再次将一号文件锁定“三农”问题。90年代后半期，我国城市化、工业化对农业的冲击加剧，农业税负逐步加重，而农产品价格被强行压低，农民种粮积极性极大受挫，农民收入增幅不断放缓，城乡居民收入差距不断扩大。粮食安全形势日益严峻，城乡矛盾、工农矛盾、干群矛盾凸显。为此，党中央着力调整城乡发展战略与引导政策，于2004年再次将中央1号文件的主题锁定“三农”领域并延续至今。第四，全面取消农业税。2006年，我国废止《中华人民共和国农业税条例》，标志着在我国延续了2600年的农业税从此退出历史舞台。这是我国历史上的一个伟大壮举，意义空前，对我国经济社会发展产生了巨大而深刻的影响。

在农业农村经济发展的支撑下，我国经济社会发展也取得了巨大成就。经济总量由22005.6亿元增长到219438.5亿元，增长了近9倍；人均GDP由1912元增长到16738元，增长了7.8倍；第一、第二、第三产业比重由24.0∶41.5∶34.5

变化为 10.6∶47.6∶41.8，第一产业比重不断下降，第二、第三产业比重不断上升；城镇居民人均可支配收入由 1700.6 元增长到 11759.5 元，城镇居民人均生活消费支出由 1454 元增长到 8696.55 元，农村居民人均纯收入由 708.6 元增长到 3587.04 元，农村居民人均生活消费支出由 620 元增长到 2829 元，城镇和农村居民人均可支配（纯）收入、人均生活消费支出均稳定增长。随着经济社会的发展，人民生活水平也在不断提高，人们在追求物质财富的同时，有精力和能力追求精神、文化、环境保护等领域的发展。

这段时期，我国农业农村的资源环境问题逐渐引起人们的广泛关注和重视。主要有三类问题：一是农业自身发展产生的面源污染问题。在农业发展定位上，由于继续强调农业的食物生产功能、为工业发展提供原材料的经济功能等，进而继续扩大农业种植面积，大量施用化肥、农药，使用塑料薄膜等，且利用效率较低，导致水土流失、农业面源污染加剧等。二是乡镇企业发展产生的工业“三废”污染问题。在我国工业体系中，乡镇工业总体上处于较低技术层次，农副产品加工业、劳动密集型轻工业和低水平加工制造业的比重较大，而技术密集、投资量大、集约化程度高的大工业和重工业比重较小。这种工业化实际上是一种以低技术含量的粗放经营为特征，以环境为代价的反积聚效应的工业化，产生的“三废”治理比较困难。三是农村居民产生的生活污染问题。随着农业农村的快速发展、人口规模的增加，小城镇和农村聚居点规模迅速扩大，人们的生活水平不断提高、购买力不断增强。由于缺乏科学合理的规划设计，加上本就薄弱的环境基础设施，以及环境管制的缺位、生态环境的公共物品特征等，农村居民生活中产生的垃圾、污水等肆意堆放或直接排放，污染周边环境。这一段时期，农村简直就是“脏乱差”的代名词，“雨天一身泥、晴天一身灰”“污水横流、苍蝇乱飞”就是其生态环境的真实写照。

面对已经存在且呈加剧趋势的农业农村生态环境问题，人们必须采取行动。1991 年，农业部发布《关于贯彻〈国务院关于进一步加强环境保护工作的决定〉的通知》，要求抓紧农业环境法制建设，健全管理系统和监测网络，加强生态农业建设，抓好一批县级规模的生态农业试点，加强乡镇企业环境保护工作等。同年，印发《农业环境监测报告制度》，即农业环境例行监测报告制度、农业环境污染事故报告制度和农业环境监测年报制度，把农业环境保护的基础——环境监测工作以制度固定下来。1993 年，农业部、国家计委、国家科委、财政部、水利部、林业部、国家环境保护局等联合组织开展“全国 50 个生态农业试点县建设”。1994～2005 年，农业部等部门组织开展“全国农畜产品质量（有害物质残留）状况调查”“淮河流域农业环境污染调查”“全国第二次污水灌区农业环境质量状况调查”“全国蔬菜中重金属及农药残留检测”“全国优势农产品区域产地环境质量评价”“全国土壤污染状况普查”等系列农业环境调查、监测与保护工作。在 1999 年试点基础上，2002 年全面启动实施“退耕还林”工程。

总的来看，这段时期，人们已经充分认识到农业生态环境污染问题的严重性，认识到其带来的危害，有意识地主动加强农业环境保护。与上阶段相比，这个阶段的农业环境保护工作，开始转向“方案制定—具体实施—主动防治”，真正进入了实质化、具体化操作阶段。对农业生态功能而言，受国际社会关于农业多功能性理念影响，我国的专家、学者以及政府管理人员，开始较多地接触、了解和研究农业生态功能的概念、内涵、意义等问题，尽管仍然没有官方表态，但这些层面人员已经对农业生态功能有了充分的认识，在对比其负面功能（即农业生态环境污染）后更加深了这方面认识。

我国对农业生态功能的认识由浅入深并充分认识，主要原因有四点：第一，粮食产量充足稳定，人们有精力关注农业生态功能。我国是人口大国，解决十几亿人吃饭问题是头等大事，所以生产功能是农业的首要功能。这段时期，我国农业综合生产能力全面提高，农产品供给实现了由短缺向供求基本平衡、丰年有余的历史性转变，如粮食产量从 1991 年的 43529 万 t 增长到 2006 年的 49746 万 t，其中 1998 年达到峰值 51230 万 t，为解决全国人民吃饭问题、推动农业和农村经济发展发挥了重要作用，也为人们关注思考农业生态环境、生态功能等奠定了物质和心理基础。第二，环境污染事故或自然灾害频发，给人们敲响了警钟。据不完全统计，2000～2006 年，全国每年发生农业环境污染事故 9460 起，每年污染农田约 1300 万亩（1 亩≈666.67m^2），直接经济损失逾 25 亿元（戚道孟和王伟，2008）。20 世纪 90 年代以来，淮河流域内共发生农业环境污染事故 300 起（戚道孟和王伟，2008）。特别是 1998 年发生的特大洪水，资料显示，初步统计全国共有 29 个省（自治区、直辖市）遭受了不同程度的洪涝灾害，受灾面积 3.18 亿亩，成灾面积 1.96 亿亩，受灾人口 2.23 亿人，死亡 4150 人，倒塌房屋 685 万间，直接经济损失达 1660 亿元。这些自然环境事件，引起了人们对农业乃至经济发展方式的深度思考。例如 1998 年以后，国家在保障粮食供给的情况下，开始实施“以粮换绿”等政策，启动退耕还林等重大工程，着力加强水土流失治理、生态环境保护。第三，国家整体经济实力日益雄厚，开始有条件、有能力关注解决农业生态环境问题。如前文所述，这段时期，我国经济总量、人均 GDP、人均收入等均大幅增长，经济实力日益雄厚，让我们有条件、有能力把生态环境保护工作摆在突出位置，能够投入更多的物力、财力解决和防治生态环境污染。同时，人们对生活的追求也在悄然发生变化，由单纯的物质追求逐渐转向物质、精神、生态多维融合追求，在一定程度上，也迫使生态环境保护工作加强。第四，保护农业发展，提高农业国际竞争力，需要关注重视农业生态功能。这段时期，农业具有生态功能等多功能性理念逐渐被国际社会认可、接受并推广应用，也逐渐成为一种加强农业支持保护的说辞和手段。应对国际形势，提高农业的国际竞争力，我国也必须加强农业的支持与保护，于是原本就是农业基础功能的生态功能，也逐渐被我国认可、接受。

因此，这段时期是我国认可、接受、充分认识农业生态功能的重要时期。虽然这种认识的涉及面仍然不宽，限定在一定范围，并没有在全社会形成共识，但至少在理论研究、政府管理和部分区域实践层面等取得了重要进展，为以后制定相关政策、管理决策，开展具体实践奠定了重要基础。农业的功能种类，主要表现为生产功能、生活功能、生态功能或者经济功能、社会功能、政治功能、文化功能、生态功能等。农业生态功能，逐渐由潜性转向显性存在。

4）开始实践（2007～2016 年）

取消学业税意味着农业在我国经济结构中的比重逐步降低，也表明我国已完全具备取消农业税而不至于影响国家全局发展的经济能力。虽然农业的比重不断下降，但并不表示农业的地位就此降低，国家不仅没有忽视农业，反而更加重视农业、支持农业。2007 年中央 1 号文件《中共中央 国务院关于积极发展现代农业 扎实推进社会主义新农村建设的若干意见》（中发〔2007〕1 号），关于“坚持解决好‘三农’问题是全党工作重中之重的战略思想丝毫不能动摇”“实行工业反哺农业、城市支持农村和多予少取放活的方针”“大幅度增加对‘三农’的投入”“健全农业支持补贴制度”等内容就可看出，中央政策、资金进一步向“三农”倾斜，在促进农民增收的同时，进一步提高了农民消费水平，进而拉动内需、刺激经济增长。

2007～2016 年，我国经济仍然保持快速发展。经济总量由 270232.3 亿元增长到 743585.5 亿元，增长了 1.8 倍；人均 GDP 由 20505 元增长到 53935 元，增长了近 1.6 倍；第一、第二、第三产业比重由 10.2∶46.9∶42.9 变化为 8.1∶40.1∶51.8，第一产业比重不断下降，第二产业比重也开始下降，第三产业比重不断上升、并超过第二产业；城镇居民人均可支配收入由 13785.8 元增长到 33616.2 元，城镇居民人均生活消费支出由 9997 元增长到 23078.9 元，农村居民人均纯收入由 4140.4 元增长到 12363.4 元，农村居民人均生活消费支出由 3224 元增长到 10129.8 元，城镇和农村居民人均可支配（纯）收入、人均生活消费支出均稳定增长。

按照工业化阶段划分的经典理论，我国已进入工业化中后期阶段，经济增长主要是靠资本积累、规模经济、技术进步、消费需求等关键因素驱动，与以往的主要靠资源投入、劳动力贡献等经济发展方式有着明显不同。上述经济发展数据也反映出农业在我国国民经济中的比重不断下降，意味着经济发展已经不再主要依靠农业贡献。农业与工业等第二产业、服务业等第三产业产值的此消彼长，加上农业的先天弱质、比较效益低，使农业在经济发展的地位、作用发生了改变，到了工业反哺农业、促进现代农业发展的阶段；人们的生活水平、消费水平也已经到了一个新的阶段。人们对农业的态度、认识、需求也悄然发生着改变，农业发展处在一个重要路口。

令人骄傲的是，多年的经济高速发展使我国取得了经济总量跃居世界第二、人民生活水平不断提升、综合国力显著提高等系列伟大成就，创造了人类发展史上的一个奇迹，也为推动世界经济发展、人类社会进步作出了巨大贡献。这些成就既得益于国际形势总体稳定、经济全球化等外在因素，更依赖于我国长期坚持的技术创新、需求刺激、投资优化、政策改革等内生因素的强力驱动。但必须承认，任何经济的发展都需要成本，也会表现出相关负面现象。经过多年经济快速发展所积累的资源环境问题，使人们感受到日益沉重的压力。且不说工业化、城镇化的快速推进所造成的生态环境问题，单就农业自身发展所带来的农业面源污染就已经给人们敲响警钟。2007年，第一次全国污染源普查结果显示，农业源化学需氧量、总氮和总磷年排放量分别达到1324.09万t、270.46万t和28.47万t，占全国总排放量的43.7%、57.2%和67.4%，农业源污染排放量已占到全国总排放量的“半壁江山”。当然，农业生态环境的污染，既受工业化、城镇化过程中的污染转移排放等因素影响，也是长期以来农业为支撑经济社会发展所遭受的掠夺式开发、粗放不合理的生产方式所致。

也正是从第一次全国污染源普查开始，我国更加清醒地认识到农业生态环境污染如此“触目惊心”，已经对日常生活、甚至农产品安全构成了威胁。以往那种“绿树村边合，青山郭外斜”“采菊东篱下，悠然见南山”般的农村美景似乎一去不复返了，取而代之的是畜禽粪污堆积如山、生活污水肆意流淌、农产品重金属超标等屡屡出现。显然，农业生态功能的负面效应比较凸显，表现出的农业生态环境污染问题日益严重，开始被人们重视。人们对农业的认识逐渐全面、理解逐渐加深，认识到农业不仅是一个贡献者、是一个出口，为人类提供食物，为经济发展提供原材料、劳动力和资本等，还是一个受纳体，是一个进口，接受人类社会各方面的物质、能量，如人类产生的废弃物、有害杂质等；但农业自身也有容纳限度，而且不堪重负。于是，人们反思自己的经济社会行为，想尽办法遏制生态环境污染，期待农业生态环境逐步好转、良性循环，即发挥农业生态功能的正面效应，为人类提供良好生态服务。

对我国开发农业生态功能的实践来说，2007年是具有里程碑意义的一年。这一年，中央1号文件《中共中央 国务院关于积极发展现代农业 扎实推进社会主义新农村建设的若干意见》（中发〔2007〕1号），提出“开发农业多种功能，健全发展现代农业的产业体系。农业不仅具有食品保障功能，而且具有原料供给、就业增收、生态保护、观光休闲、文化传承等功能”。这是自“农业多功能性”概念提出后，我国以官方文件形式提出“农业多种功能”“农业具有生态保护功能”，对“农业生态功能”理念给予了认可，标志着“农业生态功能”被纳入政府决策，指导农业生产与发展实践，以支撑现代农业建设。

2012 年，党的十八大把生态文明建设纳入中国特色社会主义事业“五位一体”总体布局，并明确提出大力推进生态文明建设，努力建设美丽中国，实现中华民族永续发展。2015 年 4 月，《中共中央、国务院关于加快推进生态文明建设的意见》发布；同年 9 月，《生态文明体制改革总体方案》印发，对生态文明建设进行了设计、部署。生态文明建设的提出和不断深入推进，对农业生态环境保护提出了更高更具体的要求，也推进了农业生态功能实践。

总的来看，自 2007 年起，农业生态功能等多种功能理念陆续出现在政府各相关政策文件、规划文本中，社会实践陆续展开。例如党的十七届三中全会、2008 年和 2015～2016 年的中央 1 号文件，均提出要拓展农业多种功能，强化农业的生态功能，加强农业的支持与保护；《国务院办公厅关于加快转变农业发展方式的意见》《农业部等 11 部门关于积极开发农业多种功能 大力促进休闲农业发展的通知》《农业部关于进一步促进休闲农业持续健康发展的通知》《农业部关于打好农业面源污染防治攻坚战的实施意见》等文件，以及《全国农业现代化规划（2016—2020 年）》《全国农产品加工业与农村一二三产业融合发展规划（2016—2020 年）》等规划，也都提出拓展农业的生态功能等多种功能，促进农业农村可持续发展。这段时期，农业的功能种类主要表现为生产功能、生活功能、生态功能或者经济功能、社会功能、政治功能、文化功能、生态功能等，生态功能显性存在并被我国官方正式认可、应用实践。

5）全面拓展（2017 年至今）

2017 年是我国经济社会发展进程中的重要一年。这一年，中国共产党胜利召开第十九次全国代表大会（党的十九大），明确和坚持了中国特色社会主义的总目标、总任务、总体布局、战略布局和发展方向、发展方式、发展动力、战略步骤等问题，系统部署了我国今后一个时期经济建设、政治建设、社会建设、文化建设、生态文明建设等各个领域的建设任务，对鼓舞和动员全党全国各族人民继续推进全面建成小康社会、坚持和发展中国特色社会主义具有重大意义。

在经济建设上，取得历史性成就。面对世界经济复苏乏力、局部冲突和动荡频发、全球性问题加剧的外部环境，面对我国经济发展进入新常态等一系列深刻变化，在党中央的坚强领导下，我国仍然取得了改革开放和社会主义现代化建设的历史性成就。2017 年，我国的经济总量达到 820754.3 亿元，同比增长 6.9%；人均 GDP 达到 59201 元，同比增长约 6.3%；第一、第二、第三产业比重，达到 7.6∶40.5∶51.9，第一产业比重不断下降，第三产业比重不断上升；城镇居民人均可支配收入达到 36396 元，城镇居民人均消费支出达到 24445 元，农村居民人均可支配收入达到 13432 元，农村居民人均消费支出达到 10955 元，城镇和农村居民人均可支配（纯）收入、人均消费支出均稳定增长。这充分表明我国的经济实力更加雄厚、社会发展更加强劲、人民生活更加富裕，也为促进农业农村发展奠定了更加坚实的基础，为拓宽农业生态功能实践开创了有利的经济社会环境和良好条件。

在发展方式上，转向高质量发展。2017年，党的十九大报告提出，我国经济已由高速增长阶段转向高质量发展阶段，正处在转变发展方式、优化经济结构、转换增长动力的攻关期。从我国工业化发展的历程看，我们走的是依托要素投入、消费压抑和出口拉动的路子，而转向高质量发展，必须坚持质量第一、效益优先，以供给侧结构性改革为主线，推动经济发展质量变革、效率变革、动力变革，提高全要素生产率。高质量发展，是贯彻新发展理念的发展，是创新成为第一动力、协调成为内生特点、绿色成为普遍形态、开放成为必由之路、共享成为根本目的的发展。实现高质量发展，必须推动质量兴农、绿色强农，提高农业发展的质量、内涵、动力与效率，这对拓宽农业生态功能实践提出了根本性要求。

在发展路径上，抓住新的社会主要矛盾。2017年，党的十九大报告明确提出，我国社会主要矛盾已经由人民群众日益增长的物质文化需要同落后的社会生产之间的矛盾转化为人民日益增长的美好生活需要和不平衡不充分的发展之间的矛盾。人们对于农业发展，一方面期待其提供更多绿色优质农产品，以更好地满足人们对安全优质、营养健康的消费需求，另一方面期待其提供清新空气、清洁水源、宜人风光等更多优美环境和生态服务。同时，随着居民收入水平不断提高，中等收入群体不断壮大，我国的居民消费层次正由温饱型向全面小康型转变，对拓宽生态功能实践提供了强劲动力和发展空间。

2017年也是我国农业农村发展进程中的重要一年。这一年，党的十九大提出实施乡村振兴战略，强调农业农村农民问题是关系国计民生的根本性问题，必须始终把解决好“三农”问题作为全党工作重中之重，要坚持农业农村优先发展，按照产业兴旺、生态宜居、乡风文明、治理有效、生活富裕的总要求，建立健全城乡融合发展体制机制和政策体系，加快推进农业农村现代化。其中，乡村振兴战略的总目标是农业农村现代化，总方针是坚持农业农村优先发展，总要求是产业兴旺、生态宜居、乡风文明、治理有效、生活富裕，制度保障是建立健全城乡融合发展体制机制和政策体系。乡村振兴战略是党中央着眼党和国家事业全局、顺应亿万农民对美好生活的向往，对“三农”工作作出的重大决策部署，是决胜全面建成小康社会、全面建设社会主义现代化国家的重大历史任务，是新时代做好“三农”工作的总抓手。

在发展水平上，取得巨大成就。近年来，我国实施了一系列强农惠农富农政策，不断加大农业支持力度，推动农业农村发展并取得了巨大成就，为支撑经济社会发展做出了重大贡献。2017年，我国粮食产量达到12358亿斤，单位面积产量达到 367kg/亩，肉蛋菜果茶鱼等产量稳居世界第一，粮食生产能力进一步稳固与提升。农业科技进步贡献率达到 57.5%，主要农作物良种基本实现全覆盖，自主选育品种面积占比达 95%，农作物耕种收综合机械化水平达到 67%，农业发展方式发生深刻转变。启动创建 41 个国家现代农业产业园，认定 62 个特色农产品优势区，新的增长点不断发展。各类新型农业主体超过 300 万，新型职业农民超过 1400 万人，农业经营方式现代化水平显著提升。农民消费水平不断提高，城乡居民恩格尔系数下降至 29.3%。主要农产品加工转化率超过 65%，农业农村电子商务发展进入“快车道”，休闲农业和乡村旅游等新产业新业态蓬勃发展，农业农村“双新双创”迸发新活力。这充分表明，我国的农业农村发展基础更加坚实，实力更加雄厚，也为全面拓宽农业生态功能实践提供了强大内生动力和更广阔的潜力空间。

在具体行动上，注重规划引领。为落实党中央的决策部署，描绘好乡村振兴战略蓝图，强化规划引领，科学有序推动乡村振兴，2018 年，中共中央、国务院印发《乡村振兴战略规划（2018—2022 年）》，按照产业兴旺、生态宜居、乡风文明、治理有效、生活富裕的总要求，该规划对实施乡村振兴战略作出了阶段性谋划，分别明确至 2020 年全面建成小康社会和 2022 年召开党的二十大时的目标任务，细化实化了工作重点和政策措施，部署了重大工程、重大计划、重大行动，确保了乡村振兴战略落实落地，是指导各地区各部门分类有序推进乡村振兴的重要依据。规划的制定实施，为未来一段时期农业农村指明了发展方向，明确了目标任务，也为拓宽农业生态功能实践进行了部署。

在发展方式上，强调质量兴农。农业农村发展水平的不断提高，意味着我们有条件有能力把质量效益摆在农业农村发展的更加突出位置，加快转变过去主要依靠拼资源消耗、拼要素投入的发展方式，唱响质量兴农、绿色兴农的主旋律，着力推动农业由增产导向转向提质导向。2019 年，农业农村部、国家发展改革委、科技部、财政部等七部门联合印发《国家质量兴农战略规划（2018—2022 年）》，明确未来一段时期实施质量兴农战略的总体思路、发展目标和重点任务，提出到 2022 年，质量兴农制度框架基本建立，初步实现产品质量高、产业效益高、生产效率高、经营者素质高、国际竞争力强，农业高质量发展取得显著成效。到 2035 年，质量兴农制度体系更加完善，现代农业产业体系、生产体系、经营体系全面建立，农业质量效益和竞争力大幅提升，农业高质量发展取得决定性进展，农业农村现代化基本实现。规划的制定实施，也为未来一段时期拓宽农业生态功能实践进行了部署。

2017 年也是我国农业生态功能发展的重要一年。从这一年起，我国印发了多个关于强化农业生态功能实践的重要政策文件，开展了一系列有关农业生态功能的行动实践，推动农业生态功能发展进入全面拓展阶段。

在认识上，进一步深化。2017年7月，中共中央办公厅、国务院办公厅就甘肃祁连山国家级自然保护区生态环境问题发出通报。甘肃约百名党政领导干部被问责，包括3名副省级干部、20多名厅局级干部。问责力度之大、范围之广，在全国形成强烈震撼。广大干部群众真正意识到，只要金山银山、抛弃绿水青山的道路是行不通的，必须加强生态环境保护。2018年3月11日，第十三届全国人民代表大会第一次会议通过《中华人民共和国宪法修正案》，生态文明正式写入国家根本法，实现党的主张、国家意志、人民意愿的高度统一。这也为全面推进农业生态功能实践营造了良好社会氛围、奠定了良好民意基础。

在政策上，出台系列文件。2017年9月，中共中央办公厅、国务院办公厅印发《关于创新体制机制推进农业绿色发展的意见》，强调以资源环境承载力为基准，以推进农业供给侧结构性改革为主线，尊重农业发展规律，强化改革创新、激励约束和政府监管，转变农业发展方式，优化空间布局，节约利用资源，保护产地环境，提升生态服务功能，全力构建人与自然和谐共生的农业发展新格局，推动形成绿色生产方式和生活方式，实现农业强、农民富、农村美，为建设美丽中国、增进民生福祉、实现经济社会可持续发展提供坚实支撑；优化农业主体功能与空间布局、强化资源保护与节约利用、加强产地环境保护与治理、养护修复农业生态系统，尤其是优化乡村种植、养殖、居住等功能布局，拓展农业多种功能，打造种养结合、生态循环、环境优美的田园生态系统。这是党中央出台的第一个关于农业绿色发展的文件，是指导当前和今后一个时期农业绿色发展的纲领性文件，也对推进发展农业生态功能实践提出了根本性、全面性要求。

2018年，《中共中央、国务院关于实施乡村振兴战略的意见》（中发〔2018〕1号），强调要大力开发农业多种功能，延长产业链、提升价值链、完善利益链，通过保底分红、股份合作、利润返还等多种形式，让农民合理分享全产业链增值收益。同年，中共中央、国务院印发的《乡村振兴战略规划（2018—2022年）》，提出修复和改善乡村生态环境，提升生态功能和服务价值；深入发掘农业农村的生态涵养、休闲观光、文化体验、健康养老等多种功能和多重价值；打造农村产业融合发展的平台载体，促进农业内部融合、延伸农业产业链、拓展农业多种功能、发展农业新型业态等多模式融合发展等。2019年，农业农村部等七部门联合印发《国家质量兴农战略规划（2018—2022年）》，也提出一二三产业深度融合，农业多种功能进一步挖掘，农业分工更优化、业态更多元，低碳循环发展水平明显提升，农业增值空间不断拓展。乡村振兴战略、质量兴农战略的全面深入实施，也从根本上推动了农业生态功能全面实践。

此外，农业农村部还印发了《农业绿色发展技术导则（2018—2030年）》《关于支持长江经济带农业农村绿色发展的实施意见》等政策文件，均提出要加强农业环境保护，提升农业生态功能和服务价值。

在实践上，实施了一系列行动。2017 年，农业部启动实施畜禽粪污资源化利用行动、果菜茶有机肥替代化肥行动、东北地区秸秆处理行动、农膜回收行动和以长江为重点的水生生物保护行动等农业绿色发展五大行动，旨在把农业资源过高的利用强度缓下来、面源污染加重的趋势降下来，推动农业形成绿色的发展方式，提升农业生态服务功能，走上可持续的发展道路。农业绿色发展五大行动既关系农业本身绿色发展，又关系整个生态环境资源保护和可持续发展。可以说，农业绿色发展五大行动是进一步从根本上推进农业生态功能发展的具体实践。

2017 年，农业部、国家发展改革委、科技部、财政部等八部门启动了第一批国家农业可持续发展试验示范区建设、农业绿色发展先行先试工作。在浙江省、江苏省徐州市、江苏省泰州市等 40 个示范区，以资源环境承载力为基准，以优化空间布局、节约利用资源、保护产地环境、提升生态服务功能为重点，把绿色发展贯穿于农业发展全过程，着力创新农业绿色发展体制机制，构建农业绿色发展政策体系，形成一批适宜不同类型特点的农业绿色发展模式，为全面推动形成农业绿色生产方式和生活方式提供样板。可以说，开展农业绿色发展先行先试是在区域层面全面深入推进农业生态功能发展的生动实践，通过先行先试，创造经验，带动面上农业绿色发展，提升农业生态服务功能。

此外，农业农村部、财政部还联合开展了国家现代农业产业园创建建设，以及产业兴村强县示范行动等工作，均要求挖掘农业生态价值、休闲价值、文化价值，构建种养有机结合，生产、加工、收储、物流、销售于一体的农业全产业链，并推动农业产业链、供应链、价值链重构和演化升级。可以理解为，这些都是推进农业生态功能发展的具体实践。

从实际效果看，正是这些政策文件的引领、行动实践的带动，我国农业农村生态环境逐渐好转，农业农村绿色发展取得明显进展，农业生态功能和服务价值不断提升。具体为，农业面源污染防治扎实推进，农业绿色发展理念日益深入人心，制度的“四梁八柱”已经构建起来，一批样板模式显现出来，农业发展方式更绿了。2017 年，我国水稻、玉米、小麦三大粮食作物化肥利用率为 37.8%，农药利用率为 38.8%，化肥农药零增长提前三年实现。规模化养殖污染防治有序推进，全国畜禽粪污综合利用率达到 70%，以农村能源和有机肥为主要方向的资源化利用产业日益壮大。秸秆农用为主、多元发展的利用格局基本形成，农膜回收体系和制约化能力不断加强。农业多种功能不断挖掘，传统种养业持续健康发展，农产品加工业迅速成为支柱产业，农村电商、创意农业、农文旅综合体等新业态从“盆景”走向“风景”，2018 年规模以上农产品加工业主营业务收入达到 23 万亿元，休闲农业和乡村旅游全年接待游客超过 30 亿人次，一二三产业融合发展格局初步建立。

表 3-6　我国农业生态功能的变化规律

阶段		经济特征				农业的主要作用	农业生态功能		
		人均 GDP	三次产业比重	人均消费支出	产业贡献		存在情况	表现形式	标志性事件
1949～1969 年	农业为主	由 119 元增长到 247 元	由 50.5∶20.8∶28.7 变化为 37.5∶35.4∶27.1	由 80 元增长到 142 元；部分年份负增长	农业、工业	供给食品、提供原材料、提供劳动力、提供就业等	存在	显著的正外部性特征；没有被认识	
1970～1990 年	农业向工业转型	由 275 元增长到 1634 元	由 35.2∶40.5∶24.3 变化为 27.1∶41.6∶31.3	城镇居民：由 311 元增长到 1279 元；农村居民：由 116 元增长到 585 元	工业、农业、服务业	供给食品，提供原材料、资本、劳动力，提供就业等	存在	负外部性特征显现；被初步认识	1970 年，周恩来总理关于农业环保工作的指示；1979 年，成立农业部环境保护科研监测所；1990 年，成立农业部环境监测总站
1991～2006 年	工业为主	由 1912 元增长到 16738 元	由 24.0∶41.5∶34.5 变化为 10.6∶47.6∶41.8	城镇居民：由 1454 元增长到 8696.55 元；农村居民：由 620 元增长到 2829 元	工业、服务业、农业	供给食品，提供原材料、资本、劳动力，提供就业	存在	显著的负外部性特征；被充分认识	1991 年，制定《农业环境监测报告制度》；2006 年，农业税被全面取消
2007～2016 年	工业为主	由 20505 元增长到 53935 元	由 10.2∶46.9∶42.9 变化为 8.1∶40.1∶51.8	城镇居民：由 9997 元增长到 23078.9 元；农村居民：由 3224 元增长到 10129.8 元	工业、服务业、农业	供给食品，保护生态环境，提供原材料，提供就业，传承文化	存在	期待正外部性特征；官方认可	2007 年，中共中央印发 1 号文件
2017 年至今	生态文明建设、高质量发展	59201 元	7.6∶40.5∶51.9	城镇居民：24445 元；农村居民：10955 元	服务业、工业、农业	供给食品，保护生态环境，提供原材料，提供就业，传承文化	存在	正外部性特征需求强烈；全面拓展	2017 年，召开党的十九大，社会主要矛盾变化，发布农业绿色发展文件

第 4 章　农业生态功能价值评估方法

如果说某一物品或服务的经济价值是通过社会上许多单个人的支付意愿的总和来衡量的话，或者说支付意愿反映了个人对该物品或服务的偏好，那么对资源环境进行经济价值评估就是要衡量人们对资源环境物品或服务的偏好程度（马中，2006）。在资源环境经济评价中，强调要反映个人的经济偏好。这要基于一个基本假设：人类对于环境质量和资源保护的偏好将对资源配置产生重要影响。评估的基础是人们对资源环境改善的支付意愿，或是忍受资源环境损失的接受赔偿意愿（马中，2006）。

农业具有生态功能、农业生态功能具有价值等理念逐渐被世人认可、接受与实践，反映出人们对农业生态环境的经济偏好。那么，农业生态功能价值量多大、如何估算衡量其价值则成为人们面临的一个新的科学问题。建立科学的农业生态功能价值评估方法，是解决这一问题的关键手段。农业生态功能价值评估方法，也可以称为农业生态功能经济评价方法或货币化方法，是通过一定的手段，对农业的生态功能进行定量评估，并通常以货币化的形式表征出来。目前，根据评估角度、技术手段等的不同，农业生态功能价值评估应用相对普遍的方法主要包括机理机制法、当量因子法、模型模拟法、能值分析法等几大类，本书仅重点介绍机理机制法和当量因子法。

4.1　机理机制法

农业生态功能价值评估方法的选择，与农业生态功能的价值构成密切相关。农业具有保护土壤、涵养水源、净化空气、消纳废弃物、增加景观美学、维持生物多样性、调节气候等多种生态功能。机理机制法是评估农业生态功能价值的最基本方法，就是基于生态学、环境学、经济学、农学等学科理论，从农业生态系统内在机理出发，通过分析其运移机制、演化规律、环境因子及质量变化等，对农业的生态功能进行定量评估，并以货币化的方式表征其经济价值。具体来说，就是基于农业生态系统服务功能量的多少和功能量的单位价格得到总价值，通过建立单一服务功能与局部生态环境变量之间的生产方程来模拟小区域的农业生态系统服务功能。

农业生态功能具有价值，反映着人们的经济偏好，具体体现在人们对农业环境改善的支付意愿，或是忍受农业环境损失的接受赔偿意愿。根据这些意愿的获取途径（直接从相关市场信息中获得、从其他有关信息中获得、通过直接调查个人的支付意愿或接受赔偿意愿获得），按照市场信息的完全与否，机理机制法又可以分为直接市场法、揭示偏好法（或称替代市场法）和陈述偏好法（或称假想市场法）三大类。

4.1.1　直接市场法

直接市场法是指直接运用货币价格对可以观察和度量的农业环境质量变动进行估算的方法，包括如生产率变动法、剂量-反应法、机会成本法、恢复费用法、影子工程法等。

1）生产率变动法

生产率变动法，又称生产效应法，是利用生产率的变动来评价环境状况变动影响的方法。这种方法认为环境变化可以通过生产过程影响生产者的产量、成本和利润，或是通过消费品的供给与价格变动影响消费者福利（马中，2006）。它把环境质量看作一个生产要素，环境质量的变化导致生产率和生产成本的变化，从而导致产品价格和产量的变化，而后者则可以从市场观察或测量，即利用市场价格计算出环境质量变化发生的经济损失或实现的经济收益。

实施生产率变动法，一般分为以下几个步骤（马中，2006）：①估计环境变化的物理影响，即对受者所造成影响的物理效果和范围；②估计这种物理影响对成本或产出造成的影响；③估计产出或成本变化的市场价值。

利用生产率变动法评估环境价值必须具备以下数据与信息（马中，2006）：①生产或消费活动对可交易物品的环境影响数据；②有关所分析物品的市场价格的数据；③在价格可能受到影响时，对生产与消费反应的预测；④如果该物品是非市场交易品，则需要与其最相近的市场交易品（替代品）的信息；⑤由于生产者和消费者对环境损害会做出相应的反应，因此需要对可能的或已经实施的行为调整进行识别和评价。

从特点上看，生产率变动法适用于有实际市场价格的生态系统服务功能价值评估，当生态系统服务/环境物品的变化主要反映在生产率的变化上时可以用此方法。可见，这是用于估算直接使用价值的方法，对缺乏市场价格的生态服务适应力不足，只能通过参照一个替代物品的市场信息来进行评估。

应用举例

运用生产率变动法，评估农业保持土壤总量功能的价值。假设某农田，面积 500 亩，拟在种植小麦后改种玉米。由于某种原因部分小麦被提前收割而导致地表裸露，造成土壤因降水冲刷、径流而流失。土壤流失致使玉米亩均产量减少 1%，假设未受影响前，玉米产量为 1000 斤/亩，则产量损失为 100 斤/亩；玉米的市场价格为 1 元/斤，则因小麦提前收割而造成的损失则为 100(斤/亩)×1(元/斤) = 100 元/亩。因此，可将玉米因土壤流失而损失的价值理解为该农田保持土壤总量（防治土壤流失）功能的价值量，为 500 亩×100 元/亩 = 50000 元。

2）剂量-反应法

剂量-反应法是通过一定的手段评估环境变化给受者造成影响的物理效果，目的在于建立环境反应和造成这种反应的原因之间的关系，评价在一定的污染水平下，产品或服务产出的变化，进而通过市场价格（或影子价格）对这种产出的变化进行价值评估。从特点看，剂量-反应法主要用于评估环境变化对市场产品或服务的影响，通常采用统计回归技术试图将某种影响与其他影响分离开。因此，剂量-反应法不适用于对非使用价值的评估，但可为其他直接市场法提供信息和基础数据。

实施剂量-反应法，必须要建立环境变化-产品或服务变化的定量关系，要有相关基础数据支撑，而获取数据的途径可包括（马中，2006）：①实验室或实地研究；②受控试验；③根据实际生活中大量的信息，建立各种关系模型。

应用举例

运用剂量-反应法，评估农业提升土壤质量功能的价值。假设某水稻田面积 100 亩，近 5 年来在生产过程中坚持有机肥替代化肥，不断改善土壤质量，进而提升水稻产品质量。经检测分析，该水稻田土壤有机质含量比 5 年前明显提升，达到 35g/kg，促进水稻品质显著提高。假设通过建立有机肥-土壤有机质-水稻品质的剂量-反应模型计算后，发现有机肥施用-土壤有机质提升对水稻品质提升的贡献率为 70%。假设水稻品质提升前的市场价格为 2 元/斤，品质提升后的市场价格为 5 元/斤，即有机肥-土壤有机质提升对水稻品质影响的价值为 3(元/斤)×70% = 2.1 元/斤。如果该水稻田平均产量为 1000 斤/亩，则农业生产提升土壤质量功能的价值可估算为 100 亩×1000(斤/亩)×2.1 元/斤 = 210000 元。

3）机会成本法

资源的稀缺性特点使人们的选择受到限制，便引出了机会成本的概念（李开孟，2008a）。就是说，在某种资源稀缺的条件下，人们将该资源一旦用于某种生产或消费就不能再同时用于另一种生产或消费，即选择了一种机会就意味着放弃了另一种机会。所以，机会成本就是指把该资源投入某一特定用途后所放弃的在其他用途中所能够获得的最大利益。这有三个基本前提（常荆莎、严汉民，1998）：一是资源的稀缺性。正是由于资源的这种特性，人们在配置资源时不能实施每一个方案，只能选择一个、放弃其他；假如资源是充足的，人们在实施每一方案时所需的资源都能无代价地获得，也就不存在放弃机会而失去相应的收益这种代价了。二是资源的多用性。资源具有多种用途，既可以用于这个方面，也可以用于其他方面；如果资源只有一种用途，则放弃其他用途可能获得的收入就无从谈起。三是资源的充分利用性。资源一旦投入某种用途，必须充分利用、不能闲置；假如资源的利用不充分、仍有剩余，则闲置的资源不能获得收益，使用闲置资源的机会成本为零。

作为环境经济学中评估资源环境价值的一个重要方法，机会成本法是指在无市场价格的情况下，用保护某种生态系统服务功能的最大机会成本（放弃的替代用途的最大收益）来估算该生态系统服务功能的价值。该方法常常应用于那些资源使用的社会净效益不能直接用市场价格进行估算的项目，特别适用于对具有唯一性或不可逆性特征的生态资源开发项目的评估。因为这种类型的资源一旦被开发，其原有的自然系统将被破坏，且不能重新建立和恢复，即后果不可逆。这时，开发的机会成本是在未来一段时期内保护自然系统得到的净收益。由于这种资源无市场价格，保护这种资源的机会成本可看作是放弃的开发净收益。

应用举例

运用机会成本法，评估农业湿地的生态功能价值量。假设某农业湿地，位于城市郊区，面积 500 亩，正面临两种不同的使用方案：一种是要保护该片农业湿地而不进行城市扩张或房地产开发，另一种是把该片农业湿地完全用于城市扩张或房地产开发。假设经估算，该片农业湿地用于城市扩张或房地产开发所获得的净收益是 1000 亿元，那么保护该片农业湿地不被开发的机会成本即为 1000 亿元。该农业湿地具有重要的生态功能价值，如涵养城郊水源、消纳城郊废弃物、净化城郊空气、增加绿色景观、为城市人提供休闲场所、调节区域小气候等，那么政府和公众就需要决定，是否为了获得这 1000 亿元而放弃保护该片农业湿地被用于商业开发。必须注意的是，开发活动是不可逆的，所以 1000 亿元应该是该片农业湿地生态功能的最低价值。

4）恢复费用法

恢复费用法又称重置成本法。假如环境污染或破坏问题得不到有效治理，从而导致环境质量恶化，那么就需要采取其他方式来恢复受损的环境，以保持原来的环境质量。这种将受损的环境质量恢复到受损害以前状况所需要的费用，称为恢复费用。恢复费用一般采用重置成本进行计算，以准确反映现实价格水平下的恢复成本，并以此计量资源环境的经济价值。因此，恢复费用法又称为重置成本法。

事实上，恢复费用法是将环境视为一种资产，当人们开展某一活动对环境造成破坏时，相当于降低了环境资产的价值，这部分被破坏的价值可以通过重新构建一项全新的环境资产来弥补（李开孟，2008b）。恢复费用（或重置成本）就是恢复（或重建）这一环境资产在现行市场条件下所必须支付的全部货币价值总额。当然，我们知道自然资源环境很难被完全复制，尤其是舒适性资源更是无法被人工资源所替代。运用这一方法是基于这样的假设：资源环境可以被重置，至少其某项功能可以被重置；在功能相同时，重置它的成本是相同的，如果功能在数量上存在差异，其成本也会相应出现差别。在资产存在市场交易的情况下，这些假设应该是成立的。因此，如果这些假设成立，恢复费用法（或重置成本法）得出的费用一定小于该资源环境的价值，只能作为其价值的最低估计值。

运用恢复费用法，一般分为以下几个步骤：

（1）识别环境影响（或危害），确定受影响（或危害）的资源环境所具有的功能或提供的服务；

（2）评估受影响程度，确定资源环境各种功能（或服务）受损的数量、质量、方式、程度及其时间区间等；

（3）给出恢复（或重置）方案，确定可能采取的恢复资源环境行动或重置环境的替代品；

（4）估算恢复行动或重置环境替代品的市场价格，即货币价值；

（5）确定总的恢复费用（或重置成本），将恢复该受损资源环境的各种费用（或成本）加总，得到总的受损资源环境的恢复费用（或成本），即该资源环境总价值。

应用举例

运用恢复费用法，评估农业保护土壤功能的价值。假设某农田面积200亩，生产中通过种植农作物、植被等以防治水土流失、保持土壤总量，同时通过施用肥料增加土壤有机质、保持土壤肥力。但由于种种原因，该农田需要撂荒一段时间或不再保留，则该片土地可能出现水土流失、肥力下降等问题。假设通过一定手段、一定努力，如选择填土、继续施用肥料或者开展相关工程建设等，将这片土地恢复到农田撂荒或废弃之前的状态（即土壤总量、肥力、质量等达到与原先同等状况）。而这些付出的人力、物力、财力的成本总和，假设为1000万元，则可视为该农田保护土壤功能的价值量。

5）影子工程法

影子工程法，又称为替代工程法，是一种工程替代的方法，即为了估算某个不可能直接得到结果的损失项目，假设采用某项实际效果相近但实际上并未进行的工程，以该工程建造成本替代待评估项目的经济损失的方法。作为恢复费用法的一种特殊形式，影子工程法在资源环境经济领域的运用，可以理解为当某一项经济社会活动导致环境污染或退化，且在技术上无法恢复或恢复费用太高时，人们可以另外设计建造一个工程项目来代替原来受损的资源环境（至少是功能），以使环境质量对经济发展和人民生活水平的影响保持不变。这种用建造替代工程费用来估计环境污染或退化造成的经济损失的方法称为影子工程法。这项影子工程的费用即可视作该资源环境的经济价值，但应该是最低值。

显然，运用影子工程法是基于这样的假设（李开孟，2008b）：①这种遭受污染或退化的资源环境，是珍惜、高价值的，被完全重置的可能性很小；②受污染或退化的资源环境所提供的产品或服务符合人们的需求，人们愿意在其被破坏后使之恢复；③人为建造的影子工程（或替代品），能够提供与受威胁的原有资源环境相同或近似的产品与服务；④影子工程的费用，应注重受威胁资源环境的非生产性服务，而不应超出其生产性服务的价值。

可见，影子工程法是将难以计算的资源环境的生态价值转换为可计算的经济价值，将不可量化的问题转化为可量化的问题，简化了环境资源的估价。但也存在一些问题：①估算结果可能多样。因为现实中和原受损环境系统具有类似功能的替代工程可能有多种，即替代工程不是唯一的，而每一个替代工程的费用又有差异。②估算结果与真实价值存在偏差。替代工程只是对原受损环境系统功能的近似代替，加之环境系统的很多功能在现实中无法代替，使得这一方法对资源环境价值的评估存在一定偏差。在实际运用时为了尽可能减少偏差，可以考虑同时采用几种替代工程，选取最符合实际的替代工程或者各替代工程的平均值进行估算。

应用举例

运用影子工程法，评估农业蓄水防洪功能的价值。假设某水稻田，面积 200 亩，实际生产中稻田田埂的平均高度为 25cm，稻田日常平均淹水深度为 10cm。如果把稻田视为一个天然的蓄水库，则可认为该水稻田还可蓄水的高度为 15cm，估算其蓄水量为 20010m^3，在大雨来临之时，能起到缓解洪水、削减洪峰的作用，可减轻或阻止洪水造成的损失。估算该水稻田的蓄水防洪功能价值，可用建造一座相当于其储水量大坝或水库所需要的成本来替代。假设水库库容造价为 10 元/m^3，则该水稻田的蓄水防洪功能价值为 20.01 万元。

直接市场法是最常见、应用最广、最容易理解的一种生态环境价值评估技术，具有比较直观、易于计算、易于调整等优点。顾名思义，直接市场法的建立是基于所观察到的市场行为，也就是说，只有在环境质量变化的后果既可以观察并度量，又可以用货币价格加以测算的时候，才能采用该方法。因此，采用直接市场法，需要具备几个条件（马中，2006）：①环境质量变化的物理效果比较明显，可以观察出来，或者能够用实证方法获得；②环境质量变化直接增加或者减少商品或服务的产出，这种商品或服务是市场化的，或者是潜在的、可交易的，甚至它们有市场化的替代物；③市场运行良好，价格是一个产品或服务的经济价值的良好指标。

但实际工作中，运用直接市场法也会遇到一些问题或困难，或者说这种方法也具有一定的局限性。原因主要有（马中，2006）：①环境质量变化或者环境影响的效果不易直观准确观察或获得。我们知道，生态环境是一个错综复杂的综合系统，各类环境要素、生物体、活动、能量、信息等交织其中，相互影响。直接准确观察、判断与获得这些元素间的相互作用、反应机理，或者说一种活动对环境影响的物理关系，是一件非常困难的技术性工作。原因和后果之间的联系，并非我们看到的那么简单。确定环境质量变化与受体变化（原因和后果）之间的关系，需要建立科学的剂量-反应关系模型，在大量试验、实证研究和资料分析基础上进行确定。②在评估影响程度时，通常很难把环境因素单独分离出来。环境质量变化以及最终对产品或服务的影响可能有一个或多个原因，而要把某一个原因造成的后果同其他原因造成的后果区分开是非常困难的。例如，保持土壤既有农作物种植覆盖地表的原因，也有人类建设某种工程措施的原因；空气污染既可能是工业生产排放废气所致，也可能有农作物秸秆燃烧所致，但很难具体分清某一具体原因。③环境质量变化导致的商品或服务产出市场化测算比较难。当环境变化对市场产生明显影响时，就需要对市场结构、弹性、供给与需求反应进行比较深入的观察，需要对生产者和消费者行为进行分析。同时也要联系到生产者与消费者的适应性反应。④市场机制不完善产生的价格问题。当市场发育不良或者存在扭曲以及当产出的变化可能对价格产生重大影响时，局限性就暴露出来。当存在消费者剩余时，市场价格也会低估真实的经济价值，而忽略了外部性。必要时，需要对所采用的价格进行调整。对于缺乏市场，或者市场发育不良的产品，特别是在自给自足的经济中，只能运用间接的方法或者采用替代方式进行评估。

4.1.2 揭示偏好法

揭示偏好法（替代市场法）是通过考察人们与市场相关的行为，特别是在与环境联系紧密的市场中所支付的价格或他们获得的利益，间接推断出人们对环境的偏好，以此来估算环境质量变化的经济价值（马中，2006）。这种通过间接方式估算生态环境价值的方法，又可称为间接市场法，也可称为替代市场法，具体来讲，就是指使用替代物的市场价格来衡量估算没有市场价格的环境物品的价值的方法，主要包括内涵资产定价法、旅行费用法、防护支出法、碳税法、工业制氧法、造林成本法等。

1）内涵资产定价法

内涵资产定价法，又称为资产价值法，也称为内涵价格法、享乐价格法等。它是基于这样的一种理论，即人们赋予环境的价值可以从他们购买的具有环境属性的商品的价格中推断出来（马中，2006）。通俗地讲，内涵资产定价法就是以环境质量变化引起的资产价值变化量来衡量环境质量变化的经济损失或收益的一种评估方法。

内涵资产定价法是将环境质量看作资产价值的一个内涵因素（或者称为影响因素），并最终反映在资产的价格中。换句话说，资产的价值（或价格）是资产的各种特性或质量的综合反映，其中就包括环境质量。环境质量的变化，将影响人们对资产的评价，进而影响人们对资产的支付意愿。因此，在影响资产价值的其他因素不变时，就可以用环境质量变化引起的资产价格变化来衡量环境质量变化的货币价值（吴健，2012）。

内涵资产定价法在环境对房地产价值影响方面应用最为成熟，即以房产价格的变化来反映环境质量变化的价值。一般可按照以下几个步骤（马中，2006）：

假设：买主了解了决定房价的各种信息；所有变量都是连续的；这些变量的变化都影响住房价格；房地产市场处于或接近于均衡状态。

（1）建立房产价格与其各种特征的函数关系：

$$P_{房} = f(h_1, h_2, \cdots, h_k) \tag{4-1}$$

式中，$P_{房}$ 为房产价格；$h_1, h_2, \cdots$ 为房屋的各种内部特性（面积、间数、结构等）及其周边环境特征（周边学校质量、商店远近、交通等）；h_k 为房屋附近的环境质量（如空气质量）。

假设上述函数是线性的，其函数形式为

$$P_{房} = \alpha_0 + \alpha_1 h_1 + \alpha_2 h_2 + \cdots + \alpha_k h_k \tag{4-2}$$

（2）求出边际隐含价格。

把房产价格函数对特定的使用特性求导，可以求得每种特性的边际隐含价格。这表示在其他特性不变的情况下，特性 i 增加 1 单位房产价格的变动幅度。对环境质量而言，其边际隐含价格如下式（4-3）所示，表示单位环境质量变动引起的房产价格变动：

$$d_k = \frac{\mathrm{d}P_{房}}{\mathrm{d}h_k} \tag{4-3}$$

假设环境质量的边际隐含价格（d_k）是常数，意味着单位环境质量改变引起的资产价值变化量是不变的。

以空气质量为例，对于一处房产来说，空气质量由三级提高到二级所增加的价值等于空气质量由二级提高到一级所增加的价值。则当环境质量改善 Δh_k 时，环境改善的效益为

$$\Delta V = \Delta P_{房} = \Delta h_k \cdot d_k \tag{4-4}$$

采用内涵资产定价法，应该具备以下条件（马中，2006）：

（1）房地产市场比较活跃；

（2）人们认识到而且认为环境质量是财产价值的相关因素；

（3）买主比较清楚地了解当地的环境质量或者环境随着时间的变化情况；

（4）房地产市场不存在扭曲现象，交易是明显而清晰的。

应用举例

运用内含资产定价法，评估农业提供景观美学功能的价值。假设某城市郊区正在建设一座楼盘，其周边交通、学校质量、商业网点等条件是明确的，或者说对每个潜在购买者来说是均等的，同时该区域（楼盘周边）未来三年将规划建设农业湿地公园，可形成优美风光，供人们休闲、观光以缓解工作压力和生活疲乏。在其他条件不变（或均等）的情况下，这个农业湿地公园将成为房产价值的重要影响因素。假设，农业湿地公园建设前，该楼盘房产单价 1 万/m^2，购买 100m^2，需要支付 100 万元；当第三年，该区域开始建设农业湿地公园时，购房者将景观美学等作为重要因素考虑在内时，愿意支付更高的价格购买该房产（1.5 万/m^2），购买 100m^2，则需要支付 150 万元；而随着该农业湿地公园不断优化、周边环境质量不断改善等，人们购买此处房产的意愿更高（2 万/m^2），购买 100m^2，则需要 200 万元。此时，我们就可根据房屋价格的变动，来衡量评估该区域农业提供的景观美学功能价值。

2）旅行费用法

旅行费用法是一种评价没有市场价格商品的方法，利用旅行费用估算环境质量发生变化后给旅游场所带来的效益变化，从而估算出环境质量变化所造成的经济损失或收益。换句话说，旅行费用法是通过人们的旅游消费行为来对环境产品或服务进行价值评估，并把消费的直接费用与消费者剩余之和作为该环境产品或服务的价格，实际上反映了消费者对旅游景点的支付意愿（消费者对这些环境产品或服务的价值认同）。其中，直接费用主要包括旅游者的交通费、餐费、住宿

费、与旅游有关的其他直接花费及时间成本等，消费者剩余则体现为消费者的意愿支付与实际支付之差。

实施旅行费用法，一般分为以下几个步骤（马中，2006）：

（1）定义和划分旅游者的出发地区。以评价场所为圆心，把场所四周的地区按距离远近分成若干个区域。距离的不断增大意味着旅行费用的不断增加。

（2）在评价地点对旅游者进行抽样调查。主要是收集相关信息，以确定旅游者的出发地、旅行费用和其他社会经济特征等。

（3）计算每一区域内到此地点旅游的人次（旅游率）。

（4）求出旅行费用对旅游率的影响。

（5）确定实际需求曲线。对每一个出发地区第一阶段的需求函数进行校正，求出每个区域旅游率与旅行费用的关系。

（6）计算每个区域的消费者剩余。

（7）对每个区域的旅游费用及消费者剩余汇总求和。得出的消费者总支付意愿，即旅游点的价值，也是这种环境产品或服务的价值。

旅行费用法主要用于估算对景观、美学、娱乐、休闲设施的需求以及对休闲地的保护、改善所产生的效益，适用于带有景观美学、休闲娱乐功能的户外场所价值评估，如农业湿地、美丽草原、公园果园、水库等兼有休闲娱乐及其他用途的地方。利用旅行费用法，必须具备几个条件（马中，2006）：①这些地点是可以到达的，至少在一定的时间范围内可以到达；②这样的场所没有直接的门票费及其他费用，或者收费很低；③要到达这样的地方，要花费时间或者其他开销。

应用举例

运用旅行费用法，评估农业提供景观美学功能的价值。假设某农田，面积200亩，位于城乡接合部，主要种植油菜。该农田（或称为油菜田）除收获油菜籽获得经济效益外，盛开的油菜花还可形成美丽的油菜花景观，供人观赏、休闲娱乐，让人解除疲劳、颐养身心。假设该油菜田周边没有农家乐、垂钓餐饮等其他娱乐设施，且观赏油菜花不收取门票。游客来此主要是观光游览、享受油菜花带来的乐趣，尤其是对来自城市的游客而言；游客来此，一般停留时间为2～3小时，即愿意付出交通费、时间成本等各种相关费用。假设该油菜田每年接待周边10～20km的游客2万人次，每个游客花费的交通费用平均为20元，每人付出的时间机会成本平均约为100元，其他如餐饮等相关花费每人约为30元，消费者剩余为20元/次，则该油菜田提供景观美学与娱乐休闲功能的价值为2万人次×（20元/人＋100元/人＋30元/人＋20元/次）＝340万元。

3）防护支出法

当某种活动有可能导致环境污染、退化时，人们可以采取应对措施来预防或治理可能出现的环境污染、退化，以避免环境危害。人们这种为预防环境污染或退化所做出的预防性支出的方法，称为防护支出法。根据这些预防性支出的费用多少，就可以推断出环境价值。可见，防护支出法依据的是人们用于预防或治理可能发生环境污染、退化时的支出意愿，可视作解决环境问题的最小成本。

实施防护支出法，一般分为以下几个步骤（马中，2006；李开孟，2008c）：

（1）识别环境危害。识别最基本的环境危害，是运用这一方法的基础。因为人们对环境损害的认知程度直接影响其支付意愿，如果对基本的环境危害识别不清，或危害程度识别不准，就可能导致人们的支付意愿与实际评价结果不一致。运用这一方法时，需要识别主要的、次要的环境危害，并把针对主要环境危害的防护行为作为估算依据。

（2）界定受影响的人群。对于某种环境危害，应该确定受到威胁的人群范围，并区分出受到重要影响的人群和受影响相对较小的人群。运用这一方法时，其取样工作应在受到重要影响的人群中进行，反之可能估算的环境损害价值偏低。

（3）确定人们的支付意愿。调查不同受影响人群为预防不同环境危害的支付意愿，汇总求和，确定人们的支付意愿，即为该环境损害或价值。

运用防护支出法，需要一定的数据信息作为支撑，因此获取信息的手段主要包括直接观察、广泛调查、抽样调查、专家咨询等。

从特点看，防护支出法的实施需这样几个前提：①人们有一定的认知能力，能够理解可能发生的环境污染、退化等环境威胁；②人们有一定的预防能力，能够采取措施保护自己免受环境污染、退化的影响；③人们有一定的支付能力，能够估算并支付这些防护措施的费用。为此，这一方法也存在一些问题，如：①由于忽略消费者剩余，可能导致评价结果偏低；②人们的支付能力，往往受经济条件制约，可能导致评价结果偏低；③采取的措施只是预防性的，并不能完全替代环境的改变，导致评价结果与实际价值可能存在偏差；④由于信息不对称，可能使处于相同境况的人群给出不同的支出意愿，使评价结果出现偏差。

应用举例

运用防护支出法，评估农业防治水土流失功能的价值。假设某地区有一裸露土地，面积200亩，周边居民约400人。根据气象气候规律，每年7～8月，该地区雨水丰沛，则可能导致该片土地水土流失、甚至洪水灾害等，危及周边居民生产生活。防止这些危害的措施，主要有修建工程措施加固土地、种植农作物植被等。关于预防措施的选择，理论上主要从防范效果、支付主体、支付意愿等方面考量。假设经过调查，大多数居民支持种植农作物植被，并愿意支付 100 元/人，但要按人头均分收获后的农产品。假设把该片土地改为农田、种植农作物，需要进行平整、翻耕、施肥、播种等系列劳作，政府愿意出资 500 元/亩，则产生的支付意愿为 100(元/人)×400 人 + 500(元/亩)×200 亩 = 14 万元，则为预防这片土地可能发生的水土流失的支出为 14 万元，也可以理解为这片土地种植农作物防止水土流失的价值是 14 万元。

4）碳税法

碳税，是指针对二氧化碳排放所征收的税。它以保护环境为目的，希望通过征收碳税的方式，削减二氧化碳排放，减缓全球变暖。多数经济学家认为，这是最具市场效率的经济减排二氧化碳手段。根据二氧化碳减排技术所需成本不同设定不同的碳税率。因此，碳税法就是指以碳税定额为标准来估算生态环境中的碳减排的价值，即以此说明某一生态系统的固碳功能价值。

碳税法比较直接、方便，计算过程简单，只要确定了碳减排量、碳税率，就可计算出碳减排的价值，即该生态系统的固碳功能价值。其中，碳减排量可以借助科学仪器监测、模型模拟计算、理论公式推导等多种手段获得；碳税率则是由各个国家的法律规定而定的，国家不同、价格也存在差异。

应用举例

运用碳税法，评估农业固碳功能的价值。假设某农田，面积 100 亩，主要种植小麦，年均亩产 1000kg。根据植物的光合作用化学平衡式，植物体每积累 1g 干物质，要吸收 1.63g 二氧化碳，同时释放 1.20g 氧气。由此，可计算出该农田单位面积年固碳量为 1.63g×1000(kg/亩)/0.35（小麦平均经济系数）×0.2727（碳占二氧化碳的百分比）= 1270kg/亩。假设采用碳税定额为 850 元/t 碳作为市场价格标准，则该农田固碳功能（不含土壤固碳）的价值量为 1270(kg/亩)×0.85(元/kg)×100 亩 = 107950 元。

5）工业制氧法

工业制氧，顾名思义，就是利用空气分离、水分解等相关工业方法以制取氧气。相对实验室制氧，工业制氧的原料来源较为广泛，操作简便、流程化，规模大、成本低、市场认可度高。资源环境价值评估中的工业制氧法，主要是针对生态系统的释放氧气这一功能而言，即采用工业制氧所需要的成本（或价格）来估算生态系统释放氧气的经济价值。

工业制氧法比较直接、方便，计算过程简单，只要确定了氧气释放量、工业制氧价格，就可计算出释放氧气的价值，即该生态系统的释放氧气功能的价值。其中，氧气释放量可以借助科学仪器监测、模型模拟计算、理论公式推导等多种手段获得；而工业制氧价格一般由市场决定，定价机制相对稳定。

应用举例

运用工业制氧法，评估农业释氧功能的价值。假设某农田，面积为 100 亩，主要种植小麦，年均亩产 1000kg。根据植物的光合作用化学平衡式，植物体每积累 1g 干物质，要吸收 1.63g 二氧化碳，同时释放 1.20g 氧气。由此，可以计算出该农田单位面积年释放氧气量为 1.20g×1000(kg/亩)/0.35 = 3428.57kg/亩。假设采用工业制氧平均价格 400 元/t 作为标准，则该农田释放氧气功能的价值量为 3428.57(kg/亩)×0.4(元/kg)×100 亩 = 137142.8 元。

6）造林成本法

植树造林是通过植物固碳、降低二氧化碳浓度，防止气候变暖的一种有效方法。不仅如此，森林作为地球上重要的生态系统，还具有防风固沙、涵养水源、保持土壤、防止水土流失等其他多种功能，对维护自然生态系统平衡与安全发挥着重要作用。因此，造林成本法就是为估算某一生态系统的生态功能价值，人为假想制造具有同等功能效应的森林生态系统作为替代，而由此产生的人为建造森林的成本即视为这一生态系统的生态功能价值。

造林成本法也比较直接、方便，计算过程简单，只要确定了生态系统的生态功能物理量、造林成本，就可计算出生态系统的生态功能价值。其中，生态功能物理量可以借助科学仪器监测、模型模拟计算、理论公式推导等多种手段获得；而造林成本价格一般由市场决定，定价机制也相对稳定。20 世纪，世界银行等国际组织向发展中国家贷款援助造林项目，主要目的就是降低大气中的二氧化碳含量；1990 年，我国接受世界银行贷款援助，实施国家林造林项目。目前，我国平均的造林成本约为 240 元/m^3，折合固碳造林成本为 260 元/t、释氧造林成本为 353 元/t。

应用举例

运用造林成本法，估算农业固碳释氧功能的价值。假设某农田，面积为 100 亩，主要种植小麦，年均亩产 1000kg。根据植物的光合作用化学平衡式，植物体每积累 1g 干物质，要吸收 1.63g 二氧化碳，同时释放 1.20g 氧气。由此，可以计算出该农田单位面积年固碳量为 1.63g×1000(kg/亩)/0.35×0.2727 = 1270kg/亩，释放氧气量为1.20g×1000(kg/亩)/0.35 = 3428.57kg/亩。采用我国平均造林成本260元/t作为测算标准，则该农田固碳功能的价值量为1270(kg/亩)×0.26(元/kg)×100亩 = 33020元，释放氧气功能的价值量为3428.57(kg/亩)×0.353(元/kg)×100亩 = 121028.52元，则即该农田固碳释氧功能的价值量是154048.52元。

总的来看，揭示偏好法（替代市场法）是开展生态环境价值评估的一项重要技术，易于理解、应用广泛。相对直接市场法而言，它能够规避价值评估中出现的环境质量变化信息不全、市场价格无法确定等直接面临的困难与问题，从而采取一种替代、间接的方式，灵活开展评估工作。替代市场法可以利用直接市场法所无法利用的信息，这些信息本身是可靠的，衡量估算时所涉及的因果关系也是客观存在的。采用揭示偏好法（替代市场法），需要具备几个条件：①任何资源环境服务都能找到完全的替代物或价值反映物；②相关各方面都对环境质量及其变动趋势比较了解，人们对于环境物品、替代物品的选择是科学的、经济的，即人们都是理性的；③相关市场机制健全，基本符合自由竞争的假设，并且成本较低。

但由于生态环境系统及其价值构成的复杂性，揭示偏好法（替代市场法）也受到科学技术水平、市场条件等的限制，存在一定的不足：①环境资源不可能实现完全替代，有些只能是部分替代，甚至是无法替代。②该方法要求替代方案是最经济、最合理的替代，现实中往往难以做到。经常会出现替代过度、替代不足、替代方案不合理等情况。③没有考虑替代引起的间接成本和收益问题。④需要收集大量的资料，因而调查资料、处理资料的能力会对估价结果产生较大的影响。所以，与直接市场法相比，采用揭示偏好法（替代市场法）估算出的生态环境价值结果可信度要低。此外，在具体价值估算中，该方法采用的只是有关商品和劳务的市场价格，而不是消费者的实际支付意愿或受偿意愿，所以不能完全充分衡量生态环境开发的边际外部成本。

4.1.3　陈述偏好法

陈述偏好法（假想市场法）是在缺乏直接的且也无法间接获取市场信息、只能依靠假想市场的情况下，试图采用调查技术直接从被调查者的回答来判断资源环境的价值。由于环境变化及其反映它们价值的市场都是假设的，故其又被称为假想市场法。可见，与直接市场评价法和揭示偏好法不同，陈述偏好法不是基于可观察到的或间接的市场行为，而是基于调查对象的回答。陈述偏好法包括条件价值法、选择试验法等，可用于估算资源环境的总经济价值（即利用价值和非利用价值）。

1）条件价值法

条件价值法，或称为意愿调查价值评估法，属于典型的陈述偏好法，是非市场价值评估技术中应用最广、影响最大，也是当前世界上流行的资源环境价值评估方法之一。它主要是通过调查方式直接考察受访者在假设性市场里的经济行为，推导出人们对资源环境的假想变化的评价。它试图通过直接向有关人群样本提问来发现人们是如何给一定的环境变化定价的，如对某一环境改善效益的支付意愿和对环境质量损失的接受赔偿意愿。

这种方法，通常随机选择部分家庭或个人作为样本，将一些假设问题以问卷调查的形式发放给受访者，询问他们对于一项环境改善措施或一项防止环境恶化措施的最大支付意愿，或者要求住户或个人给出一个对忍受环境恶化而接受的最大赔偿意愿，以此估算环境改善或环境恶化的经济价值。直接询问调查对象的支付意愿或接受赔偿意愿是这一方法的特点。为在实践中得到准确答案，意愿调查必须基于两个假设前提：环境收益具有“可支付性”特征和“投标竞争”特征，也就是说，被调查者要知道自己的个人偏好，有能力对环境物品或服务进行估价，并且愿意诚实地说出自己的支付意愿或受偿意愿。

（1）常见方法。

条件价值法，主要包括投标博弈法、比较博弈法和无费用选择法等几种常见方法。

投标博弈法：要求调查对象根据假设的情况，说出其对不同水平的环境物品或服务的支付意愿或接受赔偿意愿。可具体分为单次投标博弈和收敛投标博弈。其中，单次投标博弈，调查者首先要向被调查者解释要估价的环境物品或服务的特征及其变动的影响，以及保护这些环境物品或服务的具体办法，然后询问被调查者，为保护这些环境物品或服务的最大支付意愿，或者放弃保护这些环境物品或服务的最小接受赔偿意愿；收敛投标博弈，又称为重复投标博弈，被调查者不必自行说出一个确定的支付意愿或接受赔偿意愿的数额，而是被问及是否愿意对某一物品或服务支付给定的金额时，根据被调查者的回答，不断改变这一数额，直至得到最大支付意愿或最小的接受赔偿意愿（马中，2006）。

比较博弈法：又称为权衡博弈法，要求被调查者在不同的物品或服务与相应数量的货币之间做出选择。通常给出一定数额的货币和一定的环境商品或服务的不同组合，其中货币值实际上代表了一定量的环境物品或服务的价格。给定被调查者这种组合的初始值，然后询问被调查者愿意选择哪一项。根据被调查者的反应，不断提高（或降低）价格水平，直至其认为选择二者中的任意一个为止。此时，被调查者所选择的价格就表示他对给定量的环境物品或服务的支付意愿。此后，再给出另一组组合，经过几轮询问，根据被调查者对不同环境质量水平的选择情况进行分析，就可以估算出他对边际环境质量变化的支付意愿（马中，2006）。

无费用选择法：通过询问个人在不同的物品或服务之间的选择来估算环境物品或服务的价值。该法模拟市场上购买商品或服务的选择方式，给被调查者两个或多个方案，每一方案都不用被调查者付钱，从这个意义上说，对被调查者而言，是无费用的（马中，2006）。

（2）实施步骤与条件。

实施条件价值法，一般分为这样几个步骤：创建假想市场，设计调查问卷、创设问题情境，获得个人的支付意愿或受偿意愿，估计平均的支付意愿或受偿意愿，估计支付意愿/受偿意愿曲线，计算总的支付意愿或受偿意愿。

同时，还需要满足以下几个条件（马中，2006）：环境变化对市场产出没有直接的影响；难以直接通过市场获取人们对物品或服务的偏好的信息；样本人群具有代表性，对所调查的问题感兴趣并且有相当程度的了解；有充足的资金、人力和时间进行研究。

从特点上看，条件价值法是通过对消费者的主观调查来推断资源环境的价值的，并未对实际的市场进行观察，也没有通过要求消费者以现金支付的方式来表征支付意愿或接受赔偿意愿来验证其有效需求。因此，从理论上说，这种方法有一定的局限性。

第一，容易造成一些偏差。可能存在的偏差主要有（马中，2006）：信息偏差、支付方式偏差、起点偏差、假想偏差、策略性偏差、部分-整体偏差、无反应偏差、肯定性回答偏差、抗议反应偏差、嵌入性偏差、问题顺序偏差、停留时间长度偏差、调查者偏差、调查方式偏差、替代偏差等。这些偏差将成为影响条件价值评估研究结果有效性的可能因素。根据相关研究经验，可以采取相应的方法有效减少和降低这些偏差的影响，如表 4-1 所示。

表 4-1 条件价值评估研究中的可能偏差及解决方法

偏差类型	偏差描述	解决方法
信息偏差	由于调查者提供的信息不完整、质量不高、顺序差异、甚至错误等，被调查者难以表达恰当的支付意愿	调查者尽可能提供与资源环境真实价值相符的信息，让被调查者能够充分判断
支付方式偏差	因假设的支付方式不同而导致的偏差。用什么样的方式收取人们支付的货币，可能会影响被调查者的支付意愿	先进行多种支付方式的预调查，最后选择相对频度高的支付方式；提供各种适当的支付方式，由被调查者自由选择
起点偏差	调查者在询问时，所建议的支付意愿和接受赔偿意愿的出价起点高低所引起的回答范围的偏离	先进行预调查，确定投标的起点、数值间隔及范围
假想偏差	被调查者对假想市场问题的反应与对真实市场的反应不一样，调查的假想性质导致与真实支付意愿的结果出现偏差。研究发现，当被调查者要求评估一个不熟悉的和不在市场上交换的产品的价值时，不准确程度明显上升	创建完整的假想市场，让被调查者充分了解假想市场情况，即尽可能让其理解资源环境的价值；给被调查者适当的报酬，尽量让其设身处地地反映支付意愿；采取匿名的调查方式

续表

偏差类型	偏差描述	解决方法
策略性偏差	由被调查者对环境变化的支付意愿或受偿意愿说谎产生的偏差。被调查者或许认为他们的答案可以影响实际决策，可能会故意提供错误的答案	对调查结果进行分析前，剔除边缘投标（即超过收入 5%的投标）来得到核心投标值
部分-整体偏差	被调查者未能正确区分某种整体环境与其组成部分时所产生的偏差	提醒被调查者明确和注意自己的收支限制，是估计整个物品价值而不是物品的部分价值
无反应偏差	部分被调查者对研究主题不感兴趣，不参与调查从而导致样本的人口代表性产生偏差，不能有效地代表研究总体	将问题设计得简明和易于回答（70%以上的反应率是比较理想的，40%～60%反应率也是普遍的）
肯定性回答偏差	回答二分式问题时，被调查者可能出于道德满足等原因给出肯定性的回答，而没有考虑自己的收入现状和预算约束	给被调查者提供可能性以表达他们对调查计划的支持而不管价格
抗议反应偏差	被调查者倾向于反对假想的市场和支付工具而引起的偏差	专门设计一个问题以辨明 0 支付的原因；在数据分析中剔除抗议投标样本（比例不超过总样本的 15%）
嵌入性偏差	对某种物品或服务作为一种更具包容性的物品或服务的一部分的支付意愿，比对其本身独立估值时的支付意愿偏低	对所要评估的环境物品或服务的各种不同改善状况，提供其全面背景介绍或补充文字说明和图表及其相对测量
问题顺序偏差	在有多个估值问题的问卷中，各个相关问题的不同出现次序对结果的可能影响	提醒被调查者对问题前后参照并修正前面所做出的估值判断，以减少问题顺序的影响
停留时间长度偏差	调查时间较长导致被调查者感到不方便或产生厌烦情绪而对结果产生的影响	随机抽取样本，完成 1 份问卷不超过 30 分钟
调查者偏差	在多名调查人员参与的面对面调查中，不同调查人员对估值结果产生的可能影响	严格培训和管理调查人员，或者使用专业调查人员
调查方式偏差	不同调查方式对结果的影响。面对面采访是最精确的调查方式，但成本最高；信函、电话等调查成本低，但反应率也低	在信函调查中用下列方法提高反应率：在第一封信后应再分别寄出第二和第三封信（或打电话）；在第一封信中附寄一定费用；用印刷精美的图表刺激回答者的反应动机
替代偏差	调查者没有向被调查者说明可能存在的具有相同功能的替代物品，导致结论可能偏高	

第二，支付意愿和接受赔偿意愿不一致。

在支付意愿和接受赔偿意愿之间存在着极大的不对称性。意愿调查评估法研究的结果一直表明：支付意愿比接受赔偿意愿的数量要低很多（通常为 1/3）。从原理上讲，支付意愿适用于估价效益，而接受赔偿意愿同费用分摊有关。这可能是由于同人们对获得其尚未拥有的某物的评价相比，人们对其已有之物的损失会有更高的估价。也就是说，即便在意愿调查评估法的假设条件下，也不存在为人们所接受的唯一的环境质量定价方法，价值评估是否准确取决于是把环境变化作为收益还是作为损失（马中，2006）。

经过多年的发展，条件价值法已成为一种评价资源环境经济价值的最常用和最有用的工具之一，得到越来越多的关注与应用。它能够考虑利益相关者的切身利益，可以解决其他许多方法不能解决的问题，实现对资源环境经济价值的估算。但条件价值法也存在一定的局限性，主要表现在三个方面：首先，比较烦琐、需要精心设计。因为支付意愿值与样本总人口数极大相关，所以这种方法的使用需要大量的样本、充足的数据信息，需要精心设计，尤其是调查活动需要花费大量的时间、金钱等。其次，这种方法过于依赖人们的看法，而不是实际的市场行为，将不可避免地导致一些偏差。最后，评估结果受被调查者的教育程度、收入水平、环境意识等影响。因此，这种方法更适合于评估区域性的环境问题，而不适合评估全球环境问题。

2）选择试验法

选择试验法，是基于价值理论和随机效用理论的一种陈述偏好价值评估技术，通常也被称作“陈述选择分析”。

根据价值理论，对于消费者而言，是商品的特征而不是商品本身具有效用，消费者的偏好序就是将这些特征集排序。也就是说，给消费者提供一种“复合物品”（由一系列有价值的特征组成的物品）的几种简洁描述，每一种描述被当作一种完整的“特征包”，而与有关物品的一种或多种特征的其他描述相区别。一件商品可以被分解为多种可区分的属性，个人对于某一商品的不同属性的偏好就会被检测出来。对农业生态系统而言，其本身就被视为一个“复合物品”，有关的这些特征，如农事劳作体验、动植物的多样性、休闲、观光等与价格有关的最重要的问题。此外，消费者基于个人偏好在各种描述情景之间进行两两比较，接受或拒绝一种情景。在建立一系列这类反应以后，就有可能区分单个特征的变化对价格变化的影响。在描述情景中，能够研究的特征的数量受回答者处理所描述的详细特征的能力限制。一般情况下，7～8个特征数量是上限。虽然价格-质量特征之间关系的计算本身比较复杂，但这种方法在解决与环境价值评估相关的“成果参照”问题方面，还是特别有价值、有意义的（孙发平和曾贤刚，2008）。

相对条件价值法来看，选择试验法有其独特优势（吴健，2012）：第一，比较灵活，可以通过建模来完成属性之间复杂的取舍，并且与随机效用模型保持一致。第二，通过统计设计可以很好地排除个人因素对于选择的干扰。此外，选择试验中，正交试验设计被用来构建选择情景，这样可以使得参数估计免受其他因素的干扰。第三，可以帮助研究者去检测属性的价值，以及福利测量和财富影响函数形式选择的影响，而这些通过条件价值法很难获得。

总体来看，陈述偏好法在资源环境价值评估中，有着明显的优点。由于采用调查技术开展判断评估，不依赖于人们的市场行为，可以解决许多其他方法无法解决的问题，如对资源环境的选择价值和存在价值等无法在市场中表现出来的价值的评价。而且，这一方法在具有较强公共物品性的资源（如空气和水质量问题）以及没有市场价格的环境物品的价值评估方面，已经开展了大量的实证性研究工作，效果也不错。

当然，陈述偏好法也有局限性。最大的问题就是，这种方法是基于一种假想的、臆测的、个人主观意愿的直接调查，可能受多种因素影响，进而导致评价结果不准确、不客观，与实际情况偏离等。例如，受访者的教育水平、经济状况、认知情况、实际需求等，参差不齐、千差万别，评估结果也往往多种多样；调查者的经验、询问的方式等，可能会给受访者错误诱导；调查方法的设计、采样方法、结果的统计方法、估价初始化设定不当等，也将导致不同的评估结果。因此，为得到有意义的评估结果，需要细致地设计与实施工作，最大化地提高这种方法的科学性、有效性。

4.2　当量因子法

当量因子法，是从另一个角度来估算生态系统服务价值的方法，也称为基于单位面积价值当量因子法，即通过明确各类型生态系统生态服务价值当量因子、单位面积生态服务经济价值量，根据其面积大小估算出其生态服务的经济价值。具体来说，就是在区分不同种类生态系统服务功能的基础上，基于可量化的标准构建不同类型生态系统各种服务功能的价值当量，然后结合生态系统的分布面积进行评估。

当量因子法，最早由罗伯特·科斯坦萨等于 1997 年提出。他们发表在《自然》杂志上的“全球生态系统服务和自然资本的价值”文章，以生态服务供求曲线是一条垂直直线为假定条件，逐项估计了各种生态系统的各项生态系统服务价值，从科学意义上明确了生态系统服务价值估算的原理及方法，也为农业生态功能价值估算的理论与方法奠定了基础。我国学者谢高地等在参考罗伯特·科斯坦萨等研究成果的基础上建立了我国生态系统生态服务价值当量因子法。

运用当量因子法，一般分为以下几个步骤：

1）确定生态系统生态服务价值当量

当量因子法的前提、核心是构建准确的生态系统生态服务价值当量表。当量因子表征生态系统产生的生态服务的相对贡献大小的潜在能力，即把农田的食物生产功能价值设定为“1”，以此确定其他生态服务功能价值的相对大小。罗伯特·科斯坦萨等于 1997 年建立了全球生态系统生态服务价值当量因子表（表 4-2）。谢高地等根据我国实际，于 2002 年制定了我国生态系统生态服务价值当量因子表，并将当量因子定义为 $1hm^2$ 全国平均产量的农田每年自然粮食产量的经济价值，把生态服务划分为气体调节、气候调节、水源涵养、土壤形成与保护、废物处理、生物多样性保护、食物生产、原材料、娱乐文化共九类（表 4-3）；然后，又于 2007 年、

2015 年，对当量因子表进行了技术改进，把生态系统的生态服务分为供给服务、调节服务、支持服务和文化服务四大类（表 4-4 和表 4-5）。

表 4-2　全球生态系统单位面积生态服务价值当量（Costanza et al.，1997）

一级类型	二级类型	森林	草地	农田	湿地	河流/湖泊	荒漠
供给服务	食物生产	0.80	1.24	1.00	4.74	0.76	0.00
	原材料生产	2.56	0.00	0.00	1.96	0.00	0.00
调节服务	气体调节	0.00	0.13	0.00	1.96	0.00	0.00
	气候调节	2.65	0.00	0.00	0.08	0.00	0.00
	水文调节	0.09	0.06	0.00	0.35	0.14	0.00
	废物处理	1.61	1.61	0.00	0.08	12.31	0.00
支持服务	保持土壤	8.65	0.56	0.00	0.00	0.00	0.00
	维持生物多样性	0.33	0.89	0.70	5.63	0.00	0.00
文化服务	提供美学景观	1.26	0.04	0.00	26.94	4.26	0.00
合计		17.95	4.53	1.7	41.74	17.47	0.00

表 4-3　我国陆地生态系统单位面积生态服务价值当量（谢高地等，2002）

	森林	草地	农田	湿地	水体	荒漠
气体调节	3.50	0.80	0.50	1.80	0.00	0.00
气候调节	2.70	0.90	0.89	17.10	0.46	0.00
水源涵养	3.20	0.80	0.60	15.50	20.38	0.03
土壤形成与保护	3.90	1.95	1.46	1.71	0.01	0.02
废物处理	1.31	1.31	1.64	18.18	18.18	0.01
生物多样性保护	3.26	1.09	0.71	2.50	2.49	0.34
食物生产	0.10	0.30	1.00	0.30	0.10	0.01
原材料	2.60	0.05	0.10	0.07	0.01	0.00
娱乐文化	1.28	0.04	0.01	5.55	4.34	0.01

表 4-4　我国生态系统单位面积生态服务价值当量（谢高地等，2007）

一级类型	二级类型	森林	草地	农田	湿地	河流/湖泊	荒漠
供给服务	食物生产	0.33	0.43	1.00	0.36	0.53	0.02
	原材料生产	2.98	0.36	0.39	0.24	0.35	0.04

续表

一级类型	二级类型	森林	草地	农田	湿地	河流/湖泊	荒漠
调节服务	气体调节	4.32	1.50	0.72	2.41	0.51	0.06
	气候调节	4.07	1.56	0.97	13.55	2.06	0.13
	水文调节	4.09	1.52	0.77	13.44	18.77	0.07
	废物处理	1.72	1.32	1.39	14.40	14.85	0.26
支持服务	保持土壤	4.02	2.24	1.47	1.99	0.41	0.17
	维持生物多样性	4.51	1.87	0.17	4.69	3.43	0.40
文化服务	提供美学景观	2.08	0.87	0.17	4.69	4.44	0.24
	合计	28.12	11.67	7.05	55.77	45.35	1.39

表 4-5 我国生态系统单位面积生态服务价值当量（谢高地等，2015a）

生态系统分类		供给服务			调节服务				支持服务			文化服务
一级分类	二级分类	食物生产	原料生产	水资源供给	气体调节	气候调节	净化环境	水文调节	土壤保持	维持养分循环	生物多样性	美学景观
农田	旱地	0.85	0.40	0.02	0.67	0.36	0.10	0.27	1.03	0.12	0.13	0.06
	水田	1.36	0.09	−2.63	1.11	0.57	0.17	2.72	0.01	0.19	0.21	0.09
森林	针叶	0.22	0.52	0.27	1.70	5.07	1.49	3.34	2.06	0.16	1.88	0.82
	针阔混交	0.31	0.71	0.37	2.35	7.03	1.99	3.51	2.86	0.22	2.60	1.14
	阔叶	0.29	0.66	0.34	2.17	6.50	1.93	4.74	2.65	0.20	2.41	1.06
	灌木	0.19	0.43	0.22	1.41	4.23	1.28	3.35	1.72	0.13	1.57	0.69
草地	草原	0.10	0.14	0.08	0.51	1.34	0.44	0.98	0.62	0.05	0.56	0.25
	灌草丛	0.38	0.56	0.31	1.97	5.21	1.72	3.82	2.40	0.18	2.18	0.96
	草甸	0.22	0.33	0.18	1.14	3.02	1.00	2.21	1.39	0.11	1.27	0.56
湿地	湿地	0.51	0.50	2.59	1.90	3.60	3.60	24.23	2.31	0.18	7.87	4.73
荒漠	荒漠	0.01	0.03	0.02	0.11	0.10	0.31	0.21	0.13	0.01	0.12	0.05
	裸地	0.00	0.00	0.00	0.02	0.00	0.10	0.03	0.02	0.00	0.02	0.01
水域	水系	0.80	0.23	8.29	0.77	2.29	5.55	102.24	0.93	0.07	2.55	1.89
	冰川积雪	0.00	0.00	2.16	0.18	0.54	0.16	7.13	0.00	0.00	0.01	0.09

2）测算生态系统单位面积生态服务价值

通过计算，确定 1 个生态系统生态服务价值当量因子的经济价值量，并以此对生态系统生态服务价值当量表进行经济赋值，转换成当年生态系统服务单价表。罗伯特·科斯坦萨等研究提出，1 个生态服务价值当量因子的经济价值量为 54 美元/hm^2（表 4-6）。谢高地等根据我国情况，于 2002 年提出 1 个生态服务价值当量因子的经济价值量等于当年全国平均粮食单产市场价值的 1/7（表 4-7）；2007 年，将我国 1 个生态服务价值当量因子的经济价值量确定为 449.1 元/hm^2（表 4-8）；2015 年，又将单位面积农田生态系统粮食生产的净利润作为 1 个标准当量因子的生态系统服务价值量，并通过计算得到 2010 年标准生态系统生态服务价值当量因子经济价值量的值为 3406.5 元/hm^2（表 4-9）。

表 4-6　全球生态系统单位面积生态服务价值（Costanza et al.，1997）（单位：美元/hm^2）

一级类型	二级类型	森林	草地	农田	湿地	河流/湖泊	荒漠
供给服务	食物生产	43.2	66.96	54.00	255.96	41.04	0.00
	原材料生产	138.24	0.00	0.00	105.84	0.00	0.00
调节服务	气体调节	0.00	7.02	0.00	105.84	0.00	0.00
	气候调节	143.10	0.00	0.00	4.32	0.00	0.00
	水文调节	4.86	3.24	0.00	18.90	7.56	0.00
	废物处理	86.94	86.94	0.00	4.32	664.74	0.00
支持服务	保持土壤	467.10	30.24	0.00	0.00	0.00	0.00
	维持生物多样性	17.82	48.06	37.8	304.02	0.00	0.00
文化服务	提供美学景观	68.04	2.16	0.00	1454.76	230.04	0.00
合计		969.30	244.62	91.80	2253.96	943.38	0.00

表 4-7　我国生态系统单位面积生态服务价值（谢高地等，2002）（单位：元/hm^2）

功能	森林	草地	农田	湿地	水体	荒漠
气体调节	3097.00	707.90	442.40	1592.70	0.00	0.00
气候调节	2389.10	796.40	787.50	15130.90	407.00	0.00
水源涵养	2831.50	707.90	530.90	13715.20	18033.20	26.50
土壤形成与保护	3450.90	1725.50	1291.90	1513.10	8.80	17.70
废物处理	1159.20	1159.20	1451.20	16086.60	16086.60	8.80
生物多样性保护	2884.60	964.50	628.20	2212.20	2203.30	300.80
食物生产	88.50	265.50	884.90	265.50	88.50	8.80
原材料	2300.60	44.20	88.50	61.90	8.80	0.00
娱乐文化	1132.60	35.40	8.80	4910.90	3840.20	8.80

表 4-8　我国生态系统单位面积生态服务价值（谢高地等，2007）（单位：元/hm²）

一级类型	二级类型	森林	草地	农田	湿地	河流/湖泊	荒漠
供给服务	食物生产	148.20	193.11	449.10	161.68	238.02	8.98
	原材料生产	1338.32	161.68	175.15	107.78	157.19	17.96
调节服务	气体调节	1940.11	673.65	323.35	1082.33	229.04	26.95
	气候调节	1827.84	700.60	435.63	6085.31	925.15	58.38
	水文调节	1836.82	682.63	345.81	6035.90	8429.61	31.44
	废物处理	772.45	592.81	624.25	6467.04	6669.14	116.77
支持服务	保持土壤	1805.38	1005.98	660.18	893.71	184.13	76.35
	维持生物多样性	2025.44	839.82	458.08	1657.18	1540.41	179.64
文化服务	提供美学景观	934.13	390.72	76.35	2106.28	1994.00	107.78
合计		12628.69	5241.00	3547.9	24597.21	20366.69	624.25

全国平均状态粮食单产市场价值，可用下式计算：

$$E_a = \sum_{i=1}^{n} \frac{a_i p_i q_i}{A} \tag{4-5}$$

式中，E_a 为单位当量因子的价值量，元/hm²；i 为粮食作物种类；a_i 为第 i 种粮食作物播种面积，hm²；p_i 为第 i 种粮食作物全国平均价格，元/kg；q_i 为第 i 种粮食作物播种面积单产，kg/hm²；A 为 n 种粮食作物总播种面积，hm²。

主要选取小麦、稻谷和玉米三大粮食作物来计算单位面积农田生态系统粮食生产的净利润，如式（4-6）和式（4-7）所示：

$$V_{\text{标准当量因子}} = (V_{\text{小麦}} \times A_{\text{小麦}} + V_{\text{稻谷}} \times A_{\text{稻谷}} + V_{\text{玉米}} \times A_{\text{玉米}}) / A \tag{4-6}$$

$$A = A_{\text{小麦}} + A_{\text{稻谷}} + A_{\text{玉米}} \tag{4-7}$$

式中，$V_{\text{标准当量因子}}$ 为 1 个标准当量因子的生态系统服务价值量，元/hm²；$V_{\text{小麦}}$、$V_{\text{稻谷}}$ 和 $V_{\text{玉米}}$ 分别为当年全国小麦、稻谷和玉米的单位面积平均净利润，元/hm²；$A_{\text{小麦}}$、$A_{\text{稻谷}}$ 和 $A_{\text{玉米}}$ 分别为当年小麦、稻谷和玉米的播种面积，hm²；A 为当年小麦、稻谷和玉米三种作物的总播种面积，hm²。

3）估算生态系统生态服务价值

通过测量、统计、模拟、资料查阅等多种途径，获取生态系统的面积，按照上述单位面积生态服务价值表估算得出生态系统生态服务价值。生态系统理论生态服务价值计算公式下：

表 4-9　我国生态系统单位面积生态服务价值（2010 年）（谢高地等，2015a）　　（单位：元/hm^2）

生态系统分类		供给服务			调节服务				支持服务			文化服务
一级分类	二级分类	食物生产	原料生产	水资源供给	气体调节	气候调节	净化环境	水文调节	土壤保持	维持养分循环	生物多样性	美学景观
农田	旱地	2895.53	1362.60	68.13	2282.36	1226.34	340.65	919.76	3508.70	408.78	442.85	204.39
	水田	4632.84	306.59	−8959.10	3781.22	1941.71	579.11	9265.68	34.07	647.24	715.37	306.59
森林	针叶	749.43	1771.38	919.76	5791.05	17270.96	5075.69	11377.71	7017.39	545.04	6404.22	2793.33
	针阔混交	1056.02	2418.62	1260.41	8005.28	23947.70	6778.94	11956.82	9742.59	749.43	8856.90	3883.41
	阔叶	987.89	2248.29	1158.21	7392.11	22142.25	6574.55	16146.81	9027.23	681.30	8209.67	3610.89
	灌木	647.24	1464.80	749.43	4803.17	14409.50	4360.32	11411.78	5859.18	442.85	5348.21	2350.49
草地	草原	340.65	476.91	272.52	1737.32	4564.71	1498.86	3338.37	2112.03	170.33	1907.64	851.63
	灌草丛	1294.47	1907.64	1056.02	6710.81	17747.87	5859.18	13012.83	8175.60	613.17	7426.17	3270.24
	草甸	749.43	1124.15	613.17	3883.41	10287.63	3406.50	7528.37	4735.04	374.72	4326.26	1907.64
湿地	湿地	1737.32	1703.25	8822.84	6472.35	12263.40	12263.40	82539.50	7869.02	613.17	26809.16	16112.75
荒漠	荒漠	34.07	102.20	68.13	374.72	340.65	1056.02	715.37	442.85	34.07	408.78	170.33
	裸地	0.00	0.00	0.00	68.13	0.00	340.65	102.20	68.13	0.00	68.13	34.07
水域	水系	2725.20	783.50	28239.89	2623.01	7800.89	18906.08	348280.56	3168.05	238.46	8686.58	6438.29
	冰川积雪	0.00	0.00	7358.04	613.17	1839.51	545.04	24288.35	0.00	0.00	34.07	306.59

$$E_t = \sum_{k=1}^{n} A_k C_k E_a \tag{4-8}$$

式中，E_t为理论生态服务价值量，元；A_k为研究区域第k种土地利用类型的面积，hm^2；C_k为第k种土地单位面积价值当量因子；E_a为单位当量因子的价值量，元/hm^2。

由于理论生态价值量并没有将消费者的心理和实际经济承受能力考虑在内，不能真实反映所处社会经济发展阶段的现实贡献，所以需要进一步采用发展阶段系数进行修正，以此获取农业生态价值的现实量。发展阶段系数则通过皮尔（Pearl）生长曲线和恩格尔系数求取，计算公式如下：

$$E_r = E_t \times \iota \tag{4-9}$$

$$\iota = \frac{1}{1+\exp(-t)} \tag{4-10}$$

$$t = \frac{1}{E_n} - 3 \tag{4-11}$$

式中，E_r为现实生态服务价值量，元；E_t为理论生态服务价值量，元；ι为社会对生态效益的支付意愿，$\iota \in$（0，1）；E_n为恩格尔系数。

对比来看，罗伯特·科斯坦萨等研究提出的各种生态系统生态服务价值当量因子尺度较大，主要是基于全球尺度，且忽略了经济发展、自然条件等地区间的差异，比较适合欧美发达国家。此外，某些数据也存在较大偏差，如对耕地估计过低、对湿地偏高等。而谢高地等建立的当量因子法，是在对我国大量相关专业人士问卷调查基础上研究得出的，比较适合我国实际。

应用举例

运用当量因子法，评估农业气体调节功能的价值。假设某农田，面积 150 亩，根据谢高地等 2002 年、2015 年的研究成果分别估算该农田两个年度调节气候价值量。2002 年，单位面积农田气体调节的价值为 442.4 元/hm^2，则该农田气体调节的功能价值为 442.4(元/hm^2)×10hm^2 = 4424 元；2015 年，单位面积农田（旱地）气体调节的价值为 2282.36 元/hm^2，则该农田气体调节的功能价值为 2282.36(元/hm^2)×10hm^2 = 22823.6 元。

总体来看，当量因子法估算农业生态功能价值，计算简单、操作性强，结果便于比较，可以实现对农业生态功能价值的快速核算，使用也比较广泛。但也存在一些问题：①尺度偏大。无论是罗伯特·科斯坦萨还是谢高地等计算的生态服务价值当量因子，都是从面积角度估算的，我国幅员辽阔，各地区间差异较大，具体到某一地区时，其研究尺度仍然偏大。②结果的相对性。当量因子法的核心是当量因子表的准确构建，本质是以农田食物生产为出发点，把农田的食物生产功能价值设定为“1”，然后以此估算其他生态服务功能价值的相对重要性，估算的价值结果其实是“相对价值”。③主观色彩较浓。尽管我国的生态系统生态服务当量因子是基于几百位专业人士调查、综合研究得出的，但仍然摆脱不了个人的主观认识影响，每人的专业背景、所处环境、对农业认知与理解、发展需求等不同，对当量因子的意见也不同。例如 2003 年的当量因子，农田的娱乐文化价值为 0.01，而后来则变为 0.06 或 0.09，变化较大。④一刀切问题。上述的当量因子体现的是整个生态系统生态服务相对贡献大小的“平均值”，似乎从整体角度更合适；如果估算区域间的价值量，则对区域间的实际考虑不够，如北京可能认为其农业景观娱乐文化功能价值要比食物生产、气体调节等功能价值重要得多。

农业生态功能价值的科学确定与计量是一项十分复杂的工作，技术性强、涉及因素多，不可能单纯地运用一种理论、一种方法就可以解决。无论是直接市场法、揭示偏好法、陈述偏好法，还是当量因子法，都有其优点和不足（表 4-10）。机理机制法，是从农业生态系统变化的机理机制出发，通过建立生产方程等估算农业生态功能价值，结果相对比较客观、科学，但输入参数较多、计算过程较为复杂，而且对每种服务价值的具体评估方法和参数标准难以统一；当量因子法，是从比较、参照的角度，估算农业生态功能的潜在价值，直观易用、数据需求少、便于对比分析，但也存在主观色彩浓、“一刀切”等问题，结果的科学性、客观性有待商榷。因此，实际工作中，要根据不同情况，适当选择、综合运用多种评估方法，提高农业生态功能价值评估结果的科学性、准确性和客观性。

表 4-10　农业生态功能价值评估方法一览表

类型	名称	优点	缺点	适用范围
直接市场法	生产率变动法	容易量化，评估结果客观、可信度高	数据要求全面、无法适应无市场价格的农业环境价值估算	适用于有明确市场价格的农业生态功能价值评估
	剂量-反应法	建立环境质量变化-原因之间的定量关系，使评估结果相对科学、准确、可信度高	科学建立剂量-反应关系难度大，信息需求量大、要求高，甚至需要多次实验	适用于有明确市场价格的农业生态功能价值评估
	机会成本法	计算结果和数据调查相对简单，数据来源相对较多，选择性大，市场化程度较高	很难将放弃的发展机会概括全面	适用于具有唯一性或不可逆性特征的生态资源开发项目的评估
	恢复费用法	数据相对容易得到，市场化程度较高	难以全面估算农业生态功能多方面价值，结果相对片面，且估算结果一般偏低	适用于有明确市场价格的农业生态功能价值评估

续表

类型	名称	优点	缺点	适用范围
直接市场法	影子工程法	是恢复费用法的一种特殊形式，将不可量化的问题转化为可量化的问题，可以简化环境资源估价	估算结果可能多样，与真实价值存在偏差	适用于有明确市场价格的农业生态功能价值评估
揭示偏好法（替代市场法）	内涵资产定价法	利用物品的多种特性估计环境质量因素对房地产等资产的价值、环境舒适性价值的潜在影响	经济统计技巧要求高，数据要求精确、量大，评估结果偏低	适用于没有市场价格的农业生态功能价值的方法
	旅行费用法	数据相对容易得到，市场化程度较高	无法评估与人类非直接相关的环境价值；评估结果只是功能价值的一部分，偏低于整体价值	适用于没有市场价格的农业生态功能价值的方法，尤其适用于农业增加景观美学功能价值估算
	防护支出法	从消费者角度评估环境价值，防护支出费用是避免环境破坏、生态功能降低的最小成本，数据相对容易得到，市场化程度较高	不能评估非使用价值，评估结果偏低	适用于使用价值评估
	碳税法	比较直接、方便，计算过程简单，数据相对容易得到，市场化程度较高	评估结果只是功能价值的一部分，偏低于整体价值	适用于农业固碳功能价值评估
	工业制氧法	比较直接、方便，计算过程简单，数据相对容易得到，市场化程度较高	评估结果只是功能价值的一部分，偏低于整体价值	适用于农业释氧功能价值评估
	造林成本法	比较直接、方便，计算过程简单，数据相对容易得到，市场化程度较高	评估结果只是功能价值的一部分，偏低于整体价值	适用于农业固碳释氧功能价值评估
陈述偏好法（假想市场法）	条件价值法	能够考虑利益相关者的切身利益，可以解决其他许多方法不能解决的问题，实现对资源环境经济价值的估算	主观性强，过于依赖人们的看法；评估结果受被调查者的教育程度、收入水平、环境意识等影响；比较烦琐、样本量与信息量需求大，费时费力	适用于缺乏直接市场、替代市场和市场价格的环境价值评估；区域性的环境问题评估
	选择试验法	比较灵活，通过建模完成属性之间复杂的取舍；通过统计设计，排除个人因素对于选择的干扰；帮助研究者检测属性的价值，揭示更多偏好信息	调查问卷比较复杂，容易增加被调查者的负担；模型分析和处理技术难度较大	主要用于确定“复合物品”（由一系列有价值特征的物品组成）的某种特征的质量变化对“复合”物品的价值的影响
当量因子法		计算简单、操作性强，结果便于比较，可以实现对农业生态功能价值的快速核算	计算尺度偏大、评估结果的相对性、主观色彩较浓、“一刀切”问题	适用于区域或全球尺度农业生态功能价值评估

第 5 章　农业生态功能价值估算

农业生态系统是一个较为复杂的生态系统，因专业背景、研究角度、工作需要等各种出发点或目标的不同，研究者对农业生态系统的界定划分等见仁见智。本书重点从耕地、果园、草地、渔业水域、农业湿地五个生态类型角度，开展农业生态功能价值评估与比较分析，以期为农业环境管理、农业绿色发展、经济社会高质量发展等提供支撑和依据。

5.1　指标体系与评估方法

指标体系与评估方法是开展农业生态功能价值评估的基础和手段。本书基于上述农业生态功能概念、方法等基础理论研究，结合实际，建立具体详细的农业生态功能价值评估指标体系与方法。

5.1.1　指标体系

根据对农业生态功能概念、特点、内容等的研究分析，按照代表性、系统性、可比性、可操作性等原则，建立农业生态功能价值评估与监测指标体系，如图 5-1 和表 5-1 所示。

5.1.2　评估方法

根据上述对机理机制法、当量因子法的研究分析，建立农业生态功能价值评估的具体技术方法，如表 5-2 所示。

评估数据主要来源：一是社会公共资源数据，主要是指权威机构发布的社会公共资源数据、相关基础（标准）数据，如统计年鉴、统计公报等。二是行业数据，主要是指研究领域或行业内，普遍认可的相关基础数据等，如行业报告、文献资料等。三是监测数据，主要是指本书研究人员所在单位的相关监测与调查数据，如农业环境监测与调查数据等。

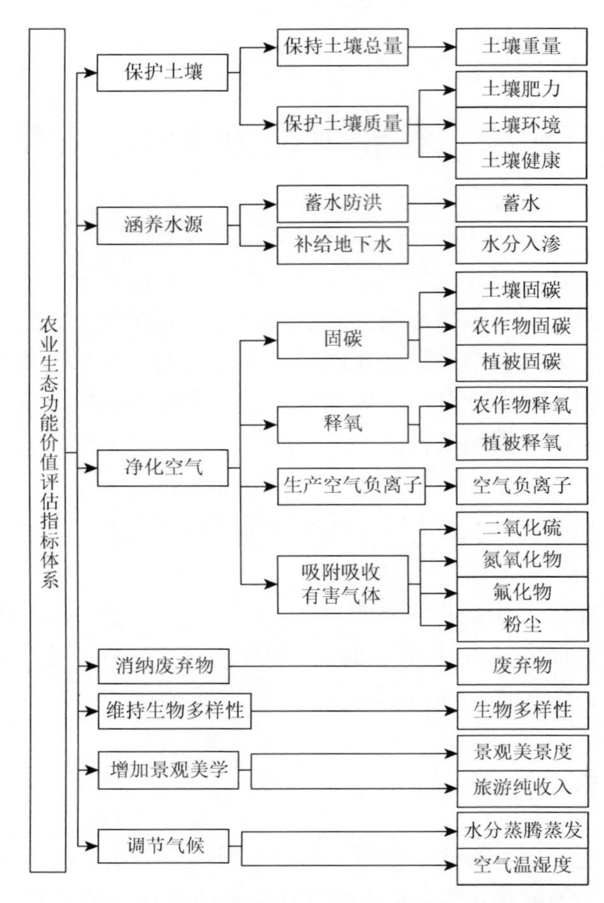

图 5-1　农业生态功能价值评估指标体系框架图

表 5-1　农业生态功能价值评估指标体系

生态功能		评估指标	监测/调查指标
保护土壤	保持土壤总量	土壤重量	潜在土壤侵蚀模数：降雨侵蚀力因子、土壤可蚀性因子、坡长、坡度
			实际土壤侵蚀模数：降雨侵蚀力因子、土壤可蚀性因子、坡长、坡度、地表作物与植被覆盖、水土保持措施
			土壤容重
			农业生产面积
	保护土壤质量	土壤肥力质量	土壤含氮量、土壤含钾量、土壤含磷量、土壤有机质含量等
		土壤环境质量	pH、重金属含量、农药残留量、有机污染物含量等
		土壤健康质量	土壤有机质含量、土壤微生物、土壤微量元素含量等
			农业生产面积

续表

生态功能		评估指标	监测/调查指标
涵养水源	蓄水防洪	蓄水量	农田田埂高度、鱼塘堤面高度、农业湿地堤面高度、农业生产平均淹水深度
			农业生产面积
	补给地下水	水分入渗量	土壤水分入渗率、农业灌溉天数或存水天数
			农业生产面积
净化空气	固碳	土壤固碳量	土壤有机质含量、土壤容重
		农作物固碳量	农作物单位面积年经济产量、农作物单位面积年生物产量
		植被固碳量	植被净初级生产力
			农业生产面积
	释氧	农作物释氧量	农作物单位面积年经济产量、农作物单位面积年生物产量
		植被释氧量	植被净初级生产力
			农业生产面积
	吸附吸收有害气体	农作物植被吸收二氧化硫量	农作物植被吸收二氧化硫通量
		农作物植被吸收氮氧化物量	农作物植被吸收氮氧化物通量
		农作物植被吸收氟化物量	农作物植被吸收氟化物通量
		农作物植被吸附粉尘量	农作物植被吸附粉尘通量
			农业生产面积
	生产空气负离子	空气负离子个数	农区空气负离子浓度、农业生产周期、农作物高度
			农业生产面积
消纳废弃物		废弃物消纳量	农业单位面积废弃物（人畜粪污、生活垃圾、油酸碱等）消纳量
			农业生产面积
维持生物多样性		生物多样性指数	野生动物丰富度、野生维管束植物丰富度、生态系统类型多样性、物种特有性、受威胁物种的丰富度、外来物种入侵度
		单位面积维持生物多样性服务价值当量	农作物单位面积年经济产量、年播种面积、农产品市场价格、净利润
			农业生产面积
增加景观美学		景观美景度	作物植被种类、色彩组成、景观格局、斑块集聚、地形地貌、城市距离、交通通达
		旅游纯收入	游客人数、人均支出
		单位面积增加景观美学服务价值当量	农作物单位面积年经济产量、年播种面积、农产品市场价格、净利润
			农业生产面积
调节气候		水分蒸腾蒸发量	农作物植被与水体水分蒸腾蒸发量
		空气温湿度	空气温湿度
			农业生产面积

表 5-2　农业生态功能价值评估方法

生态功能		技术方法	参考公式
保护土壤	保持土壤总量	生产率变动法、影子工程法、当量因子法	式（5-1）～式（5-4）
	保护土壤质量	生产率变动法、替代价格法、当量因子法	式（5-5）和式（5-6）
涵养水源	蓄水防洪	生产率变动法、影子工程法	式（5-7）和式（5-8）
	补给地下水	生产率变动法、当量因子法	式（5-9）和式（5-10）
净化空气	固碳	造林成本法、碳税法、当量因子法	式（5-11）～式（5-16）
	释氧	造林成本法、工业制氧法、当量因子法	式（5-17）～式（5-21）
	吸附吸收有害气体	剂量-反应法、生产率变动法	式（5-22）～式（5-27）
	生产空气负离子	生产率变动法、替代价格法	式（5-28）和式（5-29）
消纳废弃物		替代成本法、当量因子法	式（5-30）和式（5-31）
维持生物多样性		机会成本法、替代成本法、当量因子法	式（5-32）和式（5-33）
增加景观美学		旅行费用法、条件价值法、当量因子法	式（5-34）和式（5-35）
调节气候		生产率变动法、替代工程法、当量因子法	式（5-36）和式（5-37）

具体评估工作，重点分为三步：首先，分别对农业保护土壤、涵养水源、净化空气、消纳废弃物、增加景观美学、维持生物多样性、调节气候等具体单项生态功能，逐一估算其经济价值。然后，汇总得出农业生态功能的总经济价值，并开展分析评价。最后，开展农业生态功能价值与农业行业产值、国内生产总值、农民人均可支配收入等的比较研究，明确其在农业生产、国民经济社会发展中的地位与作用。

5.2　保护土壤价值

随着经济社会的快速发展和城镇化进程的不断加速，土地资源的稀缺性日益凸显，其市场价格也愈发高涨。农业用地短缺、农业生产被“围追堵截”等现象不容回避，成为粮食安全和农业可持续发展的潜在风险因素，迫切需要解决。这也说明，即使不开展农业生产，土地也不会被长期闲置或废弃。

因此，本书估算农业保护土壤功能的价值，主要从保持土壤总量价值、保护土壤质量价值两个方面分别开展，再求和得出其总经济价值。

5.2.1　保持土壤总量价值

农业保持土壤总量，是指由于农业生产中农作物、植被及枯枝落叶等的覆盖，以及水土保持措施的实施等，能够有效减少土地裸露、减缓雨水冲刷、地表径流、风蚀等，从而减少土壤流失，保持土壤总量。

1）实物量估算

运用通用土壤流失方程估算农业保持土壤总量的实物量，即估算潜在土壤侵蚀量与实际土壤侵蚀量的差值，如式（5-1）～式（5-3）所示：

$$M_{保持土壤总量} = (A_p - A_r) \times A' \quad (5\text{-}1)$$

$$A_p = R \times K \times L \times S \quad (5\text{-}2)$$

$$A_r = R \times K \times L \times S \times C \times T \quad (5\text{-}3)$$

式中，$M_{保持土壤总量}$为农业保持土壤总量的实物量，t/a；A_p为潜在土壤侵蚀模数，即无农作物、植被及落叶覆盖和水土保持措施情况下的土壤侵蚀模数，$t/(hm^2 \cdot a)$；A_r为实际土壤侵蚀模数，即有农作物、植被及落叶覆盖和水土保持措施情况下的土壤侵蚀模数，$t/(hm^2 \cdot a)$；A'为农业生产面积，hm^2；R为降雨侵蚀力因子，$MJ \cdot mm/(hm^2 \cdot h \cdot a)$；$K$为土壤可蚀性因子，$t \cdot hm^2 \cdot h/(hm^2 \cdot MJ \cdot mm)$；$L$为坡长；$S$为坡度；$C$为地表作物、植被覆盖因子；$T$为水土保持措施因子。

数据来源：耕地、果园、草地等农业生产面积数据来源于《中国农村统计年鉴》（2018）；潜在土壤侵蚀量、实际土壤侵蚀量等计算过程复杂，与区域自然地理特征、生态类型、土壤类型、气候气象、水土保持措施等众多因素密切相关，即使是在一个较小区域内，不同农业生态类型的潜在/实际侵蚀模数也不相同，因此获取全国不同地区不同类型的耕地、果园、草地潜在土壤侵蚀量和实际土壤侵蚀量数据难度极大，本书采取成果参照法，参考已有相关研究成果，其中北京、山西、内蒙古、辽宁、黑龙江、湖南、海南、重庆、四川、陕西、甘肃、青海等省（自治区、直辖市）土壤保持强度数据分别参考唐秀美等（2018）、宁婷等（2019）、蒋欣阳等（2018）、吕久俊（2019）、蒋春丽等（2015）、周镕基等（2017）、于博威等（2016）、田宇等（2020）、饶恩明和肖燚（2018）、邱春霞等（2018）、陈童尧（2019）、孙发平和曾贤刚（2008）的研究成果，吉林、江苏、安徽、江西、山东、河南、广东、广西、贵州、云南、西藏、宁夏、新疆等省（自治区）土壤侵蚀数据分别参考王让虎（2017）、唐鹏（2017）、《安徽省 2017 年水土保持监测点监测数据通报》、周夏飞等（2018）、《山东省 2017 年水土保持公报》、朱恒槺和李虎星（2019）、Gao 等（2017）、魏梦瑶等（2020）、陈美淇等（2017）、丁剑宏等（2018）、迷玛次仁等（2012）、王立明等（2019）、《新疆维吾尔自治区 2017 年水土保持公报》等研究成果。

考虑渔业水域、农业湿地保持土壤机理的复杂性和数据的不易获取，本书以耕地、果园、草地为对象，估算 2017 年全国[①]农业保持土壤总量实物量，结果为 3763965.14 万 t，如表 5-3 所示。

表 5-3　2017 年全国农业保持土壤总量实物量　　（单位：万 t）

地区	合计	耕地	果园	草地
全国	3763965.14	1099297.93	324712.94	2339954.27
北京	2290.24	627.74	1660.00	2.50
天津	1463.70	1078.90	384.80	0
河北	48067.39	31417.84	11236.05	5413.50
山西	142680.41	124392.81	16885.34	1402.26
内蒙古	536329.17	92934.24	1247.91	442147.02
辽宁	1155.20	585.95	568.38	0.87
吉林	84681.33	80688.82	870.47	3122.04
黑龙江	509.12	430.78	15.89	62.45
上海	319.82	80.57	239.25	0
江苏	24187.13	19983.07	4202.65	1.41
浙江	15610.55	7218.52	8387.65	4.38
安徽	46281.60	41108.39	5165.76	7.45
福建	12098.39	2360.03	9734.55	3.81
江西	7908.83	5136.85	2765.94	6.04
山东	45270.45	34563.19	10622.36	84.90
河南	42781.98	39756.53	3021.20	4.25
湖北	28974.76	23574.12	5378.24	22.40
湖南	9313.99	5310.00	3922.31	81.68
广东	26693.09	10635.84	16017.86	39.39
广西	52147.85	35912.96	16156.99	77.90
海南	85511.35	22508.64	61710.62	1292.09
重庆	169742.70	138634.25	26634.89	4473.56
四川	421320.55	122450.07	46496.16	252374.32
贵州	40810.83	37554.93	2210.65	1045.25
云南	88359.65	63961.30	22377.98	2020.37

① 如无特殊说明，本书估算的全国农业生态功能价值，均未包括香港特别行政区、澳门特别行政区和台湾省。

续表

地区	合计	耕地	果园	草地
西藏	772852.94	1472.99	16.37	771363.58
陕西	195488.94	52823.27	28865.45	113800.22
甘肃	229858.64	86254.39	9423.67	134180.58
青海	140784.67	1678.04	27.64	139078.99
宁夏	31675.58	11531.74	673.52	19470.32
新疆	458794.29	2631.16	7792.39	448370.74

2）价值量估算

采用生产率变动法、影子工程法等方法，估算农业保持土壤总量功能的价值，即用农业保持土壤总量的实物量乘以单位取土的费用视为该功能的价值量，如式（5-4）所示：

$$V_{保持土壤总量} = M_{保持土壤总量} \times P_{土} / \rho_{土} \tag{5-4}$$

式中，$V_{保持土壤总量}$为农业保持土壤总量的价值量，元/a；$M_{保持土壤总量}$为农业保持土壤总量的实物量，t/a；$P_{土}$为挖取单位体积的土方所需的费用，元/m^3，取值 15 元/m^3；$\rho_{土}$为土壤容重，t/m^3，参考《国家耕地质量长期定位监测评价报告（2018 年度）》数据。

基于上述方法和数据，估算 2017 年全国农业保持土壤总量价值量，结果为 4459.79 亿元，如表 5-4 所示。

表 5-4　2017 年全国农业保持土壤总量价值量　（单位：亿元）

地区	合计	耕地	果园	草地
全国	4459.79	1279.71	385.17	2794.91
北京	2.58	0.71	1.87	0.0028
天津	1.65	1.22	0.43	0
河北	54.21	35.43	12.67	6.11
山西	160.91	140.29	19.04	1.58
内蒙古	566.79	104.81	1.41	460.57
辽宁	1.30	0.66	0.64	0.001
吉林	95.50	91.00	0.98	3.52
黑龙江	0.58	0.49	0.02	0.070
上海	0.39	0.10	0.29	0
江苏	29.50	24.37	5.13	0.002

续表

地区	合计	耕地	果园	草地
浙江	19.04	8.80	10.23	0.005
安徽	56.44	50.13	6.30	0.009
福建	14.76	2.88	11.87	0.005
江西	9.64	6.26	3.37	0.007
山东	51.06	38.98	11.98	0.096
河南	48.26	44.84	3.41	0.005
湖北	35.34	28.75	6.56	0.027
湖南	11.36	6.48	4.78	0.100
广东	32.55	12.97	19.53	0.048
广西	63.60	43.80	19.70	0.095
海南	104.29	27.45	75.26	1.58
重庆	207.01	169.07	32.48	5.46
四川	513.80	149.33	56.70	307.77
贵州	46.03	42.36	2.49	1.18
云南	99.66	72.14	25.24	2.28
西藏	871.64	1.66	0.02	869.96
陕西	220.49	59.58	32.56	128.35
甘肃	259.24	97.28	10.63	151.33
青海	168.81	1.89	0.03	166.89
宁夏	35.73	13.01	0.76	21.96
新疆	677.66	2.97	8.79	665.90

5.2.2 保护土壤质量价值

土壤质量是一个综合性、系统性概念，一般是指土壤在生态系统中保持生物的生产力、维持环境质量、促进动植物健康的能力，主要包括土壤肥力质量（即土壤提供植物养分和生产生物物质的能力）、土壤环境质量（即土壤容纳、吸收和降解各种环境污染物的能力）和土壤健康质量（即土壤影响或促进人类和动植物健康的能力）三个要素。

鉴于土壤质量涉及因素较多、分析评价复杂，以及相关数据获得难度较大，本书暂以土壤肥力（具体为土壤氮、磷、钾及有机质含量）为主要因子来表征土壤质量。当然，此举也导致农业保护土壤质量功能的实物量和价值量均偏低。

1）实物量估算

运用土壤流失方程估算农业保护土壤质量的实物量，即估算无农业生产（无农作物、植物覆盖和水土保持措施情况）与有农业生产（有农作物、植物覆盖和水土保持措施情况）时的土壤氮（N）、磷（P）、钾（K）和有机质等养分的流失量，如式（5-5）所示：

$$M_{保持土壤肥力} = M_{保持土壤总量} \times (C_N + C_P + C_K + C_{有机质}) \tag{5-5}$$

式中，$M_{保持土壤肥力}$为农业保持土壤肥力的实物量，t/a；$M_{保持土壤总量}$为农业保持土壤总量的实物量，t/a，计算公式如（5-1）所示；C_N为土壤含氮量，%；C_P为土壤含磷量，%；C_K为土壤含钾量，%；$C_{有机质}$为土壤中有机质含量，%。

数据来源：耕地、果园、草地等土壤中氮、磷、钾、有机质含量数据，参考《国家耕地质量长期定位监测评价报告（2018年度）》及相关研究成果。

通过估算，可得2017年全国农业保护土壤质量（肥力）实物量，结果为107076.28万t，如表5-5所示。

表5-5　2017年全国农业保护土壤质量（肥力）实物量　（单位：万t）

地区	合计	耕地	果园	草地
全国	107076.28	42390.73	14001.93	50683.62
北京	46.92	12.86	34.01	0.05
天津	29.99	22.11	7.88	0
河北	984.89	643.75	230.22	110.92
山西	2483.26	2164.97	293.88	24.41
内蒙古	9793.54	1697.01	22.79	8073.74
辽宁	38.42	19.49	18.90	0.03
吉林	2816.26	2683.48	28.95	103.83
黑龙江	16.94	14.33	0.53	2.08
上海	10.41	2.62	7.79	0
江苏	787.11	650.30	136.76	0.05
浙江	508.00	234.91	272.95	0.14
安徽	948.30	842.30	105.85	0.15
福建	393.71	76.80	316.79	0.12
江西	257.38	167.17	90.01	0.20
山东	927.58	708.19	217.65	1.74

续表

地区	合计	耕地	果园	草地
河南	876.59	814.60	61.90	0.09
湖北	942.91	767.16	175.02	0.73
湖南	303.10	172.80	127.64	2.66
广东	868.66	346.12	521.26	1.28
广西	1697.02	1168.69	525.79	2.54
海南	2490.92	655.67	1797.61	37.64
重庆	4847.07	3958.76	760.57	127.74
四川	12030.98	3496.61	1327.72	7206.65
贵州	1165.38	1072.40	63.13	29.85
云南	23835.50	17253.91	6036.58	545.01
西藏	18392.98	35.06	0.39	18357.53
陕西	3402.34	919.35	502.38	1980.61
甘肃	4000.53	1501.20	164.01	2335.32
青海	3350.51	39.94	0.66	3309.91
宁夏	551.29	200.70	11.72	338.87
新疆	8277.79	47.47	140.59	8089.73

2）价值量估算

采用生产率变动法、替代价格法等方法，估算农业保持土壤肥力功能的价值，即用农业保持土壤肥力的实物量乘以单位肥料或有机质价格，视为该功能的价值量，如式（5-6）所示：

$$V_{保持土壤肥力}=M_{保持土壤总量}\times(C_{N}\times P_{N}/F_{N}+C_{P}\times P_{P}/F_{P}+C_{K}\times P_{K}/F_{K}+C_{有机质}\times P_{有机质}) \tag{5-6}$$

式中，$V_{保持土壤肥力}$为农业保持土壤肥力的价值量，元/a；$M_{保持土壤总量}$为农业保持土壤总量的实物量，t/a；C_{N}为土壤含氮量，%；P_{N}为磷酸二胺化肥价格，元/t；F_{N}为磷酸二胺化肥含氮量，%；C_{P}为土壤含磷量，%；P_{P}为磷酸二胺化肥价格（等同P_{N}），元/t；F_{P}为磷酸二胺化肥含磷量，%；C_{K}为土壤含钾量，%；P_{K}为氯化钾化肥价格，元/t；F_{K}为氯化钾化肥含钾量，%；$C_{有机质}$为土壤有机质含量，%；$P_{有机质}$为有机质价格，元/t。

基于上述方法和数据，估算2017年全国农业保护土壤质量（肥力）价值量，结果为13884.86亿元，如表5-6所示。

表 5-6　2017 年全国农业保护土壤质量（肥力）价值量　（单位：亿元）

地区	合计	耕地	果园	草地
全国	13884.86	4615.85	1483.40	7785.61
北京	7.10	1.95	5.14	0.01
天津	4.53	3.34	1.19	0
河北	148.94	97.35	34.82	16.77
山西	375.54	327.41	44.44	3.69
内蒙古	1414.32	245.07	3.29	1165.96
辽宁	5.14	2.61	2.53	0.00
吉林	377.35	359.56	3.88	13.91
黑龙江	2.27	1.92	0.07	0.28
上海	1.50	0.38	1.12	0
江苏	113.10	93.44	19.65	0.01
浙江	72.99	33.75	39.22	0.02
安徽	143.41	127.38	16.01	0.02
福建	56.58	11.04	45.52	0.02
江西	36.98	24.02	12.93	0.03
山东	140.27	107.10	32.91	0.26
河南	132.56	123.19	9.36	0.01
湖北	135.48	110.23	25.15	0.10
湖南	43.55	24.83	18.34	0.38
广东	124.81	49.73	74.90	0.18
广西	243.83	167.92	75.55	0.36
海南	341.92	90.00	246.75	5.17
重庆	703.93	574.92	110.46	18.55
四川	1747.23	507.80	192.82	1046.61
贵州	169.24	155.74	9.17	4.33
云南	1325.49	959.49	335.69	30.31
西藏	3087.82	5.89	0.07	3081.86
陕西	514.55	139.04	75.98	299.53
甘肃	605.01	227.03	24.80	353.18
青海	562.48	6.70	0.11	555.67
宁夏	83.37	30.35	1.77	51.25
新疆	1163.57	6.67	19.76	1137.14

5.2.3 小结

综上农业保持土壤总量价值、保护土壤质量价值估算结果，可知 2017 年全国农业保护土壤功能总价值为 18344.66 亿元，如表 5-7 和表 5-8 所示。

表 5-7　2017 年全国农业保护土壤功能价值量（按功能类别分）　（单位：亿元）

地区	合计	保持土壤总量	保护土壤质量
全国	18344.66	4459.79	13884.86
北京	9.68	2.58	7.10
天津	6.18	1.65	4.53
河北	203.15	54.21	148.94
山西	536.45	160.91	375.54
内蒙古	1981.11	566.79	1414.32
辽宁	6.44	1.30	5.14
吉林	472.85	95.50	377.35
黑龙江	2.85	0.58	2.27
上海	1.89	0.39	1.50
江苏	142.60	29.50	113.10
浙江	92.03	19.04	72.99
安徽	199.85	56.44	143.41
福建	71.34	14.76	56.58
江西	46.62	9.64	36.98
山东	191.33	51.06	140.27
河南	180.82	48.26	132.56
湖北	170.82	35.34	135.48
湖南	54.91	11.36	43.55
广东	157.36	32.55	124.81
广西	307.43	63.60	243.83
海南	446.21	104.29	341.92
重庆	910.94	207.01	703.93
四川	2261.03	513.80	1747.23
贵州	215.27	46.03	169.24
云南	1425.15	99.66	1325.49
西藏	3959.46	871.64	3087.82
陕西	735.04	220.49	514.55
甘肃	864.25	259.24	605.01

续表

地区	合计	保持土壤总量	保护土壤质量
青海	731.29	168.81	562.48
宁夏	119.10	35.73	83.37
新疆	1841.23	677.66	1163.57

表 5-8　2017 年全国农业保护土壤功能价值量（按生态类型分）（单位：亿元）

地区	合计	耕地	果园	草地
全国	18344.66	5895.54	1868.59	10580.53
北京	9.68	2.65	7.02	0.01
天津	6.19	4.56	1.63	0
河北	203.15	132.78	47.49	22.88
山西	536.47	467.71	63.49	5.27
内蒙古	1981.12	349.89	4.70	1626.53
辽宁	6.44	3.27	3.17	0.00
吉林	472.85	450.56	4.86	17.43
黑龙江	2.85	2.41	0.09	0.35
上海	1.88	0.47	1.41	0
江苏	142.60	117.81	24.78	0.01
浙江	92.04	42.56	49.45	0.03
安徽	199.85	177.51	22.31	0.03
福建	71.32	13.91	57.39	0.02
江西	46.63	30.28	16.31	0.04
山东	191.33	146.08	44.89	0.36
河南	180.82	168.03	12.77	0.02
湖北	170.82	138.98	31.71	0.13
湖南	54.90	31.30	23.12	0.48
广东	157.36	62.70	94.43	0.23
广西	307.43	211.72	95.25	0.46
海南	446.20	117.45	322.01	6.74
重庆	910.94	743.99	142.94	24.01
四川	2261.03	657.13	249.52	1354.38
贵州	215.27	198.10	11.66	5.51
云南	1425.14	1031.62	360.93	32.59
西藏	3959.45	7.55	0.08	3951.82

续表

地区	合计	耕地	果园	草地
陕西	735.02	198.61	108.53	427.88
甘肃	864.25	324.31	35.43	504.51
青海	731.30	8.60	0.14	722.56
宁夏	119.10	43.36	2.53	73.21
新疆	1841.23	9.64	28.55	1803.04

从具体功能看，农业保护土壤质量的价值远大于保持土壤总量的价值，达到13884.86亿元，占农业保护土壤总价值的75.7%，可见科学合理的农业生产活动，如农作物覆盖、秸秆还田、土壤改良等方式，可以有效补充土壤养分、增加土壤有机质、提高土壤肥力。

从农业生态类型看，草地保护土壤价值量最大，达到10580.53亿元，占农业保护土壤总价值的57.7%；其次是耕地，价值量为5895.54亿元，占32.1%；最后是果园，价值量为1868.59亿元，占10.2%，这主要与生态类型的面积大小有关。

从地域省份看，西藏、四川、内蒙古、新疆、云南等五个省（自治区）农业保护土壤价值量明显高于其他省（自治区、直辖市），分别达到3959.45亿元、2261.03亿元、1981.12亿元、1841.23亿元、1425.14亿元；而北京、辽宁、天津、黑龙江、上海等五个省（直辖市）农业保护土壤价值量较低，分别仅为9.68亿元、6.44亿元、6.19亿元、2.85亿元和1.88亿元，这既与这些省（自治区、直辖市）耕地、果园、草地面积大小有关，也与当地土壤保护措施、实际效果等有关。

综合来看，在农业保持土壤总量功能价值中，西藏、新疆、内蒙古、四川价值量明显高于其他省（自治区、直辖市），分别达到871.64亿元、677.66亿元、566.79亿元、513.80亿元；上海、黑龙江、辽宁、天津、北京价值量明显较低，分别为0.39亿元、0.58亿元、1.30亿元、1.65亿元和2.58亿元，原因如上所述，这既与该省（自治区、直辖市）耕地、果园、草地面积大小有关，也与该省（自治区、直辖市）土壤保护措施、实际效果等有关。在农业保护土壤质量功能价值中，西藏、四川、内蒙古、云南、新疆价值量明显较高，分别达到3087.82亿元、1747.23亿元、1414.32亿元、1325.49亿元、1163.57亿元；上海、黑龙江、天津、辽宁、北京价值量明显较低，分别为1.50亿元、2.27亿元、4.53亿元、5.14亿元和7.10 亿元。在耕地保护土壤功能价值中，云南、重庆、四川、山西、吉林价值量相对较高，分别为1031.62亿元、743.99亿元、657.13亿元、467.71亿元、450.56亿元；上海、黑龙江、北京、辽宁、天津价值量相对较低，分别为0.47亿元、2.41亿元、2.65亿元、3.27亿元、4.56亿元。在果园保护土壤功能价值中，云南、海南、四川、重庆、陕西价值量相对较高，分别为360.93亿元、322.01亿元、249.52亿元、142.94亿元、108.53亿元；西藏、黑龙江、青海、上海、天津价值量相对较低，分别为0.08亿元、0.09亿元、0.14亿元、1.41亿元、1.63亿元。在草地保护土壤功能价值中，西藏、新疆、内蒙古、四川价值量明显高于其他省（自治区、直辖市），分别达到3951.82亿元、1803.04亿元、1626.53亿元、1354.38亿元；上海、天津价值量最低，均为0。

5.3　涵养水源价值

估算农业涵养水源功能的价值，主要从蓄水防洪价值、补给地下水源价值两个方面展开，最后求和得出其总价值。

5.3.1　蓄水防洪价值

蓄水防洪价值，是指农业生产过程中，由于农作物种植、植被覆盖、设置农田田埂和水土保持工程设施、渔业养殖水堤等设施，而在一定情况下实现蓄水、阻流，有效减轻或防范洪水发生的价值。

1）实物量估算

运用影子工程法估算农业蓄水防洪功能的实物量，即将农田、渔业养殖水塘或农业湿地视为一个天然的蓄水池，在保障正常农业生产用水情况下，农田田埂、水土保持工程设施或鱼塘、农业湿地堤面的高度还能够继续容纳蓄积的水量，如式（5-7）所示：

$$M_{蓄水防洪}=(H-h)\times A' \tag{5-7}$$

式中，$M_{蓄水防洪}$为农业蓄水防洪的实物量，m^3；H为农田田埂、水土保持工程设施或鱼塘、农业湿地堤面的高度，cm；h为正常农业生产时的平均淹水深度，cm；A'为农业生产面积，hm^2。

数据来源：水稻、小麦、玉米种植面积，以及果园、草地、渔业水域面积数据来源于《中国农村统计年鉴》（2018）；农业湿地面积数据来源于《中国统计年鉴》（2018），取湿地总面积数值；水稻田埂与淹水水面差值取10cm，小麦、玉米、果园、草地田埂与灌溉或降雨水面差值取5cm，渔业水域堤面与水面差值取50cm，农业湿地堤面与水面差值取30cm。

以耕地、果园、草地、渔业水域、农业湿地为对象，其中耕地以水稻、小麦、玉米三种主要作物为代表，估算2017年全国农业蓄水防洪实物量，结果为39384857万m^3，如表5-9所示。

表 5-9　2017 年全国农业蓄水防洪实物量　　（单位：万 m^3）

地区	合计	耕地	果园	草地	渔业水域	农业湿地
全国	39384857	7957415	710720	10966025	3724517	16026180
北京	25609	3065	6640	10	1464	14430
天津	126917.5	20085	1480	0	16672.5	88680
河北	728102	307125	41615	20050	76742	282570
山西	191409	118490	20290	1685	5374	45570
内蒙古	4587742.5	237840	2820	2475350	68552.5	1803180
辽宁	1090025	208685	23390	160	439350	418440
吉林	771158.5	331440	3290	11800	125348.5	299280
黑龙江	2681868.5	890565	2230	54745	191338.5	1542990
上海	164830.5	16815	825	0	7810.5	139380
江苏	1661235.5	483455	14860	5	316075.5	846840
浙江	599644	100885	28715	15	136999	333030
安徽	1158388.5	589910	17325	25	238588.5	312540
福建	516240.5	95640	38325	15	120960.5	261300
江西	1023707	528215	16035	35	206392	273030
山东	1394583	420535	35715	290	416793	521250
河南	850285	577925	10665	15	73310	188370
湖北	1309012.5	452615	24010	100	398787.5	433500
湖南	1203494	655510	32655	680	208739	305910
广东	1102980.5	276885	63035	155	236885.5	526020
广西	671528	299970	54025	260	90983	226290
海南	210365.5	37005	45850	960	30550.5	96000
重庆	241787	122705	13545	2275	41102	62160
四川	1609777.5	407065	36345	547830	94197.5	524340
贵州	255408.5	163195	8105	3610	17588.5	62910
云南	540521.5	235965	81410	7350	46746.5	169050
西藏	5495272	2345	75	3534150	2	1958700
陕西	387130	123840	40820	108470	21450	92550
甘肃	911115	90975	12790	295930	3250	508170
青海	4498375	6565	300	2039730	8700	2443080
宁夏	190428.5	33635	2500	74585	17548.5	62160
新疆	3185915.5	118465	31035	1785740	66215.5	1184460

2）价值量估算

采用影子工程法、生产率变动法等估算农业蓄水防洪功能的价值量，将农业生产在调控一定容量的洪水下相对于同等容量水库的建设与维护成本视为该功能的经济价值，即用农业蓄水防洪功能的实物量乘以水库建设与维护成本，如式（5-8）所示：

$$V_{蓄水防洪} = M_{蓄水防洪} \times C_{水库} \tag{5-8}$$

式中，$V_{蓄水防洪}$为蓄水防洪的价值量，元；$M_{蓄水防洪}$为农业蓄水防洪的实物量，m^3；$C_{水库}$为水库平均蓄水成本，元/m^3，取值 8 元/m^3。

基于上述方法和数据，估算 2017 年全国农业蓄水防洪功能价值量，结果为 31507.85 亿元，如表 5-10 所示。

表 5-10　2017 年全国农业蓄水防洪价值量　　（单位：亿元）

地区	合计	耕地	果园	草地	渔业水域	农业湿地
全国	31507.85	6365.92	568.58	8772.81	2979.61	12820.93
北京	20.47	2.45	5.30	0.01	1.17	11.54
天津	101.54	16.07	1.19	0.00	13.34	70.94
河北	582.48	245.70	33.29	16.04	61.39	226.06
山西	153.12	94.79	16.22	1.35	4.30	36.46
内蒙古	3670.19	190.27	2.26	1980.28	54.84	1442.54
辽宁	872.02	166.95	18.71	0.13	351.48	334.75
吉林	616.91	265.15	2.62	9.44	100.28	239.42
黑龙江	2145.49	712.45	1.78	43.80	153.07	1234.39
上海	131.85	13.45	0.65	0.00	6.25	111.50
江苏	1328.98	386.76	11.89	0.00	252.86	677.47
浙江	479.71	80.71	22.97	0.01	109.60	266.42
安徽	926.71	471.93	13.86	0.02	190.87	250.03
福建	412.99	76.51	30.66	0.01	96.77	209.04
江西	818.96	422.57	12.83	0.03	165.11	218.42
山东	1115.66	336.43	28.57	0.23	333.43	417.00
河南	680.23	462.34	8.53	0.01	58.65	150.70
湖北	1047.20	362.09	19.20	0.08	319.03	346.80
湖南	962.79	524.41	26.12	0.54	166.99	244.73
广东	882.41	221.51	50.45	0.12	189.51	420.82

续表

地区	合计	耕地	果园	草地	渔业水域	农业湿地
广西	537.25	239.98	43.24	0.21	72.79	181.03
海南	168.29	29.60	36.68	0.77	24.44	76.80
重庆	193.43	98.16	10.84	1.82	32.88	49.73
四川	1287.82	325.65	29.08	438.26	75.36	419.47
贵州	204.33	130.56	6.48	2.89	14.07	50.33
云南	432.41	188.77	65.12	5.88	37.40	135.24
西藏	4396.23	1.88	0.07	2827.32	0.00	1566.96
陕西	309.71	99.07	32.66	86.78	17.16	74.04
甘肃	728.89	72.78	10.23	236.74	2.60	406.54
青海	3598.69	5.25	0.24	1631.78	6.96	1954.46
宁夏	152.36	26.91	2.01	59.67	14.04	49.73
新疆	2548.73	94.77	24.83	1428.59	52.97	947.57

5.3.2 补给地下水源价值

补给地下水源价值，是指农业由于蓄水作用，通过农作物、植被与土壤等的吸收、渗透，使部分地表水渗入地下而补给地下水源的价值。

1）实物量估算

运用实地调查、试验和资料查阅等方法估算农业补给地下水源功能的实物量，即通过获取土壤入渗情况、农业生产用水天数和农业生产面积等数据信息估算农业用水入渗（补给地下水）的量，如式（5-9）所示：

$$M_{补地下水} = I_{入} \times D \times A_1 \tag{5-9}$$

式中，$M_{补地下水}$为农业补给地下水源的实物量，m^3；$I_{入}$为土壤入渗率，cm/d；D为灌溉天数或降水天数、渔业水域与农业湿地存水天数，d；A_1为农业灌溉面积或农业受雨面积、渔业水域、农业湿地面积，hm^2。

数据来源：水稻种植面积、渔业水域面积数据来源于《中国农村统计年鉴》（2018）；农业湿地面积数据来源于《中国统计年鉴》（2018），取湿地总面积数值；水稻田、渔业水域、农业湿地土壤水分入渗率，参考相关研究成果，取值0.6cm/d；水稻田灌溉天数取值100d（单季稻）或133d（双季稻），渔业水域、农业湿地存水天数取值200d。

以耕地、渔业水域、农业湿地为对象，其中耕地以水稻为代表，估算 2017 年全国农业补给地下水源实物量，结果为 9634.51 亿 m^3，如表 5-11 所示。

表 5-11　2017 年全国农业补给地下水源实物量　（单位：亿 m^3）

地区	合计	耕地	渔业水域	农业湿地
全国	9634.51	2330.18	893.86	6410.47
北京	6.13	0.01	0.35	5.77
天津	41.30	1.83	4.00	35.47
河北	135.95	4.50	18.42	113.03
山西	19.57	0.05	1.29	18.23
内蒙古	745.05	7.33	16.45	721.27
辽宁	302.38	29.56	105.44	167.38
吉林	199.04	49.25	30.08	119.71
黑龙江	900.05	236.93	45.92	617.20
上海	65.95	8.33	1.87	55.75
江苏	593.62	179.02	75.86	338.74
浙江	215.75	49.66	32.88	133.21
安徽	390.69	208.41	57.26	125.02
福建	183.84	50.29	29.03	104.52
江西	439.12	280.38	49.53	109.21
山东	315.06	6.53	100.03	208.50
河南	129.84	36.90	17.59	75.35
湖北	458.56	189.45	95.71	173.40
湖南	511.56	339.10	50.10	122.36
广东	411.69	144.43	56.85	210.41
广西	256.50	144.14	21.84	90.52
海南	65.47	19.74	7.33	38.40
重庆	87.43	52.71	9.86	24.86
四川	382.34	149.99	22.61	209.74
贵州	85.42	56.04	4.22	25.16
云南	148.49	69.65	11.22	67.62
西藏	783.53	0.05	0.00	783.48
陕西	48.51	6.34	5.15	37.02
甘肃	204.29	0.24	0.78	203.27
青海	979.32	0.00	2.09	977.23
宁夏	33.94	4.87	4.21	24.86
新疆	494.12	4.45	15.89	473.78

2）价值量估算

采用生产率变动法等估算农业补给地下水源功能的价值量，即用入渗水资源的总量乘以水的市场价格视为该功能的经济价值，如式（5-10）所示：

$$V_{补地下水} = M_{补地下水} \times P_{水} \tag{5-10}$$

式中，$V_{补地下水}$ 为补给地下水源的价值量，元；$M_{补地下水}$ 为农业补给地下水源的实物量，m^3；$P_{水}$ 为农业用水价格，元/m^3，取值 0.5 元/m^3。

基于上述方法和数据，估算 2017 年全国农业补给地下水源功能价值量，结果为 4817.30 亿元，如表 5-12 所示。

表 5-12　2017 年全国农业补给地下水源功能价值量　（单位：亿元）

地区	合计	耕地	渔业水域	农业湿地
全国	4817.30	1165.09	446.96	3205.25
北京	3.07	0.00	0.18	2.89
天津	20.66	0.92	2.00	17.74
河北	67.97	2.25	9.21	56.51
山西	9.77	0.02	0.64	9.11
内蒙古	372.54	3.67	8.23	360.64
辽宁	151.19	14.78	52.72	83.69
吉林	99.52	24.62	15.04	59.86
黑龙江	450.03	118.47	22.96	308.60
上海	32.98	4.16	0.94	27.88
江苏	296.81	89.51	37.93	169.37
浙江	107.88	24.83	16.44	66.61
安徽	195.34	104.20	28.63	62.51
福建	91.92	25.14	14.52	52.26
江西	219.57	140.19	24.77	54.61
山东	157.54	3.27	50.02	104.25
河南	64.92	18.45	8.80	37.67
湖北	229.27	94.72	47.85	86.70
湖南	255.78	169.55	25.05	61.18
广东	205.85	72.22	28.43	105.20
广西	128.25	72.07	10.92	45.26
海南	32.74	9.87	3.67	19.20
重庆	43.72	26.36	4.93	12.43

续表

地区	合计	耕地	渔业水域	农业湿地
四川	191.17	75.00	11.30	104.87
贵州	42.71	28.02	2.11	12.58
云南	74.24	34.82	5.61	33.81
西藏	391.77	0.03	0.00	391.74
陕西	24.25	3.17	2.57	18.51
甘肃	102.14	0.12	0.39	101.63
青海	489.66	0.00	1.04	488.62
宁夏	16.97	2.43	2.11	12.43
新疆	247.07	2.23	7.95	236.89

5.3.3　小结

根据农业蓄水防洪价值、补给地下水源价值估算结果，可知 2017 年全国农业涵养水源功能总价值为 36325.14 亿元，如表 5-13 和表 5-14 所示。

从具体功能看，农业蓄水防洪的价值量大于补给地下水价值量，达到 31507.85 亿元，占农业涵养水源总价值量的 86.74%，可见，辽阔的耕地、果园、草地、渔业水域、农业湿地等农业生态系统是一个天然的蓄水池，在降水、洪水发生时，可变成一个天然水库，蓄水防洪、减少灾害。同时，农业生产过程中由于灌溉、储水等，还可以补给地下水源，促进水分循环。

从农业生态类型看，农业湿地涵养水源功能价值量最大，达到 16026.18 亿元，占农业涵养水源功能总价值量的 44.12%；其次是草地，价值量达到 8772.81 亿元，占 24.15%；再次是耕地，价值量为 7531.04 亿元，占 20.73%；然后是渔业水域，价值量为 3426.53 亿元，占 9.43%；最后是果园，价值量为 568.58 亿元，占 1.57%。这既与不同农业生态类型的面积大小有关，也与不同农业生态类型的涵养水源功能强弱有关，如农业湿地被称为“地球之肾”，涵养水源功能最为突出，既可以蓄水防洪，又能补给地下水源，更为重要的是其还可以作为一个天然过滤器，净化水质、消纳污染物，只是本章没有具体分析其净化水质的功能价值，而是对消纳污染物功能进行重点分析。

从地域看，西藏、青海、内蒙古三个省（自治区）农业涵养水源功能价值量明显高于其他省（自治区、直辖市），分别达到 4787.99 亿元、4088.35 亿元、4042.73 亿元；而北京、天津价值量明显较低，分别为 23.55 亿元和 122.19 亿元，这主要与该省（自治区、直辖市）耕地、果园、草地、渔业水源和农业湿地等不同农业生态类型的面积大小有关。

综合来看，在农业蓄水防洪功能价值中，西藏、内蒙古、青海价值量明显较高，分别达到 4396.23 亿元、3670.19 亿元、3598.69 亿元；北京、天津、上海价值量则较低，分别为 20.47 亿元、101.53 亿元和 131.85 亿元。在农业补给地下水功能价值中，青海、黑龙江、西藏、内蒙古价值量相对较高，分别为 489.66 亿元、450.03 亿元、391.77 亿元、372.54 亿元；北京、山西、宁夏价值量相对较低，分别为 3.07 亿元、9.77 亿元、16.97 亿元。在耕地涵养水源功能价值中，黑龙江、湖南、安徽、江西价值量相对较高，分别达到 830.92 亿元、693.96 亿元、576.13 亿元、562.76 亿元；西藏、北京、青海价值量则相对较低，分别为 1.90 亿元、2.46 亿元、5.25 亿元，这主要与该省（自治区、直辖市）水稻、小麦、玉米种植面积大小有关，并且在估算耕地涵养水源功能价值时，其中的补给地下水价值又仅以水稻为对象进行研究估算，这就更加使水稻种植面积差异而进一步导致不同省（自治区、直辖市）耕地涵养水源的价值量拉开差距。在果园涵养水源功能价值中，云南、广东、广西、海南价值量相对较高，分别为 65.12 亿元、50.45 亿元、43.24 亿元、36.68 亿元；西藏、青海、上海价值量相对较低，分别为 0.07 亿元、0.24 亿元、0.65 亿元，这主要与该省（自治区、直辖市）果园面积大小有关。在草地涵养水源功能价值中，西藏、内蒙古、青海、新疆价值量明显高于其他省（自治区、直辖市），分别达到 2827.32 亿元、1980.28 亿元、1631.78 亿元、1428.59 亿元；上海、天津、江苏价值量最低，均为 0，这主要与该省（自治区、直辖市）草地面积大小有关。在渔业水域涵养水源功能价值中，辽宁、山东、湖北、江苏价值量相对较高，分别为 404.20 亿元、383.45 亿元、366.88 亿元、290.79 亿元；西藏、北京、甘肃、山西价值量相对较低，分别为 0、1.35 亿元、2.99 亿元、4.94 亿元，这主要与该省（自治区、直辖市）渔业水域面积大小有关。在农业湿地涵养水源功能价值中，青海、西藏、内蒙古、黑龙江、新疆价值量明显较高，分别达到 2443.08 亿元、1958.70 亿元、1803.18 亿元、1542.99 亿元、1184.46 亿元；北京、山西价值量明显较低，分别为 14.43 亿元、45.57 亿元，这主要与该省（自治区、直辖市）农业湿地面积大小有关。

表 5-13　2017 年全国农业涵养水源功能价值量（按功能类别分）　（单位：亿元）

地区	合计	蓄水防洪	补给地下水
全国	36325.14	31507.85	4817.30
北京	23.55	20.48	3.07
天津	122.19	101.53	20.66

续表

地区	合计	蓄水防洪	补给地下水
河北	650.45	582.48	67.97
山西	162.90	153.12	9.77
内蒙古	4042.73	3670.19	372.54
辽宁	1023.21	872.02	151.19
吉林	716.44	616.91	99.52
黑龙江	2595.52	2145.49	450.03
上海	164.84	131.85	32.98
江苏	1625.79	1328.98	296.81
浙江	587.59	479.71	107.88
安徽	1122.05	926.71	195.34
福建	504.91	412.99	91.92
江西	1038.53	818.96	219.57
山东	1273.20	1115.66	157.54
河南	745.15	680.23	64.92
湖北	1276.48	1047.20	229.27
湖南	1218.57	962.79	255.78
广东	1088.24	882.41	205.85
广西	665.48	537.25	128.25
海南	201.03	168.29	32.74
重庆	237.15	193.43	43.72
四川	1478.99	1287.82	191.17
贵州	247.04	204.33	42.71
云南	506.66	432.41	74.24
西藏	4787.99	4396.23	391.77
陕西	333.96	309.71	24.25
甘肃	831.03	728.89	102.14
青海	4088.35	3598.69	489.66
宁夏	169.32	152.36	16.97
新疆	2795.80	2548.73	247.07

表 5-14　2017 年全国农业涵养水源功能价值量（按生态类型分）（单位：亿元）

地区	合计	耕地	果园	草地	渔业水域	农业湿地
全国	36325.14	7531.04	568.58	8772.81	3426.53	16026.18
北京	23.55	2.46	5.30	0.01	1.35	14.43
天津	122.19	16.98	1.19	0.00	15.34	88.68
河北	650.45	247.95	33.29	16.04	70.60	282.57
山西	162.90	94.82	16.22	1.35	4.94	45.57
内蒙古	4042.73	193.94	2.26	1980.28	63.07	1803.18
辽宁	1023.21	181.73	18.71	0.13	404.20	418.44
吉林	716.44	289.78	2.62	9.44	115.32	299.28
黑龙江	2595.52	830.92	1.78	43.80	176.03	1542.99
上海	164.84	17.62	0.65	0.00	7.19	139.38
江苏	1625.79	476.27	11.89	0.00	290.79	846.84
浙江	587.59	105.54	22.97	0.01	126.04	333.03
安徽	1122.05	576.13	13.86	0.02	219.50	312.54
福建	504.91	101.66	30.66	0.01	111.28	261.30
江西	1038.53	562.76	12.83	0.03	189.88	273.03
山东	1273.20	339.70	28.57	0.23	383.45	521.25
河南	745.15	480.79	8.53	0.01	67.45	188.37
湖北	1276.48	456.82	19.20	0.08	366.88	433.50
湖南	1218.57	693.96	26.12	0.54	192.04	305.91
广东	1088.24	293.72	50.45	0.12	217.93	526.02
广西	665.48	312.04	43.24	0.21	83.70	226.29
海南	201.03	39.47	36.68	0.77	28.11	96.00
重庆	237.15	124.52	10.84	1.82	37.81	62.16
四川	1478.99	400.65	29.08	438.26	86.66	524.34
贵州	247.04	158.58	6.48	2.89	16.18	62.91
云南	506.66	223.60	65.12	5.88	43.01	169.05
西藏	4787.99	1.90	0.07	2827.32	0.00	1958.70
陕西	333.96	102.24	32.66	86.78	19.73	92.55
甘肃	831.03	72.90	10.23	236.74	2.99	508.17
青海	4088.35	5.25	0.24	1631.78	8.00	2443.08
宁夏	169.32	29.34	2.01	59.67	16.14	62.16
新疆	2795.80	97.00	24.83	1428.59	60.92	1184.46

5.4　净化空气价值

估算农业净化空气的功能价值，主要从固碳价值、释氧价值、吸附吸收有害气体价值、生产空气负离子价值四个方面开展，最后求和得出其总价值。

5.4.1　固碳价值

农业固碳价值，是指农业生态系统中的农作物、植被、土壤等，将大气中的 CO_2 等固定在植物体内或土壤中，从而起到固定和减少碳排放的作用。鉴于农业固碳的复杂性、数据的难以获得性等，特别是土壤固碳的复杂性，此处农业固碳价值估算仅从农作物、植被固碳入手。当然，这也不可避免地导致农业固碳功能价值的偏小，因为农业土壤是固碳的重要载体和贡献者。

1）实物量估算

根据植物光合作用原理，结合农业实际产量，估算农业固碳实物量，如式（5-11）～式（5-13）所示：

$$CO_2 + H_2O \longrightarrow (CH_2O) + O_2 \longrightarrow \text{多糖} \quad (5\text{-}11)$$

$$M_{\text{固碳}} = \frac{Q_{\text{产}}}{\S} \times \beta \times R_{\text{碳}} \times A' \quad (5\text{-}12)$$

$$M'_{\text{固碳}} = N_{\text{净初级生产力}} \times \beta \times R_{\text{碳}} \times A' \quad (5\text{-}13)$$

式中，$M_{\text{固碳}}$ 为耕地生态系统每年固碳的实物量，选取水稻、小麦、玉米三种作物进行估算，t/a；$Q_{\text{产}}$ 为农作物单位面积年产量，t/(hm^2·a)；§ 为农作物经济系数，一般而言，水稻在 0.35～0.6（平均为 0.47），小麦在 0.3～0.4（平均为 0.35），玉米在 0.25～0.4（平均为 0.35）；β 为农业生态系统每生产 1g 农作物干物质固定 CO_2 的量，由式（5-11）取值 1.63；$R_{\text{碳}}$ 为 CO_2 中碳的含量，取值 27.27%；A' 为农作物当年种植面积，hm^2；$M'_{\text{固碳}}$ 为果园、草地、农业湿地生态系统每年固碳的实物量，t/a；$N_{\text{净初级生产力}}$ 为果园、草地、农业湿地净初级生产力，t/(hm^2·a)。

数据来源：水稻、小麦、玉米等单位面积产量和种植面积，以及果园、草地面积数据来源于《中国农村统计年鉴》（2018）；农业湿地面积数据来源于《中国统计年鉴》（2018），取湿地总面积数值；果园、草地、农业湿地等净初级生产力计算过程复杂，与区域特征、生态类型、作物种类等密切相关，受生物温度、蒸散量、蒸散率、辐射干燥度等多种因素影响较大，因此获取全国不同地区不同类型的果园、草地、农业湿地净初级生产力数据难度极大，本书采取成果参照法，参考已有相关研究成果，其中果园净初级生产力数据参考田志会等

（2012）研究成果，取值 6.8t/(hm^2·a)，草地净初级生产力数据参考刘洋洋等（2020）研究成果，取值 194.26g C/(m^2·a)，农业湿地净初级生产力数据参考何兴元等（2020）研究成果，取值 355.34g C/(m^2·a)。

考虑渔业水域固碳机理的复杂性和数据的不易获取，本书以耕地、果园、草地和农业湿地为对象，估算 2017 年全国农业固碳实物量，结果为 101748.55 万 t，如表 5-15 所示。

表 5-15　2017 年全国农业固碳实物量　（单位：万 t）

地区	合计	耕地	果园	草地	农业湿地
全国	101748.55	70076.3	4296.45	18938.07	8437.73
北京	97.84	50.08	40.14	0.02	7.60
天津	311.32	255.68	8.95	0.00	46.69
河北	4978.03	4543.06	251.57	34.63	148.77
山西	1687.13	1537.57	122.66	2.91	23.99
内蒙古	8733.73	3492.44	17.05	4274.87	949.37
辽宁	3035.38	2673.39	141.40	0.28	220.31
吉林	4973.82	4775.98	19.89	20.38	157.57
黑龙江	8338.14	7417.74	13.48	94.54	812.38
上海	174.88	96.51	4.99	0.00	73.38
江苏	4374.78	3839.08	89.83	0.01	445.86
浙江	852.27	503.31	173.59	0.03	175.34
安徽	4691.43	4422.11	104.73	0.04	164.55
福建	755.69	386.41	231.68	0.03	137.57
江西	2275.08	2034.33	96.94	0.06	143.75
山东	7125.89	6635.05	215.90	0.50	274.44
河南	8084.23	7920.55	64.47	0.03	99.18
湖北	3191.42	2817.86	145.15	0.17	228.24
湖南	3216.46	2856.82	197.41	1.17	161.06
广东	1717.48	1059.20	381.06	0.27	276.95
广西	1756.25	1310.07	326.59	0.45	119.14
海南	445.94	116.57	277.17	1.66	50.54
重庆	912.29	793.75	81.88	3.93	32.73
四川	4511.51	3069.65	219.71	946.09	276.06
贵州	1125.46	1037.11	49.00	6.23	33.12
云南	2347.37	1753.54	492.14	12.69	89.00
西藏	7167.23	32.14	0.45	6103.39	1031.25
陕西	1775.09	1292.26	246.77	187.33	48.73

续表

地区	合计	耕地	果园	草地	农业湿地
甘肃	1933.62	1077.69	77.32	511.06	267.55
青海	4879.94	69.30	1.81	3522.56	1286.27
宁夏	562.65	386.00	15.11	128.81	32.73
新疆	5716.20	1821.05	187.61	3083.93	623.61

2）价值量估算

采用造林成本法和碳税法，估算农业固碳的价值量，将造林成本法和碳税法估算结果的平均值作为其价值，如式（5-14）～式（5-16）所示：

$$V_{造林} = M_{固碳} \times C_{造林} \tag{5-14}$$

$$V_{碳税} = M_{固碳} \times C_{碳税} \tag{5-15}$$

$$V_{碳} = \frac{V_{造林} \times V_{碳税}}{2} \tag{5-16}$$

式中，$V_{造林}$为造林成本法估算的农业每年固碳价值，元/a；$M_{固碳}$为农业每年固碳的实物量，t/a；$C_{造林}$为造林成本，取值 260.90 元/t C；$V_{碳税}$为碳税法估算的农业每年固碳价值，元/a；$C_{碳税}$为瑞典碳税率，取值 126 美元/t C，以 2017 年美元对人民币汇率 6.75 元计；$V_{碳}$为农业每年固碳的价值，元/a。

基于上述方法和数据，估算 2017 年全国农业固碳价值量，结果为 5654.17 亿元，如表 5-16 所示。

表 5-16　2017 年全国农业固碳价值量　（单位：亿元）

地区	合计	耕地	果园	草地	农业湿地
全国	5654.17	3894.13	238.79	1052.38	468.88
北京	5.43	2.78	2.23	0.001	0.42
天津	17.30	14.21	0.50	0	2.59
河北	276.63	252.46	13.98	1.92	8.27
山西	93.75	85.44	6.82	0.16	1.33
内蒙古	485.33	194.07	0.95	237.55	52.76
辽宁	168.68	148.56	7.86	0.02	12.24
吉林	276.40	265.40	1.11	1.13	8.76
黑龙江	463.34	412.20	0.75	5.25	45.14
上海	9.72	5.36	0.28	0	4.08
江苏	243.11	213.34	4.99	0.0005	24.78

续表

地区	合计	耕地	果园	草地	农业湿地
浙江	47.36	27.97	9.65	0.001	9.74
安徽	260.70	245.74	5.82	0.002	9.14
福建	41.98	21.47	12.87	0.001	7.64
江西	126.43	113.05	5.39	0.003	7.99
山东	395.99	368.71	12.00	0.03	15.25
河南	449.23	440.14	3.58	0.001	5.51
湖北	177.35	156.59	8.07	0.01	12.68
湖南	178.74	158.75	10.97	0.07	8.95
广东	95.44	58.86	21.18	0.01	15.39
广西	97.59	72.80	18.15	0.02	6.62
海南	24.78	6.48	15.40	0.09	2.81
重庆	50.70	44.11	4.55	0.22	1.82
四川	250.70	170.58	12.21	52.57	15.34
贵州	62.54	57.63	2.72	0.35	1.84
云南	130.45	97.44	27.35	0.71	4.95
西藏	398.30	1.79	0.03	339.17	57.31
陕西	98.64	71.81	13.71	10.41	2.71
甘肃	107.46	59.89	4.30	28.40	14.87
青海	271.18	3.85	0.10	195.75	71.48
宁夏	31.27	21.45	0.84	7.16	1.82
新疆	317.65	101.20	10.43	171.37	34.65

5.4.2 释氧价值

农业释氧价值，是指农业生态系统中的农作物、植被等，通过光合作用，将 CO_2 和 H_2O 转化为有机物等，向大气释放 O_2 的功能价值。

1）实物量估算

根据植物光合作用原理，结合农业实际产量，估算农业释氧的实物量，如式（5-17）～式（5-18）所示：

$$M_{释氧} = \frac{Q_{产}}{\S} \times \delta \times A' \tag{5-17}$$

$$M'_{释氧} = N_{净初级生产力} \times \delta \times A' \tag{5-18}$$

式中，$M_{释氧}$ 为耕地生态系统每年释氧的实物量，选取水稻、小麦、玉米三种作物进行计算，t/a；$Q_{产}$ 为农作物单位面积年产量，t/（$hm^2 \cdot a$）；§ 为农作物经济系数，一般而言，水稻在 0.35～0.6（平均为 0.47），小麦在 0.3～0.4（平均为 0.35），玉米在 0.25～0.4（平均为 0.35）；δ 为农业生态系统每生产 1g 农作物干物质释放 O_2 的量，由式（5-11）取值 1.19；A' 为农业生产面积，hm^2；$M'_{释氧}$ 为果园、草地、农业湿地生态系统每年释氧的实物量，t/a；$N_{净初级生产力}$ 为果园、草地、农业湿地净初级生产力，t/（$hm^2 \cdot a$）。

数据来源：与上述固碳价值估算一样，水稻、小麦、玉米等单位面积产量和种植面积，以及果园、草地面积数据来源于《中国农村统计年鉴》（2018）；农业湿地面积数据来源于《中国统计年鉴》（2018），取湿地总面积数值；果园、草地、农业湿地等净初级生产力计算过程复杂，与区域特征、生态类型、作物种类等密切相关，受生物温度、蒸散量、蒸散率、辐射干燥度等许多因素影响较大，因此获取全国不同地区不同类型的果园、草地、农业湿地净初级生产力数据难度极大，本书采取成果参照法，参考已有相关研究成果，其中果园净初级生产力数据参考田志会等（2012）研究成果，取值 6.8t/（$hm^2 \cdot a$），草地净初级生产力数据参考刘洋洋等（2020）研究成果，取值 194.26g C/（$m^2 \cdot a$），农业湿地净初级生产力数据参考何兴元等（2017）研究成果，取值 355.34g C/（$m^2 \cdot a$）。

同上，考虑渔业水域释氧机理的复杂性和数据的不易获取，本书以耕地、果园、草地和农业湿地为对象，估算 2017 年全国农业释氧实物量，结果为 272397.09 万 t，如表 5-17 所示。

表 5-17　2017 年全国农业释氧实物量　（单位：万 t）

地区	合计	耕地	果园	草地	农业湿地
全国	272397.09	187605.46	11502.28	50700.2	22589.15
北京	261.93	134.08	107.46	0.05	20.34
天津	833.45	684.50	23.95	0	125.00
河北	13326.99	12162.50	673.50	92.70	398.29
山西	4516.71	4116.32	328.37	7.79	64.23
内蒙古	23381.56	9349.81	45.64	11444.50	2541.61
辽宁	8126.17	7157.09	378.54	0.74	589.80
吉林	13315.71	12786.06	53.25	54.56	421.84
黑龙江	22322.55	19858.48	36.09	253.11	2174.87
上海	468.18	258.37	13.35	0	196.46

续表

地区	合计	耕地	果园	草地	农业湿地
江苏	11711.97	10277.83	240.49	0.02	1193.63
浙江	2281.64	1347.44	464.72	0.07	469.41
安徽	12559.74	11838.70	280.39	0.12	440.53
福建	2023.10	1034.47	620.25	0.07	368.31
江西	6090.73	5446.22	259.51	0.16	384.84
山东	19077.15	17763.09	578.01	1.34	734.71
河南	21642.75	21204.57	172.60	0.07	265.51
湖北	8543.92	7543.86	388.58	0.46	611.02
湖南	8610.97	7648.16	528.49	3.14	431.18
广东	4597.95	2835.64	1020.16	0.72	741.43
广西	4701.77	3507.27	874.34	1.20	318.96
海南	1193.86	312.07	742.04	4.44	135.31
重庆	2442.35	2125.00	219.21	10.52	87.62
四川	12078.06	8217.95	588.21	2532.83	739.07
贵州	3013.05	2776.52	131.17	16.69	88.67
云南	6284.31	4694.51	1317.54	33.98	238.28
西藏	19187.82	86.04	1.21	16339.75	2760.82
陕西	4752.17	3459.59	660.63	501.50	130.45
甘肃	5176.61	2885.15	206.99	1368.20	716.27
青海	13064.41	185.53	4.86	9430.46	3443.56
宁夏	1506.31	1033.39	40.46	344.84	87.62
新疆	15303.20	4875.25	502.27	8256.17	1669.51

2）价值量估算

采用工业制氧法和造林成本法，估算农业释氧的价值，将工业制氧法和造林成本法估算结果的平均值作为其价值，如式（5-19）～式（5-21）所示：

$$V_{工业} = M_{释氧} \times P_{工业} \tag{5-19}$$

$$V_{造林} = M_{释氧} \times P_{造林} \tag{5-20}$$

$$V_{氧} = \frac{V_{工业} + V_{造林}}{2} \tag{5-21}$$

式中，$V_{工业}$ 为工业制氧法估算的农业每年释氧的价值，元/a；$M_{释氧}$ 为农业每年释氧的实物量，t/a；$P_{工业}$ 为工业制氧成本，一般取 400 元/t O_2；$V_{造林}$ 为造林成本法估算的农业每年释氧价值，元/a；$P_{造林}$ 为造林成本，取值 352.93 元/t O_2；$V_{氧}$ 为农业每年释氧的价值，元/a。

基于上述方法和数据，估算 2017 年全国农业释氧价值量，结果为 10254.86 亿元，如表 5-18 所示。

表 5-18　2017 年全国农业释氧价值量　（单位：亿元）

地区	合计	耕地	果园	草地	农业湿地
全国	10254.86	7062.72	433.03	1908.71	850.42
北京	9.87	5.05	4.05	0.002	0.77
天津	31.38	25.77	0.90	0	4.71
河北	501.71	457.88	25.35	3.49	14.99
山西	170.04	154.97	12.36	0.29	2.42
内蒙古	880.24	351.99	1.72	430.85	95.68
辽宁	305.92	269.44	14.25	0.03	22.20
吉林	501.28	481.35	2.00	2.05	15.88
黑龙江	840.37	747.60	1.36	9.53	81.88
上海	17.63	9.73	0.50	0	7.40
江苏	440.91	386.92	9.05	0.001	44.94
浙江	85.90	50.73	17.50	0.003	17.67
安徽	472.83	445.69	10.56	0.004	16.58
福建	76.16	38.94	23.35	0.003	13.87
江西	229.30	205.03	9.77	0.01	14.49
山东	718.19	668.72	21.76	0.05	27.66
河南	814.78	798.28	6.50	0.003	10.00
湖北	321.65	284.00	14.63	0.02	23.00
湖南	324.18	287.93	19.90	0.12	16.23
广东	173.10	106.75	38.41	0.03	27.91
广西	177.02	132.04	32.92	0.05	12.01
海南	44.95	11.75	27.94	0.17	5.09
重庆	91.95	80.00	8.25	0.40	3.30
四川	454.69	309.38	22.14	95.35	27.82
贵州	113.44	104.53	4.94	0.63	3.34
云南	236.58	176.73	49.60	1.28	8.97
西藏	722.36	3.24	0.05	615.13	103.94

续表

地区	合计	耕地	果园	草地	农业湿地
陕西	178.90	130.24	24.87	18.88	4.91
甘肃	194.89	108.62	7.79	51.51	26.97
青海	491.82	6.98	0.18	355.02	129.64
宁夏	56.70	38.90	1.52	12.98	3.30
新疆	576.12	183.54	18.91	310.82	62.85

5.4.3 吸附吸收有害气体价值

吸附吸收有害气体价值，是指农业生产过程中，农作物、植被等可以有效吸收空气中的硫化物、氮氧化物、氟化物等有害物质，阻挡、过滤和吸附空气中的灰尘、粉尘等物质，从而起到过滤空气、净化空气的作用。

1）实物量估算

运用监测、试验和资料查阅等方法，估算农业吸附吸收有害气体的实物量，即通过获取、明确农作物和植被等吸附吸收有害气体的平均通量，乘以其种植面积，获得该实物量，如式（5-22）～式（5-26）所示：

$$M_{吸收SO_2} = Q_{SO_2} \times A' \tag{5-22}$$

$$M_{吸收NO_x} = Q_{NO_x} \times A' \tag{5-23}$$

$$M_{吸收HF} = Q_{HF} \times A' \tag{5-24}$$

$$M_{吸附粉尘} = Q_{粉尘} \times A' \tag{5-25}$$

$$M_{吸收有害气体} = M_{吸收SO_2} + M_{吸收NOx} + M_{吸收HF} + M_{吸附粉尘} \tag{5-26}$$

式中，$M_{吸收SO_2}$为农业吸收 SO_2（硫化物）的实物量，t；Q_{SO_2}为农作物吸收 SO_2（硫化物）的平均通量，kg/hm^2；A'为农业生产面积，hm^2；$M_{吸收NO_x}$为农业吸收 NO_x（氮氧化物）的实物量，t；Q_{NO_x}为农作物吸收 NO_x（氮氧化物）的平均通量，kg/hm^2；$M_{吸收HF}$为农作物吸收 HF（氟化物）的实物量，t；Q_{HF}为农作物吸收 HF（氟化物）的平均通量，kg/hm^2；$M_{吸附粉尘}$为农业吸附粉尘的实物量，t；$Q_{粉尘}$为农作物吸附粉尘的平均通量，kg/hm^2；$M_{吸收有害气体}$为农业吸附吸收有害气体的实物量，t。

数据来源：水稻、小麦、玉米种植面积，以及果园、草地面积数据来源于《中国农村统计年鉴》（2018）；农业湿地面积数据来源于《中国统计年鉴》（2018），取湿地总面积数值；农作物、植物植被等吸收气体机理机制复杂，与区域特征、生态类型、作物植被种类、气候气象、气体浓度等密切相关，涉及参数因素等较多，计算过程烦琐，因此获取全国不同地区不同类型的农作物、植物植被吸收气体的通量数据难度极大，本书采取成果参照法，其中，耕地、果园、农业湿地等吸收气体数据参考马新辉等（2004）相关研究成果，草地吸收气体数据参考张伟（2019）研究成果，如表 5-19 所示。

表 5-19 农业吸附吸收有害气体平均通量 ［单位：kg/（$hm^2 \cdot a$）］

项目		SO_2（硫化物）	NO_x（氮氧化物）	HF（氟化物）	粉尘
耕地	小麦	40	29.6	0.33	830
	水稻	45	33.3	0.57	920
	玉米	40	29.6	0.33	830
果园		90	66.7	0.8	250
草地		19.15	0.86	1.15	874.98
农业湿地		50	37.03	2.1	280

同上，考虑渔业水域吸附吸收气体机理的复杂性和数据的不易获取，本书以耕地、果园、草地和农业湿地为对象，估算 2017 年全国农业吸附吸收有害气体实物量，结果为 31297.76 万 t，如表 5-20 和表 5-21 所示。

表 5-20 2017 年全国农业吸附吸收有害气体实物量（按气体类别分）（单位：万 t）

地区	合计	SO_2(硫化物)	NO_x(氮氧化物)	HF(氟化物)	粉尘
全国	31297.76	1221.03	611.92	41.56	29423.25
北京	12.70	1.68	1.24	0.02	9.76
天津	43.08	3.12	2.31	0.08	37.57
河北	644.65	36.98	26.84	0.51	580.32
山西	238.29	13.95	10.28	0.15	213.91
内蒙古	5067.98	143.48	40.29	7.11	4877.10
辽宁	362.64	24.19	17.91	0.45	320.09
吉林	517.59	26.39	19.22	0.43	471.55
黑龙江	1221.00	69.84	50.24	1.63	1099.29
上海	30.39	3.04	2.25	0.11	24.99
江苏	605.85	38.68	28.64	0.84	537.69

续表

地区	合计	SO_2（硫化物）	NO_x（氮氧化物）	HF（氟化物）	粉尘
浙江	140.42	14.14	10.47	0.32	115.49
安徽	671.27	35.98	26.63	0.53	608.13
福建	128.63	14.19	10.51	0.28	103.65
江西	401.32	23.41	17.33	0.42	360.16
山东	832.15	47.95	35.49	0.70	748.01
河南	967.47	46.68	34.55	0.50	885.74
湖北	484.94	30.00	22.21	0.54	432.19
湖南	524.32	31.65	23.41	0.52	468.74
广东	307.65	28.73	21.27	0.58	257.07
广西	305.79	23.99	17.76	0.37	263.67
海南	75.54	11.00	8.12	0.16	56.26
重庆	131.55	8.44	6.19	0.12	116.80
四川	1489.77	54.77	25.96	1.88	1407.16
贵州	195.40	10.45	7.64	0.14	177.17
云南	376.94	30.10	22.10	0.38	324.36
西藏	6579.32	168.20	30.40	9.50	6371.22
陕西	444.00	22.16	13.52	0.46	407.86
甘肃	766.40	29.35	13.85	1.12	722.08
青海	3968.43	119.42	34.09	6.41	3808.51
宁夏	190.11	6.43	2.77	0.24	180.67
新疆	3572.17	102.64	28.43	5.06	3436.04

表 5-21　2017 年全国农业吸附吸收有害气体实物量（按生态类型分）（单位：万 t）

地区	合计	耕地	果园	草地	农业湿地
全国	31297.76	9092.4	579.23	19654.22	1971.92
北京	12.70	5.50	5.41	0.0179	1.78
天津	43.08	30.96	1.21	0	10.91
河北	644.66	540.03	33.92	35.94	34.77
山西	238.30	213.13	16.54	3.02	5.61
内蒙古	5067.98	407.29	2.30	4436.52	221.87
辽宁	362.64	291.80	19.06	0.29	51.49
吉林	517.58	456.93	2.68	21.15	36.82

续表

地区	合计	耕地	果园	草地	农业湿地
黑龙江	1221.01	931.22	1.82	98.12	189.85
上海	30.38	12.56	0.67	0	17.15
江苏	605.86	489.54	12.11	0.009	104.20
浙江	140.41	76.00	23.40	0.03	40.98
安徽	671.27	618.65	14.12	0.04	38.46
福建	128.63	65.22	31.23	0.03	32.15
江西	401.31	354.59	13.07	0.06	33.59
山东	832.15	738.38	29.11	0.52	64.14
河南	967.48	935.58	8.69	0.03	23.18
湖北	484.94	411.85	19.57	0.18	53.34
湖南	524.33	458.86	26.61	1.22	37.64
广东	307.64	191.27	51.37	0.28	64.72
广西	305.79	233.45	44.03	0.47	27.84
海南	75.54	24.64	37.37	1.72	11.81
重庆	131.55	108.78	11.04	4.08	7.65
四川	1489.75	413.75	29.62	981.86	64.52
贵州	195.40	174.58	6.61	6.47	7.74
云南	376.94	276.62	66.35	13.17	20.80
西藏	6579.32	4.07	0.06	6334.19	241.00
陕西	444.00	204.93	33.27	194.41	11.39
甘肃	766.40	163.06	10.42	530.39	62.53
青海	3968.43	11.82	0.24	3655.77	300.60
宁夏	190.11	46.74	2.04	133.68	7.65
新疆	3572.18	200.60	25.29	3200.55	145.74

2）价值量估算

采用剂量-反应法、生产率变动法估算农业吸附吸收有害气体功能的价值量，即以农作物吸附吸收有害气体的通量与市场价格相乘估算其价值，如式（5-27）所示：

$$V_{吸收有害气体}=M_{吸收SO_2}\times P_{SO_2}+M_{吸收NO_x}\times P_{NO_x}+M_{吸收HF}\times P_{HF}+M_{吸附粉尘}\times P_{粉尘} \tag{5-27}$$

式中，$V_{吸收有害气体}$ 为农业吸附吸收有害气体的价值，元；$M_{吸收SO_2}$ 为农业吸收 SO_2（硫化物）的实物量，t；P_{SO_2} 为净化 SO_2（硫化物）的市场价格，元/kg，取值 1.2 元/kg；$M_{吸收NO_x}$ 为农业吸收 NO_x（氮氧化物）的实物量，t；P_{NO_x} 为净化 NO_x（氮氧化物）的市场价格，元/kg，取值 0.63 元/kg；$M_{吸收HF}$ 为农业吸收 HF（氟化物）的实物量，t；P_{HF} 为净化 HF（氟化物）的市场价格，元/kg，取值 0.69 元/kg；$M_{吸附粉尘}$ 为农业吸附粉尘的实物量，t；$P_{粉尘}$ 为净化粉尘的市场价格，元/kg，取值 0.15 元/kg。

基于上述方法和数据，估算 2017 年全国农业吸附吸收有害气体价值量，达到 629.22 亿元[①]，如表 5-22 和表 5-23 所示。

表 5-22　2017 年全国农业吸附吸收有害气体价值量（按生态类型分）（单位：亿元）

地区	合计	耕地	果园	草地	农业湿地
全国	629.22	193.63	26.71	341.17	67.71
北京	0.43	0.12	0.25	0.0003	0.06
天津	1.09	0.66	0.06	0	0.37
河北	14.86	11.48	1.57	0.62	1.19
山西	5.53	4.53	0.76	0.05	0.19
内蒙古	93.40	8.66	0.11	77.01	7.62
辽宁	8.87	6.21	0.88	0.005	1.77
吉林	11.47	9.72	0.12	0.37	1.26
黑龙江	28.14	19.84	0.08	1.70	6.52
上海	0.89	0.27	0.03	0	0.59
江苏	14.57	10.43	0.56	0.0002	3.58
浙江	4.11	1.62	1.08	0.0005	1.41
安徽	15.15	13.18	0.65	0.0008	1.32
福建	3.93	1.39	1.44	0.0005	1.10
江西	9.32	7.57	0.60	0.001	1.15
山东	19.25	15.70	1.34	0.01	2.20
河南	21.10	19.90	0.40	0.0005	0.80
湖北	11.51	8.78	0.90	0.003	1.83
湖南	12.34	9.80	1.23	0.02	1.29
广东	8.68	4.08	2.37	0.005	2.22
广西	7.98	4.98	2.03	0.01	0.96
海南	2.69	0.53	1.72	0.03	0.41
重庆	3.16	2.32	0.51	0.07	0.26

① 本书估算的农业生态功能价值数据，可能出现相关表格数据加和不等、略有出入等问题，系因估算过程四舍五入导致，差异甚微，可忽略不计。

续表

地区	合计	耕地	果园	草地	农业湿地
四川	29.45	8.82	1.37	17.04	2.22
贵州	4.40	3.72	0.30	0.11	0.27
云南	9.89	5.89	3.06	0.23	0.71
西藏	118.33	0.09	0.003	109.96	8.28
陕西	9.66	4.36	1.54	3.37	0.39
甘肃	15.31	3.47	0.48	9.21	2.15
青海	74.04	0.25	0.01	63.46	10.32
宁夏	3.66	0.99	0.09	2.32	0.26
新疆	66.01	4.27	1.17	55.56	5.01

表 5-23　2017 年全国农业吸附吸收有害气体价值量（按气体类别分）（单位：亿元）

地区	合计	SO_2（硫化物）	NO_x（氮氧化物）	HF（氟化物）	粉尘
全国	629.32	146.5	38.57	2.90	441.35
北京	0.43	0.20	0.08	0.002	0.15
天津	1.09	0.37	0.15	0.01	0.56
河北	14.87	4.44	1.69	0.04	8.70
山西	5.54	1.67	0.65	0.01	3.21
内蒙古	93.41	17.22	2.54	0.49	73.16
辽宁	8.86	2.90	1.13	0.03	4.80
吉林	11.48	3.17	1.21	0.03	7.07
黑龙江	28.15	8.38	3.17	0.11	16.49
上海	0.88	0.36	0.14	0.01	0.37
江苏	14.57	4.64	1.80	0.06	8.07
浙江	4.11	1.70	0.66	0.02	1.73
安徽	15.16	4.32	1.68	0.04	9.12
福建	3.93	1.70	0.66	0.02	1.55
江西	9.33	2.81	1.09	0.03	5.40
山东	19.26	5.75	2.24	0.05	11.22
河南	21.10	5.60	2.18	0.03	13.29
湖北	11.52	3.60	1.40	0.04	6.48
湖南	12.35	3.80	1.48	0.04	7.03
广东	8.69	3.45	1.34	0.04	3.86
广西	7.99	2.88	1.12	0.03	3.96

续表

地区	合计	SO_2（硫化物）	NO_x（氮氧化物）	HF（氟化物）	粉尘
海南	2.68	1.32	0.51	0.01	0.84
重庆	3.16	1.01	0.39	0.01	1.75
四川	29.45	6.57	1.64	0.13	21.11
贵州	4.40	1.25	0.48	0.01	2.66
云南	9.90	3.61	1.39	0.03	4.87
西藏	118.33	20.18	1.92	0.66	95.57
陕西	9.66	2.66	0.85	0.03	6.12
甘肃	15.30	3.52	0.87	0.08	10.83
青海	74.05	14.33	2.15	0.44	57.13
宁夏	3.67	0.77	0.17	0.02	2.71
新疆	66.00	12.32	1.79	0.35	51.54

5.4.4　生产空气负离子价值

生产空气负离子价值，是指农业生产过程中，由于农作物、植被等植物自身的尖端放电及光合作用形成的光电效应，以及水体的 Lenard 效应等，促进空气电解、解离或水分子裂解，产生大量空气负离子（负氧离子），从而起到杀菌、降尘、清洁空气的作用，同时还可起到消除人体疲劳、疗养保健等功效。

1）实物量估算

运用监测、试验和资料查阅等方法，估算农业生产空气负离子的实物量，即通过获取、明确农作物、植被与水体等生产空气负离子的平均浓度，乘以其种植面积、平均高度、生长天数等，获得该实物量，如式（5-28）所示：

$$M_{负离子} = Q_{负离子} \times A' \times H' \times D' / L \tag{5-28}$$

式中，$M_{负离子}$ 为农业生产空气负离子的实物量，个/a；$Q_{负离子}$ 为农业生态系统的空气负离子平均浓度，个/cm^3；A' 为农业生产面积，hm^2；H' 为农作物、植被等平均高度或渔业水面距岸平均高度，m；D' 为农业生产周期，d；L 为空气负离子平均存活时间，min，取值 10min。

数据来源：水稻、小麦、玉米种植面积，以及果园、草地面积数据来源于《中国农村统计年鉴》（2018）；农业湿地面积数据来源于《中国统计年鉴》（2018），取湿地总面积数值；农作物、植物植被、水体等生产负离子机理机制复杂，与区域特征、生态类型、作物植被种类、气候气象等密切相关，涉及参数因素等较多，计算过程烦琐，因此获取全国不同地区不同类型的农作物、植物植被、水体生产负离子的平均浓度数据难度极大，本书采取成果参照法，其中耕地、果园、水体等生产空气负离子浓度数据参考高兴等（2018）相关研究成果，农业湿地生产空气负离子浓度数据参考宁潇等（2016）研究成果。

以耕地、果园、草地、渔业水域、农业湿地为对象，其中耕地以水稻、小麦、玉米三种主要作物为代表，估算 2017 年全国农业生产空气负离子实物量，结果为 9.48×10^{25} 个，如表 5-24 所示。

表 5-24　2017 年全国农业生产空气负离子功能实物量　（单位：个）

地区	合计	耕地	果园	草地	渔业水域	农业湿地
全国	9.48×10^{25}	2.29×10^{25}	1.29×10^{25}	2.62×10^{25}	1.43×10^{24}	3.13×10^{25}
北京	1.64×10^{23}	1.49×10^{22}	1.21×10^{23}	2.39×10^{19}	5.64×10^{20}	2.82×10^{22}
天津	2.88×10^{23}	8.18×10^{22}	2.69×10^{22}	0	6.42×10^{21}	1.73×10^{23}
河北	2.87×10^{24}	1.48×10^{24}	7.56×10^{23}	4.79×10^{22}	2.95×10^{22}	5.53×10^{23}
山西	1.04×10^{24}	5.80×10^{23}	3.69×10^{23}	4.02×10^{21}	2.07×10^{21}	8.91×10^{22}
内蒙古	1.06×10^{25}	1.09×10^{24}	5.13×10^{22}	5.91×10^{24}	2.64×10^{22}	3.53×10^{24}
辽宁	2.14×10^{24}	7.27×10^{23}	4.25×10^{23}	3.82×10^{20}	1.69×10^{23}	8.18×10^{23}
吉林	1.85×10^{24}	1.13×10^{24}	5.98×10^{22}	2.82×10^{22}	4.83×10^{22}	5.85×10^{23}
黑龙江	5.35×10^{24}	2.08×10^{24}	4.05×10^{22}	1.31×10^{23}	7.37×10^{22}	3.02×10^{24}
上海	3.20×10^{23}	2.89×10^{22}	1.50×10^{22}	0	3.01×10^{21}	2.73×10^{23}
江苏	3.30×10^{24}	1.25×10^{24}	2.70×10^{23}	1.19×10^{19}	1.22×10^{23}	1.66×10^{24}
浙江	1.40×10^{24}	1.75×10^{23}	5.22×10^{23}	3.58×10^{19}	5.28×10^{22}	6.51×10^{23}
安徽	2.60×10^{24}	1.58×10^{24}	3.15×10^{23}	5.97×10^{19}	9.19×10^{22}	6.11×10^{23}
福建	1.40×10^{24}	1.44×10^{23}	6.97×10^{23}	3.58×10^{19}	4.66×10^{22}	5.11×10^{23}
江西	1.68×10^{24}	7.76×10^{23}	2.91×10^{23}	8.36×10^{19}	7.95×10^{22}	5.34×10^{23}
山东	3.88×10^{24}	2.05×10^{24}	6.49×10^{23}	6.92×10^{20}	1.60×10^{23}	1.02×10^{24}
河南	3.14×10^{24}	2.55×10^{24}	1.94×10^{23}	3.58×10^{19}	2.82×10^{22}	3.68×10^{23}
湖北	2.45×10^{24}	1.01×10^{24}	4.36×10^{23}	2.39×10^{20}	1.54×10^{23}	8.48×10^{23}
湖南	2.29×10^{24}	1.02×10^{24}	5.94×10^{23}	1.62×10^{21}	8.04×10^{22}	5.98×10^{23}
广东	2.69×10^{24}	4.23×10^{23}	1.15×10^{24}	3.70×10^{20}	9.12×10^{22}	1.03×10^{24}
广西	2.00×10^{24}	5.35×10^{23}	9.82×10^{23}	6.21×10^{20}	3.50×10^{22}	4.43×10^{23}
海南	1.09×10^{24}	5.38×10^{22}	8.33×10^{23}	2.29×10^{21}	1.18×10^{22}	1.88×10^{23}
重庆	6.48×10^{23}	2.59×10^{23}	2.46×10^{23}	5.43×10^{21}	1.58×10^{22}	1.22×10^{23}
四川	4.07×10^{24}	1.03×10^{24}	6.61×10^{23}	1.31×10^{24}	3.63×10^{22}	1.03×10^{24}
贵州	7.20×10^{23}	4.35×10^{23}	1.47×10^{23}	8.62×10^{21}	6.77×10^{21}	1.23×10^{23}

续表

地区	合计	耕地	果园	草地	渔业水域	农业湿地
云南	2.55×10^{24}	7.03×10^{23}	1.48×10^{24}	1.75×10^{22}	1.80×10^{22}	3.31×10^{23}
西藏	1.23×10^{25}	1.16×10^{22}	1.36×10^{21}	8.44×10^{24}	7.70×10^{17}	3.83×10^{24}
陕西	1.75×10^{24}	5.56×10^{23}	7.42×10^{23}	2.59×10^{23}	8.26×10^{21}	1.81×10^{23}
甘肃	2.38×10^{24}	4.51×10^{23}	2.32×10^{23}	7.06×10^{23}	1.25×10^{21}	9.94×10^{23}
青海	9.69×10^{24}	3.39×10^{22}	5.45×10^{21}	4.87×10^{24}	3.35×10^{21}	4.78×10^{24}
宁夏	4.71×10^{23}	1.19×10^{23}	4.54×10^{22}	1.78×10^{23}	6.76×10^{21}	1.22×10^{23}
新疆	7.72×10^{24}	5.52×10^{23}	5.64×10^{23}	4.26×10^{24}	2.55×10^{22}	2.32×10^{24}

2）价值量估算

采用生产率变动法、替代价格法等方法，估算农业生产空气负离子功能的价值，即用农业生产空气负离子的实物量乘以空气负离子的单位市场价格表示该功能的价值量，如式（5-29）所示：

$$V_{负离子}=(Q_{负离子}-600)\times A'\times H'\times D'\times P_{负离子}/L \tag{5-29}$$

式中，$V_{负离子}$为农业生产空气负离子功能的价值量，元/a；$Q_{负离子}$为农业生态系统的负离子平均浓度，个/cm^3；600为对人体健康有效用时的空气负离子浓度，个/cm^3；A'为农业生产面积，hm^2；H'为农作物、植被等平均高度或渔业水面距岸平均高度，m；D'为农业生产周期，d；$P_{负离子}$为空气负离子的单位市场价格，元/个，本书取值7×10^{-18}元/个；L为空气负离子平均存活时间，min，取值10min。

基于上述方法和数据，估算2017年全国农业生产空气负离子功能价值量，结果为2.21亿元，如表5-25所示。

表5-25　2017年全国农业生产空气负离子功能价值量　（单位：亿元）

地区	合计	耕地	果园	草地	渔业水域	农业湿地
全国	2.21	0.34	0.21	0.38	0.06	1.22
北京	0.003	0.0002	0.002	0.0000003	0.00002	0.001
天津	0.01	0.0012	0.0004	0	0.0002	0.01
河北	0.05	0.02	0.01	0.0007	0.0011	0.02
山西	0.02	0.01	0.01	0.0001	0.0001	0.003
内蒙古	0.25	0.02	0.0008	0.09	0.001	0.14
辽宁	0.06	0.01	0.01	0.00001	0.01	0.03

续表

地区	合计	耕地	果园	草地	渔业水域	农业湿地
吉林	0.04	0.02	0.0010	0.00041	0.0019	0.02
黑龙江	0.16	0.03	0.0007	0.0019	0.0028	0.12
上海	0.01	0.0004	0.0002	0	0.0001	0.01
江苏	0.09	0.02	0.0045	0.0000002	0.0047	0.06
浙江	0.05	0.003	0.01	0.000001	0.0020	0.03
安徽	0.05	0.02	0.01	0.000001	0.0035	0.02
福建	0.03	0.002	0.01	0.000001	0.0018	0.02
江西	0.04	0.01	0.005	0.000001	0.0031	0.02
山东	0.09	0.03	0.01	0.00001	0.0062	0.04
河南	0.05	0.04	0.00	0.000001	0.0011	0.01
湖北	0.06	0.01	0.01	0.000003	0.0059	0.03
湖南	0.04	0.01	0.01	0.00002	0.0031	0.02
广东	0.07	0.01	0.02	0.00001	0.0035	0.04
广西	0.05	0.01	0.02	0.00001	0.0014	0.02
海南	0.02	0.001	0.01	0.00003	0.0005	0.01
重庆	0.01	0.004	0.004	0.00008	0.0006	0.005
四川	0.08	0.01	0.01	0.019	0.0014	0.04
贵州	0.02	0.01	0.00	0.00013	0.0003	0.005
云南	0.04	0.01	0.02	0.00025	0.0007	0.01
西藏	0.27	0.0002	0.00002	0.12	0.00000003	0.15
陕西	0.03	0.01	0.01	0.00	0.0003	0.01
甘肃	0.06	0.01	0.004	0.01	0.00005	0.04
青海	0.26	0.0005	0.0001	0.07	0.0001	0.19
宁夏	0.01	0.002	0.001	0.003	0.0003	0.005
新疆	0.17	0.01	0.01	0.06	0.0010	0.09

5.4.5　小结

根据上述农业固碳价值、释氧价值、吸附吸收有害气体价值和生产空气负离子价值估算结果，可知 2017 年全国农业净化空气总价值为 16540.43 亿元，如表 5-26 和表 5-27 所示。

表 5-26　2017 年全国农业净化空气价值量（按生态类型分）（单位：亿元）

地区	合计	耕地	果园	草地	渔业水域	农业湿地
全国	16540.43	11150.82	698.69	3302.64	0.06	1388.22
北京	15.73	7.95	6.53	0.00	0.00002	1.25
天津	49.77	40.64	1.45	0.00	0.0002	7.68
河北	793.27	721.84	40.91	6.04	0.0011	24.48
山西	269.35	244.95	19.95	0.51	0.0001	3.94
内蒙古	1459.21	554.74	2.77	745.50	0.001	156.20
辽宁	483.52	424.22	23.00	0.05	0.01	36.24
吉林	789.20	756.50	3.23	3.55	0.0019	25.92
黑龙江	1332.02	1179.68	2.19	16.49	0.0028	133.66
上海	28.24	15.36	0.81	0.00	0.0001	12.07
江苏	698.66	610.71	14.60	0.00	0.0047	73.35
浙江	137.41	80.32	28.23	0.01	0.0020	28.85
安徽	748.74	704.62	17.04	0.01	0.0035	27.07
福建	122.13	61.81	37.68	0.01	0.0018	22.63
江西	365.09	325.66	15.77	0.01	0.0031	23.65
山东	1133.52	1053.16	35.11	0.09	0.0062	45.15
河南	1285.16	1258.36	10.48	0.01	0.0011	16.31
湖北	510.58	449.38	23.61	0.03	0.0059	37.55
湖南	515.29	456.49	32.10	0.20	0.0031	26.50
广东	277.30	169.71	61.97	0.05	0.0035	45.57
广西	282.63	209.83	53.12	0.08	0.0014	19.60
海南	72.43	18.75	45.07	0.29	0.0005	8.32
重庆	145.82	126.43	13.31	0.69	0.0006	5.39
四川	734.92	488.78	35.73	164.99	0.0014	45.42
贵州	180.40	165.89	7.97	1.09	0.0003	5.45
云南	376.96	280.08	80.03	2.21	0.0007	14.64
西藏	1239.23	5.11	0.07	1064.38	0.00000003	169.67
陕西	287.23	206.42	40.13	32.66	0.0003	8.02
甘肃	317.69	171.98	12.57	89.12	0.00005	44.02
青海	837.31	11.09	0.29	614.30	0.0001	211.63
宁夏	91.66	61.35	2.46	22.46	0.0003	5.39
新疆	959.93	289.01	30.51	537.81	0.0010	102.60

表 5-27　2017 年全国农业净化空气价值量（按功能类别分）（单位：亿元）

地区	合计	固碳	释氧	吸附吸收有害气体	生产空气负离子
全国	16540.44	5654.17	10254.86	629.22	2.21
北京	15.73	5.43	9.87	0.43	0.003
天津	49.78	17.30	31.38	1.09	0.01
河北	793.25	276.63	501.71	14.86	0.05
山西	269.34	93.75	170.04	5.53	0.02
内蒙古	1459.22	485.33	880.24	93.4	0.25
辽宁	483.53	168.68	305.92	8.87	0.06
吉林	789.19	276.4	501.28	11.47	0.04
黑龙江	1332.01	463.34	840.37	28.14	0.16
上海	28.25	9.72	17.63	0.89	0.01
江苏	698.68	243.11	440.91	14.57	0.09
浙江	137.42	47.36	85.9	4.11	0.05
安徽	748.73	260.7	472.83	15.15	0.05
福建	122.10	41.98	76.16	3.93	0.03
江西	365.09	126.43	229.3	9.32	0.04
山东	1133.52	395.99	718.19	19.25	0.09
河南	1285.16	449.23	814.78	21.1	0.05
湖北	510.57	177.35	321.65	11.51	0.06
湖南	515.30	178.74	324.18	12.34	0.04
广东	277.29	95.44	173.1	8.68	0.07
广西	282.64	97.59	177.02	7.98	0.05
海南	72.44	24.78	44.95	2.69	0.02
重庆	145.82	50.7	91.95	3.16	0.01
四川	734.92	250.7	454.69	29.45	0.08
贵州	180.40	62.54	113.44	4.4	0.02
云南	376.96	130.45	236.58	9.89	0.04
西藏	1239.26	398.3	722.36	118.33	0.27
陕西	287.23	98.64	178.9	9.66	0.03
甘肃	317.72	107.46	194.89	15.31	0.06
青海	837.30	271.18	491.82	74.04	0.26
宁夏	91.64	31.27	56.7	3.66	0.01
新疆	959.95	317.65	576.12	66.01	0.17

从具体功能看，农业释氧价值量最大，达到 10254.86 亿元，占农业净化空气

总价值的 62.00%；其次是固碳，价值量达到 5654.17 亿元，占 34.18%；然后是吸附吸收有害气体，价值量为 629.22 亿元，占 3.80%；最后是生产空气负离子，价值量 2.21 亿元，占 0.02%。

从农业生态类型看，耕地净化空气价值量最大，达到 11150.82 亿元，占农业净化空气总价值的 67.42%；其次是草地，价值量达到 3302.64 亿元，占 19.97%；再次是农业湿地，价值量为 1388.22 亿元，占 8.39%；然后是果园，价值量为 698.69 亿元，占 4.22%；最后是渔业水域，价值量为 0.06 亿元。

从地域省份看，内蒙古、黑龙江、河南、西藏和山东五个省（自治区）农业净化空气价值量明显高于其他省（自治区、直辖市），均达到 1000 亿元以上，分别为 1459.21 亿元、1332.02 亿元、1285.16 亿元、1239.23 亿元和 1133.52 亿元；北京、上海、天津三个直辖市农业净化空气价值量明显较低，分别为 15.73 亿元、28.24 亿元和 49.77 亿元。

综合来看，在农业固碳价值中，内蒙古、黑龙江和河南三个省（自治区）价值量明显高于其他省（自治区、直辖市），分别达到 485.33 亿元、463.34 亿元和 449.23 亿元；而北京、上海和天津价值量则明显低于其他省（自治区、直辖市），分别为 5.43 亿元、9.72 亿元和 17.30 亿元。在农业释氧价值中，仍然是内蒙古、黑龙江和河南三个省（自治区）价值量较高，分别达到 880.24 亿元、840.37 亿元和 814.78 亿元；北京、上海、天津价值量较低，分别为 9.87 亿元、17.63 亿元、31.38 亿元。在农业吸附吸收有害气体价值中，西藏、内蒙古、青海、新疆四个省（自治区）价值量明显较高，分别为 118.33 亿元、93.40 亿元、74.04 亿元、66.01 亿元；而北京、上海、天津价值量仍然较低，分别为 0.43 亿元、0.89 亿元、1.09 亿元。在农业生产空气负离子价值中，西藏、青海、内蒙古价值量较高，分别为 0.27 亿元、0.26 亿元、0.25 亿元；北京价值量最低，为 0.003 亿元；上海、天津、重庆、宁夏价值量较低，均为 0.01 亿元。在耕地净化空气价值中，河南、黑龙江、山东价值量明显高于其他省（自治区、直辖市），分别达到 1258.36 亿元、1179.68 亿元和 1053.16 亿元；西藏、北京、青海价值量明显较低，分别为 5.11 亿元、7.95 亿元、11.09 亿元。在果园净化空气价值中，云南、广东、广西价值量明显较大，分别为 80.03 亿元、61.97 亿元、53.12 亿元；西藏、青海、上海价值量较小，分别为 0.07 亿元、0.29 亿元、0.81 亿元。在草地净化空气价值中，西藏、内蒙古、青海、新疆价值量明显高于其他省（自治区、直辖市），分别达到 1064.38 亿元、745.5 亿元、614.3 亿元、537.81 亿元；上海、天津、北京、江苏价值量最低，均为 0。在渔业水域净化空气价值中，辽宁、山东、湖北价值量相对较高，分别为 0.01 亿元、0.0062 亿元、0.0059 亿元；西藏、北京、甘肃价值量相对较低，分别为 0.0003 万元、0.2 万元、0.5 万元。在农业湿地净化空气价值中，青海、西藏、内蒙古、黑龙江价值量相对较大，分别为 211.63 亿元、169.67 亿元、

156.2 亿元、133.66 亿元；北京和山西价值量相对较小，分别为 1.25 亿元和 3.94 亿元。

5.5 消纳废弃物价值

估算农业消纳废弃物功能的价值，主要从农业对人畜粪污的分解处理方面开展。农业消纳废弃物（人畜粪污）功能价值，就是指在农业生产过程中，农作物、植被和养殖动物等对营养元素的吸收，以及农业生态系统中大量存在的分解者对物质的分解，使生产生活中产生的人畜粪污等污染物被及时降解、吸纳、消化，既增加了养分供给，又减少了因堆放或处置不当而污染环境的风险，最终实现人畜粪污被消纳与利用的价值。

1）实物量估算

运用监测、试验和资料查阅等方法，估算农业消纳废弃物（人畜粪污）的实物量，即通过获取、明确农业生态系统平均消纳人畜粪污的物质量，乘以其生产面积，获得该实物量，如式（5-30）所示：

$$M_{人畜粪污} = Q_{人畜粪污} \times A' \tag{5-30}$$

式中，$M_{人畜粪污}$ 为农业消纳人畜粪污的实物量，t；$Q_{人畜粪污}$ 为农业单位面积平均消纳人畜粪污的物质量，t/hm^2；A' 为农业生产面积，hm^2。

数据来源：农业单位面积人畜粪污平均消纳数据，参考《畜禽粪污土地承载力测算技术指南》中“不同植物土地承载力推荐值（附表 3-1 和附表 3-2）”，按照粪肥全部就地利用方式并取最小值，其中耕地消纳人畜粪污实物量的估算以小麦、水稻、玉米三种主要作物为代表，果园的估算以桃为代表，草地的估算以苜蓿为代表；农业湿地消纳人畜粪污实物量的估算，参考蒋倩文等（2019）研究成果中“景观型生态湿地净化工程 TN、TP 拦截量”；水稻、小麦、玉米、果园、草地面积数据来源于《中国农村统计年鉴》（2018）；农业湿地面积数据来源于《中国统计年鉴》（2018），取湿地总面积数值。

以耕地、果园、草地和农业湿地为对象，估算 2017 年全国农业消纳废弃物（人畜粪污）实物量，结果为 692553.12 万 t，如表 5-28 所示。

表 5-28 2017 年全国农业消纳废弃物（人畜粪污）实物量（单位：万 t）

地区	合计	耕地	果园	草地	农业湿地
全国	692553.12	136718.87	11243.96	104092.78	440497.51
北京	562.53	60.77	105.05	0.09	396.62

续表

地区	合计	耕地	果园	草地	农业湿地
天津	2890.90	430.02	23.41	0	2437.47
河北	16627.41	8011.97	658.37	190.32	7766.75
山西	4138.01	2548.48	321.00	15.99	1252.54
内蒙古	77406.97	4303.18	44.61	23496.76	49562.42
辽宁	14410.71	2537.86	370.04	1.52	11501.29
吉林	12385.42	3995.31	52.05	112.01	8226.05
黑龙江	52480.42	9514.67	35.28	519.66	42410.81
上海	4076.32	232.25	13.05	0	3831.02
江苏	33329.60	9818.11	235.09	0.05	23276.35
浙江	10967.48	1359.35	454.29	0.14	9153.70
安徽	20695.85	11831.01	274.09	0.24	8590.51
福建	8907.21	1118.63	606.32	0.14	7182.12
江西	13946.45	6187.90	253.68	0.33	7504.54
山东	27186.74	12291.82	565.03	2.75	14327.14
河南	22034.93	16688.50	168.73	0.14	5177.56
湖北	19634.25	7338.22	379.85	0.95	11915.23
湖南	16665.55	7734.20	516.62	6.45	8408.28
广东	18700.41	3243.44	997.25	1.47	14458.25
广西	10648.87	3571.87	854.70	2.47	6219.83
海南	3804.63	431.48	725.37	9.11	2638.67
重庆	3478.68	1534.26	214.29	21.59	1708.54
四川	26264.85	6077.61	575.00	5200.17	14412.07
贵州	4178.08	2286.43	128.23	34.27	1729.15
云南	9547.82	3543.57	1287.95	69.77	4646.53
西藏	87480.06	94.59	1.19	33547.21	53837.07
陕西	7400.25	3180.99	645.79	1029.63	2543.84
甘肃	19467.53	2488.51	202.34	2809.06	13967.62
青海	86787.84	270.57	4.75	19361.73	67150.79
宁夏	3058.59	602.52	39.55	707.98	1708.54
新疆	53388.76	3390.78	490.99	16950.78	32556.21

2）价值量估算

采用替代成本法，估算农业消纳废弃物（人畜粪污）的功能价值，即将农业消纳废弃物（人畜粪污）的实物量乘以人畜粪污处理的市场价格，视为该功能的价值量，如式（5-31）所示：

$$V_{人畜粪污} = M_{人畜粪污} \times P_{人畜粪污} \tag{5-31}$$

式中，$V_{人畜粪污}$ 为农业消纳人畜粪污的价值量，元；$M_{人畜粪污}$ 为农业消纳人畜粪污的实物量，t；$P_{人畜粪污}$ 为人畜粪污处理的市场价格，元/t，参考有机肥市场价格，取值 1000 元/t。

基于上述方法和数据，估算 2017 年全国农业消纳废弃物（人畜粪污）功能价值量，结果为 69255.27 亿元，如表 5-29 所示。

表 5-29　2017 年全国农业消纳废弃物（人畜粪污）价值量（单位：亿元）

地区	合计	耕地	果园	草地	农业湿地
全国	69255.27	13671.90	1124.38	10409.29	44049.72
北京	56.25	6.08	10.50	0.01	39.66
天津	289.09	43.00	2.34	0	243.75
河北	1662.75	801.20	65.84	19.03	776.68
山西	413.80	254.85	32.10	1.60	125.25
内蒙古	7740.70	430.32	4.46	2349.68	4956.24
辽宁	1441.07	253.79	37.00	0.15	1150.13
吉林	1238.53	399.53	5.20	11.20	822.60
黑龙江	5248.05	951.47	3.53	51.97	4241.08
上海	407.64	23.23	1.31	0	383.10
江苏	3332.96	981.81	23.51	0.005	2327.63
浙江	1096.74	135.93	45.43	0.01	915.37
安徽	2069.58	1183.10	27.41	0.02	859.05
福建	890.71	111.86	60.63	0.01	718.21
江西	1394.64	618.79	25.37	0.03	750.45
山东	2718.67	1229.18	56.50	0.28	1432.71
河南	2203.49	1668.85	16.87	0.01	517.76
湖北	1963.42	733.82	37.99	0.09	1191.52
湖南	1666.56	773.42	51.66	0.65	840.83
广东	1870.03	324.34	99.72	0.15	1445.82
广西	1064.89	357.19	85.47	0.25	621.98

续表

地区	合计	耕地	果园	草地	农业湿地
海南	380.47	43.15	72.54	0.91	263.87
重庆	347.87	153.43	21.43	2.16	170.85
四川	2626.49	607.76	57.50	520.02	1441.21
贵州	417.81	228.64	12.82	3.43	172.92
云南	954.78	354.36	128.79	6.98	464.65
西藏	8748.01	9.46	0.12	3354.72	5383.71
陕西	740.02	318.10	64.58	102.96	254.38
甘肃	1946.75	248.85	20.23	280.91	1396.76
青海	8678.78	27.06	0.47	1936.17	6715.08
宁夏	305.86	60.25	3.96	70.80	170.85
新疆	5338.88	339.08	49.10	1695.08	3255.62

从农业生态类型看，农业湿地消纳废弃物功能价值量最大，达到44049.72亿元，占农业消纳废弃物功能价值量的63.60%；然后是耕地，价值量达到13671.90亿元，占19.74%；第三是草地，价值量为10409.29亿元，占15.03%；最后是果园，价值量为1124.38亿元，占1.62%。

从地域来看，西藏、青海、内蒙古三个省（自治区）农业消纳废弃物功能价值量明显高于其他省（自治区、直辖市），分别达到8748.01亿元、8678.78亿元、7740.70亿元；北京、天津、宁夏价值量则相对较小，低于其他省（自治区、直辖市），分别为56.25亿元、289.09亿元、305.86亿元。

综合来看，在耕地消纳废弃物功能价值中，河南、山东、安徽价值量明显较大，分别达到1668.85亿元、1229.18亿元、1183.10亿元；北京、西藏价值量则明显低于其他省（自治区、直辖市），分别为6.08亿元、9.46亿元。在果园消纳废弃物功能价值中，云南、广东、广西价值量较高，分别达到128.79亿元、99.72亿元、85.47亿元；西藏、青海、上海价值量则较低，分别为0.12亿元、0.47亿元、1.31亿元。在草地消纳废弃物功能价值中，西藏、内蒙古、青海、新疆价值量明显高于其他省（自治区、直辖市），分别达到3354.72亿元、2349.68亿元、1936.17亿元、1695.08亿元；上海、天津价值量最低，均为0。在农业湿地消纳废弃物功能价值中，青海、西藏、内蒙古价值量较高，分别达到6715.08亿元、5383.71亿元、4956.24亿元；北京、山西价值量较低，分别为39.66亿元、125.25亿元，这主要与该区域相关生态类型的实际面积有关。

5.6 维持生物多样性价值

随着人类活动的加剧，人类对自然界的干扰、索取不断增加，导致人与自然关系日益紧张，生态系统退化就是突出表现之一，生物多样性减弱甚至丧失成为严酷现实。保护生态系统，维持生物多样性，是一项非常重要而且紧迫的工作。农业生态系统是自然生态系统的重要组成部分，对维持生物多样性意义重大。即使人类为了发展，破坏掉地球上所有的如森林、草地、湿地及其他自然生态系统，但在尚未有替代粮食的情况下，最后还是必须保留农业生态系统，以维持自己的生存繁衍。可见，农业生态系统是生物生存的最后家园。

理论上，估算农业维持生物多样性功能的经济价值，应该建立一套科学、客观的指标体系和评估方法，如农业生态系统中生物物种、群落等的数目、丰富度、均匀度及农业土地利用方式、农业耕作制度、农作物类型、农业投入品施用等。但这是一项复杂烦琐的工作，需要长期、定位观测监测农业生态系统的内在机制和生物多样性的变化规律等。

目前，开展农业维持生物多样性功能的价值评估，既有依据 Shannon-Wiener 指数等指标，结合机会成本法、替代成本法等实证研究，也有依据人们的支付意愿，采用条件价值法、当量因子法等方法开展的研究案例。为评估全国层面、不同具体类型的农业生态系统维持生物多样性价值，以及便于横向间的对比分析，本书采用当量因子法估算农业维持生物多样性功能的理论价值量。

1）实物量估算

参考谢高地等 2002 年研究建立的我国陆地生态系统单位面积生态服务价值当量表（表 4-3），以及农业生态系统的面积，估算 2017 年农业维持生物多样性功能的实物量，如式（5-32）所示：

$$M_{生物多样性} = E \times A_2 \tag{5-32}$$

式中，$M_{生物多样性}$ 为农业维持生物多样性功能的实物量；E 为农业生态系统单位面积生态服务价值当量；A_2 为农业生态系统的面积，hm^2。

数据来源：耕地、果园、草地、渔业水域等面积数据来源于《中国农村统计年鉴》（2018）；农业湿地面积数据来源于《中国统计年鉴》（2018），取湿地总面积数值。

对耕地、果园、草地、渔业水域、农业湿地等农业生态系统，分别估算 2017 年农业维持生物多样性功能实物量，如表 5-30 所示。

表 5-30　2017 年农业维持生物多样性功能实物量

地区	耕地	果园	草地	渔业水域	农业湿地
全国	52047670.53	10092224.00	239059345	18548094.66	133551500
北京	35655.85	94288	218	7290.72	120250
天津	58924.32	21016	0	83029.05	739000
河北	1652345.58	590933	437090	382175.16	2354750
山西	2122540.10	288118	36733	26762.52	379750
内蒙古	4449613.17	40044	53962630	341391.45	15026500
辽宁	2929763.88	332138	3488	2187963	3487000
吉林	4330566.26	46718	257240	624235.53	2494000
黑龙江	8966606.26	31666	1193441	952865.73	12858250
上海	3945.04	11715	0	38896.29	1161500
江苏	1003336.29	211012	109	1574055.99	7057000
浙江	350917.50	407753	327	682255.02	2775250
安徽	1957751.16	246015	545	1188170.73	2604500
福建	131938.66	544215	327	602383.29	2177500
江西	422874.58	227697	763	1027832.16	2275250
山东	1670514.98	507153	6322	2075629.14	4343750
河南	1992867.62	151443	327	365083.8	1569750
湖北	1494430.58	340942	2180	1985961.75	3612500
湖南	627755.73	463701	14824	1039520.22	2549250
广东	594343.41	895097	3379	1179689.79	4383500
广西	1725779.25	767155	5668	453095.34	1885750
海南	237474.55	651070	20928	152141.49	800000
重庆	1001122.01	192339	49595	204687.96	518000
四川	2736013.12	516099	11942694	469103.55	4369500
贵州	2326052.30	115091	78698	87590.73	524250
云南	3304170.81	1156022	160230	232797.57	1408750
西藏	95832.96	1065	77044470	9.96	16322500
陕西	1971017.72	579644	2364646	106821	771250
甘肃	2867070.17	181618	6451274	16185	4234750
青海	284481.31	4260	44466114	43326	20359000
宁夏	553160.72	35500	1625953	87391.53	518000
新疆	148804.64	440697	38929132	329753.19	9870500

2）价值量估算

根据谢高地等2002年的研究成果，将当年全国平均粮食单产市场价值的1/7作为1个生态服务价值当量因子的经济价值量［式（4-5）］，以此估算农业维持生物多样性功能的价值量，如式（5-33）所示：

$$V_{生物多样性} = M_{生物多样性} \times P_{生物多样性} \quad (5\text{-}33)$$

式中，$V_{生物多样性}$为农业维持生物多样性功能的价值量，元；$M_{生物多样性}$为农业维持生物多样性功能的实物量；$P_{生物多样性}$为农业维持生物多样性的单位价值量，元/hm^2。

数据来源：选取稻谷、小麦、玉米三大粮食作物，计算2017年全国平均粮食单产市场价值，数据来源于《全国农产品成本收益资料汇编2018》，取主产品产值，该值的1/7作为全国农田生物多样性单位价值量，即2241.51元/hm^2。

基于上述方法和数据，估算2017年全国农业维持生物多样性功能价值量为10160.77亿元，如表5-31所示。

从农业生态类型看，草地维持生物多样性功能价值量最大，达到5358.56亿元，占农业维持生物多样性功能价值量的52.74%；其次是农业湿地，价值量达到2993.57亿元，占29.46%；然后是耕地，价值量为1166.67亿元，占11.48%；再次是渔业水域，价值量为415.74亿元，占4.09%；最小的则是果园，价值量为226.20亿元，占2.23%，这既与该生态类型的当量因子有关，更与其面积大小有关。

从地域来看，西藏、内蒙古、青海、新疆四个省（自治区）农业维持生物多样性功能价值量远远大于其他省（自治区、直辖市），均在1000亿元以上。具体为，西藏农业维持生物多样性功能价值量最大，达到2095.00亿元；其次是内蒙古、青海、新疆，价值量分别达到1654.69亿元、1460.51亿元、1114.46亿元。北京、天津、上海三个直辖市农业维持生物多样性功能价值量明显低于其他省（自治区、直辖市），分别为5.78亿元、20.21亿元、27.26亿元。

综合来看，在耕地维持生物多样性功能价值中，黑龙江、内蒙古、吉林三个省（自治区）价值量位于全国前列，明显高于其他省（自治区、直辖市），分别达到200.99亿元、99.74亿元、97.07亿元；上海、北京、天津则位于后三位，价值量分别为0.09亿元、0.80亿元、1.32亿元。在果园维持生物多样性功能价值中，云南、广东、广西三个省（自治区）价值量排在全国前列，分别达到25.91亿元、20.06亿元、17.20亿元；西藏、青海、上海三个省（自治区、直辖市）位列后三位，价值量分别为0.02亿元、0.10亿元、0.26亿元。在草地维持生物多样性功能价值中，西藏、内蒙古、青海价值量较高，分别达到1726.96亿元、1209.58亿元、996.71亿元；上海、天津、江苏价值量较低，分别为0、0、0.002亿元。在渔业水域维持生物多样性功能价值中，辽宁、山东、湖北价值量较高，分别达到49.04亿元、

46.53 亿元、44.52 亿元；西藏、北京、甘肃价值量较低，分别为 0.0002 亿元、0.16 亿元、0.36 亿元。在农业湿地维持生物多样性功能价值中，青海、西藏、内蒙古价值量明显高于其他省（自治区、直辖市），分别达到 456.35 亿元、365.87 亿元、336.82 亿元；北京、山西则明显低于其他省（自治区、直辖市），价值量分别为 2.70 亿元、8.51 亿元，这主要与实际面积有关。

表 5-31 2017 年农业维持生物多样性功能价值量 （单位：亿元）

地区	合计	耕地	果园	草地	渔业水域	农业湿地
全国	10160.77	1166.67	226.20	5358.56	415.74	2993.57
北京	5.78	0.80	2.11	0.005	0.16	2.70
天津	20.21	1.32	0.47	0	1.86	16.56
河北	121.44	37.04	13.25	9.80	8.57	52.78
山西	63.97	47.58	6.46	0.82	0.60	8.51
内蒙古	1654.69	99.74	0.90	1209.58	7.65	336.82
辽宁	200.39	65.67	7.44	0.08	49.04	78.16
吉林	173.78	97.07	1.05	5.77	13.99	55.90
黑龙江	538.03	200.99	0.71	26.75	21.36	288.22
上海	27.26	0.09	0.26	0	0.87	26.04
江苏	220.68	22.49	4.73	0.002	35.28	158.18
浙江	94.52	7.87	9.14	0.01	15.29	62.21
安徽	134.41	43.88	5.51	0.01	26.63	58.38
福建	77.48	2.96	12.20	0.01	13.50	48.81
江西	88.64	9.48	5.10	0.02	23.04	51.00
山东	192.85	37.44	11.37	0.14	46.53	97.37
河南	91.44	44.67	3.39	0.01	8.18	35.19
湖北	166.68	33.50	7.64	0.05	44.52	80.97
湖南	105.23	14.07	10.39	0.33	23.30	57.14
广东	158.16	13.32	20.06	0.08	26.44	98.26
广西	108.44	38.68	17.20	0.13	10.16	42.27
海南	41.72	5.32	14.59	0.47	3.41	17.93
重庆	44.06	22.44	4.31	1.11	4.59	11.61
四川	449.06	61.33	11.57	267.70	10.52	97.94
贵州	70.19	52.14	2.58	1.76	1.96	11.75
云南	140.36	74.06	25.91	3.59	5.22	31.58
西藏	2095.00	2.15	0.02	1726.96	0.0002	365.87

续表

地区	合计	耕地	果园	草地	渔业水域	农业湿地
陕西	129.85	44.18	12.99	53.00	2.39	17.29
甘肃	308.23	64.27	4.07	144.61	0.36	94.92
青海	1460.51	6.38	0.10	996.71	0.97	456.35
宁夏	63.22	12.40	0.80	36.45	1.96	11.61
新疆	1114.46	3.34	9.88	872.60	7.39	221.25

5.7　增加景观美学价值

随着经济社会的发展和生活水平的提高，人们在物质产品需求得到满足的同时，对优美生态环境和服务等生态产品的需求意愿也日益强烈。农业在继续发挥物质产品供给的生产功能的同时，逐渐展现出其生态功能、社会功能等多功能性特征，为人们提供着良好的生态环境和服务。因此，农业的增加景观美学价值，既是农业本身具有的功能，也是基于人们的生活需求和支付意愿的。

理论上，估算农业增加景观美学功能的经济价值，应该建立一套科学、客观的指标体系和评估方法，如农业的景观格局、景观构成、农作物类型、色彩、密度、对比度及人们的认知、心理感受等。但这是一项复杂烦琐的工作，需要长期、定位监测农业生态系统的内在机理；同时，还要长期、跟踪测试人们的感官、心理变化规律等。这种方法更适合于评估某一区域、具体类型的农业的景观美学价值，对于全国性、不同类型的农业的景观美学价值评估困难比较大，因为人们对不同景观的认知、心理感觉、支付意愿等可能完全不一样。

目前，开展农业增加景观美学功能的价值评估，主要是基于人们的支付意愿，采用旅行费用法、条件价值法、当量因子法等方法。因此，为从全国层面对不同农业类型的景观美学价值开展评估、分析，本书采用当量因子法估算农业增加景观美学功能的理论价值量。

1）实物量估算

参考谢高地等2002年研究建立的我国生态系统服务价值当量表（表4-3），以及农业生态系统的面积，估算2017年农业增加景观美学功能的实物量，如式（5-34）所示：

$$M_{景观美学}=E\times A_2 \tag{5-34}$$

式中，$M_{景观美学}$为农业增加景观美学功能的实物量；E为农业生态系统单位面积生态服务价值当量；A_2为农业生态系统的面积，hm^2。

数据来源：耕地、果园、草地、渔业水域等面积数据来源于《中国农村统计年鉴》（2018）；农业湿地面积数据来源于《中国统计年鉴》（2018），取湿地总面积数值。

对耕地、果园、草地、渔业水域、农业湿地等农业生态系统，分别估算2017年维持生物多样性功能实物量，如表5-32所示。

表5-32　2017年农业增加景观美学功能实物量

地区	耕地	果园	草地	渔业水域	农业湿地
全国	733065.79	142144	8772820	32328807.56	296484330
北京	502.20	1328	8	12707.52	266955
天津	829.92	296	0	144717.3	1640580
河北	23272.47	8323	16040	666120.56	5227545
山西	29894.93	4058	1348	46646.32	843045
内蒙古	62670.61	564	1980280	595035.7	33358830
辽宁	41264.28	4678	128	3813558	7741140
吉林	60993.89	658	9440	1088024.98	5536680
黑龙江	126290.23	446	43796	1660818.18	28545315
上海	55.56	165	0	67795.14	2578530
江苏	14131.50	2972	4	2743535.34	15666540
浙江	4942.50	5743	12	1189151.32	6161055
安徽	27573.96	3465	20	2070948.18	5781990
福建	1858.29	7665	12	1049937.14	4834050
江西	5955.98	3207	28	1791482.56	5051055
山东	23528.38	7143	232	3617763.24	9643125
河南	28068.56	2133	12	636330.8	3484845
湖北	21048.32	4802	80	3461475.5	8019750
湖南	8841.63	6531	544	1811854.52	5659335
广东	8371.03	12607	124	2056166.14	9731370
广西	24306.75	10805	208	789732.44	4186365
海南	3344.71	9170	768	265178.34	1776000
重庆	14100.31	2709	1820	356765.36	1149960
四川	38535.40	7269	438264	817634.3	9700290
贵州	32761.30	1621	2888	152668.18	1163835

续表

地区	耕地	果园	草地	渔业水域	农业湿地
云南	46537.62	16282	5880	405759.62	3127425
西藏	1349.76	15	2827320	17.36	36235950
陕西	27760.81	8164	86776	186186	1712175
甘肃	40381.27	2558	236744	28210	9401145
青海	4006.78	60	1631784	75516	45196980
宁夏	7791.00	500	59668	152320.98	1149960
新疆	2095.84	6207	1428592	574750.54	21912510

2）价值量估算

根据谢高地等 2002 年的研究成果，将当年全国平均粮食单产市场价值的 1/7 作为 1 个生态服务价值当量因子的经济价值量［式（4-1）］，以此估算农业增加景观美学功能的价值量，如式（5-35）所示：

$$V_{景观美学} = M_{景观美学} \times P_{景观美学} \tag{5-35}$$

式中，$V_{景观美学}$ 为农业增加景观美学功能的价值量，元；$M_{景观美学}$ 为农业增加景观美学功能的实物量；$P_{景观美学}$ 为农业增加景观美学的单位价值量，元/hm^2。

数据来源：选取稻谷、小麦、玉米三大粮食作物，计算 2017 年全国平均粮食单产市场价值，数据来源于《全国农产品成本收益资料汇编 2018》，取主产品产值，该值的 1/7 作为全国农田生物多样性单位价值量，即 2241.51 元/hm^2。

基于上述方法和数据，估算 2017 年全国农业增加景观美学功能价值量，为 7586.64 亿元，如表 5-33 所示。

表 5-33　2017 年农业增加景观美学功能价值量　（单位：亿元）

地区	合计	耕地	果园	草地	渔业水域	农业湿地
全国	7586.64	16.41	3.19	196.65	724.63	6645.74
北京	6.30	0.01	0.03	0.0002	0.28	5.98
天津	40.04	0.02	0.01	0	3.24	36.77
河北	133.18	0.52	0.19	0.36	14.93	117.18
山西	20.74	0.67	0.09	0.03	1.05	18.90
内蒙古	806.88	1.40	0.01	44.39	13.34	747.74
辽宁	260.02	0.92	0.10	0.003	85.48	173.52
吉林	150.09	1.37	0.01	0.21	24.39	124.11

续表

地区	合计	耕地	果园	草地	渔业水域	农业湿地
黑龙江	680.90	2.83	0.01	0.98	37.23	639.85
上海	59.33	0.001	0.004	0	1.52	57.80
江苏	413.06	0.32	0.07	0.00009	61.50	351.17
浙江	164.99	0.11	0.13	0.0003	26.65	138.10
安徽	176.72	0.62	0.08	0.0004	46.42	129.60
福建	132.10	0.04	0.17	0.0003	23.53	108.36
江西	153.58	0.13	0.07	0.0006	40.16	113.22
山东	297.94	0.53	0.16	0.01	81.09	216.15
河南	93.05	0.63	0.05	0.0003	14.26	78.11
湖北	257.93	0.47	0.11	0.002	77.59	179.76
湖南	167.82	0.20	0.15	0.01	40.61	126.85
广东	264.69	0.19	0.28	0.003	46.09	218.13
广西	112.33	0.54	0.24	0.005	17.70	93.84
海南	46.05	0.07	0.21	0.02	5.94	39.81
重庆	34.20	0.32	0.06	0.04	8.00	25.78
四川	246.60	0.86	0.16	9.82	18.33	217.43
贵州	30.34	0.73	0.04	0.06	3.42	26.09
云南	80.73	1.04	0.36	0.13	9.10	70.10
西藏	875.63	0.03	0.0003	63.37	0.0004	812.23
陕西	45.30	0.62	0.18	1.95	4.17	38.38
甘肃	217.64	0.91	0.06	5.31	0.63	210.73
青海	1051.46	0.09	0.001	36.58	1.69	1013.10
宁夏	30.71	0.17	0.01	1.34	3.41	25.78
新疆	536.26	0.05	0.14	32.02	12.88	491.17

从农业生态类型看，农业湿地维持生物多样性功能价值量最大，达到6645.74亿元，占农业维持生物多样性功能价值量的87.60%；其次是渔业水域，价值量达到724.63亿元，占9.55%；然后是草地，价值量为196.65亿元，占2.59%；再次是耕地，价值量为16.41亿元，占0.22%；最小的则是果园，价值量为3.19亿元，占0.04%，这既与该生态类型的当量因子有关，更与其面积大小有关。

从地域来看，青海、西藏和内蒙古三个省（自治区）农业增加景观美学功能价值量远远大于其他省（自治区、直辖市），分别达到1051.46亿元、875.63亿元和806.88亿元。北京、山西两个省（直辖市）农业增加景观美学功能价值量明显低于其他省（自治区、直辖市），分别为6.30亿元、20.74亿元。

综合来看，在耕地增加景观美学功能价值中，黑龙江、内蒙古、吉林、云南价值量明显高于其他省（自治区、直辖市），均在1亿元以上，分别达到2.83亿元、1.40亿元、1.37亿元、1.04亿元；上海、北京则价值量明显低于其他省（自治区、直辖市），分别为0.001亿元、0.01亿元。在果园增加景观美学功能价值中，云南、广东、广西价值量较大，分别为0.36亿元、0.28亿元、0.24亿元；西藏、青海、上海价值量较低，分别为0.0003亿元、0.001亿元、0.004亿元。在草地增加景观美学功能价值中，西藏、内蒙古、青海、新疆价值量明显高于其他省（自治区、直辖市），分别达到63.37亿元、44.39亿元、36.58亿元、32.02亿元；上海、天津价值量最低，为0。在渔业水域增加景观美学功能价值中，辽宁、山东价值量较高，分别为85.48亿元、81.09亿元；西藏、北京价值量较低，分别为0.0004亿元、0.28亿元。在农业湿地增加景观美学功能价值中，青海、西藏、内蒙古价值量较大，分别达到1013.10亿元、812.23亿元、747.74亿元；而北京、山西价值量较低，分别为5.98亿元、18.90亿元，这主要与实际面积有关。

5.8　调节气候价值

农业生产与气候变化的相互关系一直是研究的热点和焦点问题。农业生产既受气候变化影响，同时也影响着气候变化。理论上，估算农业调节气候变化功能的经济价值，应该建立一套科学、客观的指标体系和评估方法，如气温、降水、风速、温室气体排放、农作物分布、种植结构、农作物长势、水分蒸散发等。但这也是一项非常复杂烦琐的工作，需要长期、定位、连续监测农业生态系统和气候的变化规律，在长期性、连续性的大量数据支撑下，开展统计、模拟与分析。

目前，开展农业调节气候变化功能的价值评估，主要采用观测实验、生产率变动法、替代工程、当量因子法等方法。本书估算农业调节气候的价值，重点从农作物、渔业水域、农业湿地等蒸腾蒸散发方面开展，主要考虑农业生产过程中由于蒸腾蒸散发吸热可以有效降低周边环境温度，从而调节区域小气候。当然，此举将导致农业该项功能的价值估算不全面、不客观，估算的实物量、价值量与实际存在偏差。

1）实物量估算

运用监测、试验和资料查阅等方法，估算农业调节气候功能的实物量，即根据单位面积农作物水分蒸腾蒸发量，乘以其生产面积获得该功能的实物量，如式（5-36）所示：

$$M_{调节气候} = Q_{水分} \times A' \qquad (5\text{-}36)$$

式中，$M_{调节气候}$为农业调节气候的实物量，也是农作物、渔业水域和农业湿地等的水分蒸腾蒸发量，m^3；$Q_{水分}$为单位面积农业生态类型的水分蒸腾蒸发量，mm；A'为农业生产面积，hm^2。

数据来源：单位面积农作物水分蒸腾量取自中分辨率成像光谱仪（moderate-resolution imaging spectroradiometer，MODIS）的年实际蒸散发量（假定农作物的蒸腾量远大于地表蒸发），基于各省（自治区、直辖市）农作物的空间分布利用ArcGIS提取相应的蒸发格点数据，将其平均值作为农作物在该省（自治区、直辖市）的平均值；耕地、果园、草地、渔业水域、农业湿地面积数据来源于《中国农村统计年鉴》（2018）；耕地调节气候的实物量假设由小麦、水稻和玉米三种作物组成，果园的蒸腾量按照森林蒸腾计算，渔业水面蒸发则假设为当地的潜在蒸散发，由当地气候条件决定。假定农业调节区域小气候功能的价值主要体现在每年的7～8月，即人们生产生活最需要降温的夏季。因此，本书以北半球夏季为计算依据，基于中国通量观测研究网络ChinaFlux（http://www.chinaflux.org/）中国通量站点的观测数据，估算7～8月蒸发占全年的比例约为26.6%。

以耕地、果园、草地、渔业水域、农业湿地等为对象，估算2017年全国农业调节气候实物量，结果为4047.76亿m^3，如表5-34所示。

表5-34　2017年农业调节气候功能实物量　（单位：亿m^3）

地区	合计	耕地	果园	草地	渔业水域	农业湿地
全国	4047.76	1108.94	195.33	2002.77	204.99	535.73
北京	3.04	0.76	1.70	0.002	0.10	0.48
天津	6.10	2.73	0.37	0.00	0.99	2.01
河北	89.00	61.05	10.65	4.25	5.03	8.02
山西	32.85	25.59	5.41	0.29	0.39	1.17
内蒙古	621.62	39.28	0.59	526.55	4.12	51.08
辽宁	77.35	32.63	6.06	0.03	25.54	13.09
吉林	64.56	48.22	0.68	1.87	5.89	7.90
黑龙江	157.89	92.30	0.43	9.72	7.96	47.48
上海	8.94	1.91	0.26	0.00	0.35	6.42
江苏	113.66	60.42	4.86	0.001	16.88	31.50
浙江	42.15	11.79	8.54	0.004	7.26	14.56
安徽	124.90	91.20	5.97	0.006	14.53	13.19
福建	43.97	11.13	12.76	0.004	6.82	13.26

续表

地区	合计	耕地	果园	草地	渔业水域	农业湿地
江西	84.16	55.61	5.00	0.01	11.12	12.42
山东	134.02	82.27	11.01	0.06	25.94	14.74
河南	139.86	125.51	3.06	0.003	4.63	6.66
湖北	110.09	61.62	6.61	0.03	23.12	18.71
湖南	93.31	61.67	8.01	0.18	9.77	13.68
广东	87.02	30.90	20.07	0.04	11.82	24.19
广西	58.57	31.77	13.54	0.06	3.79	9.41
海南	27.66	4.19	16.25	0.29	1.74	5.19
重庆	22.46	14.63	3.15	0.47	1.92	2.29
四川	187.35	45.08	6.78	110.58	4.53	20.38
贵州	25.72	20.18	1.61	0.77	0.72	2.44
云南	67.44	35.33	21.36	1.43	2.65	6.67
西藏	727.16	0.38	0.01	668.06	0.0001	58.71
陕西	59.64	26.09	10.54	18.64	1.41	2.96
甘肃	96.75	18.81	3.23	56.43	0.21	18.07
青海	521.93	1.25	0.07	433.89	0.47	86.25
宁夏	16.78	3.95	0.62	9.83	1.20	1.18
新疆	201.80	10.69	6.13	159.27	4.09	21.62

2）价值量估算

采用生产率变动法、替代工程法，估算农业调节气候功能的价值量，即将农作物水分蒸腾蒸发吸收的热量用标准煤燃烧产生的热量来替代，以农作物水分蒸腾蒸发的实物量乘以标准煤的市场价格视为该功能的价值量，如式（5-37）所示：

$$V_{调节气候}=\frac{M_{调节气候}\times\rho_{水}\times 2257.6}{29307.6}\times P_{标准煤} \tag{5-37}$$

式中，$V_{调节气候}$为农业调节气候功能的价值量，元；$M_{调节气候}$为农业调节气候功能的实物量，也是农业生态系统的水分蒸腾蒸发量，m^3；$\rho_{水}$为水的密度，$1.0\times10^3 kg/m^3$；2257.6 为水在 100℃时的汽化潜热，kJ/kg；29307.6 为标准煤的低位热值，kJ/kg；$P_{标准煤}$为标准煤的市场价格，元/t，取值 930 元/t。

基于上述方法和数据，估算 2017 年全国农业调节气候功能价值量，结果为 289977.58 亿元，如表 5-35 所示。

从农业生态类型看，草地调节气候功能价值量最大，达到 143476.29 亿元，占农业调节气候功能价值总量的 49.48%；其次是耕地，价值量达到 79442.19 亿元，占 27.40%；然后是农业湿地，价值量达到 38378.97 亿元，占 13.24%；再次是渔业水域，价值量为 14686.15 亿元，占 5.06%；最后是果园，价值量为 13993.96 亿元，占 4.83%。

从地域来看，西藏、内蒙古、青海农业调节气候功能价值量明显高于其他省（自治区、直辖市），分别达到 52093.06 亿元、44532.58 亿元、37389.56 亿元；北京、天津、上海价值量则明显较低，分别仅为 217.50 亿元、436.73 亿元、641.09 亿元。

综合来看，在耕地调节气候功能价值中，河南、黑龙江、安徽、山东价值量较高，分别达到 8991.42 亿元、6612.37 亿元、6533.27 亿元、5894.02 亿元；西藏、北京、青海、上海价值量相对较低，分别为 27.13 亿元、54.22 亿元、89.28 亿元、136.67 亿元。在果园调节气候功能价值中，云南、广东、海南价值量较高，分别达到 1530.01 亿元、1438.10 亿元、1163.89 亿元；西藏、青海、上海价值量相对较低，分别为 0.80 亿元、4.72 亿元、18.91 亿元。在草地调节气候功能价值中，西藏、内蒙古、青海价值量明显高于其他省（自治区、直辖市），分别达到 47858.95 亿元、37721.67 亿元、31083.29 亿元；上海、天津价值量最低，均为 0。在渔业水域调节气候功能价值中，山东、辽宁、湖北价值量较高，分别达到 1857.99 亿元、1829.50 亿元、1656.29 亿元；西藏、北京、甘肃价值量较低，分别为 0.01 亿元、7.13 亿元、14.74 亿元。在农业湿地调节气候功能价值中，青海、西藏、内蒙古价值量明显较高，分别达到 6178.67 亿元、4206.17 亿元、3659.38 亿元；北京、山西、宁夏价值量相对较低，分别为 34.13 亿元、84.16 亿元、84.25 亿元。

表 5-35　2017 年农业调节气候功能价值量　　（单位：亿元）

地区	合计	耕地	果园	草地	渔业水域	农业湿地
全国	289977.58	79442.19	13993.96	143476.29	14686.15	38378.97
北京	217.50	54.22	121.85	0.17	7.13	34.13
天津	436.73	195.64	26.23	0.00	71.12	143.74
河北	6376.61	4373.70	763.08	304.72	360.65	574.46
山西	2354.05	1833.46	387.71	20.74	27.98	84.16
内蒙古	44532.58	2814.09	42.33	37721.67	295.11	3659.38
辽宁	5540.73	2337.30	434.08	2.36	1829.50	937.49
吉林	4625.40	3454.47	49.04	133.79	422.27	565.83
黑龙江	11310.43	6612.37	30.67	696.21	569.98	3401.20
上海	641.09	136.67	18.91	0.00	25.41	460.10
江苏	8141.85	4328.15	347.94	0.09	1209.30	2256.37

续表

地区	合计	耕地	果园	草地	渔业水域	农业湿地
浙江	3019.65	844.29	612.00	0.28	520.06	1043.02
安徽	8947.28	6533.27	428.00	0.46	1040.84	944.71
福建	3149.70	797.39	914.00	0.32	488.22	949.77
江西	6029.24	3983.78	358.07	0.74	796.91	889.74
山东	9601.25	5894.02	788.94	4.14	1857.99	1056.16
河南	10019.39	8991.42	219.18	0.25	331.70	476.84
湖北	7886.59	4414.34	473.55	1.96	1656.29	1340.45
湖南	6685.02	4418.13	573.60	12.94	700.15	980.20
广东	6234.48	2213.49	1438.10	2.82	847.02	1733.05
广西	4196.60	2276.13	970.11	4.16	271.82	674.38
海南	1981.40	300.08	1163.89	20.85	124.92	371.66
重庆	1609.57	1047.86	225.94	33.63	137.76	164.38
四川	13421.97	3229.41	485.77	7921.89	324.65	1460.25
贵州	1841.84	1445.55	115.07	55.09	51.51	174.62
云南	4831.84	2531.20	1530.01	102.69	189.91	478.03
西藏	52093.06	27.13	0.80	47858.95	0.01	4206.17
陕西	4272.39	1869.09	754.93	1335.26	100.86	212.25
甘肃	6931.80	1347.74	231.69	4042.86	14.74	1294.77
青海	37389.56	89.28	4.72	31083.29	33.60	6178.67
宁夏	1202.18	283.02	44.64	704.34	85.93	84.25
新疆	14455.78	765.50	439.11	11409.62	292.81	1548.74

5.9　农业生态功能总价值

农业具有重要生态功能。基于上述研究分析结果，无论从单向具体功能，还是从相关生态类型看，农业都蕴藏着巨大生态价值。本节重点估算农业生态功能总价值量，尝试开展其与农业产值、国内生产总值、农村居民人均可支配收入等经济社会发展情况的比较分析，以进一步明确其重要作用与意义。

1）农业生态功能总价值量估算

综合上述农业保护土壤、涵养水源、净化空气、消纳废弃物、维持生物多样性、增加景观美学、调节气候等各项具体功能的价值，估算2017年全国农业生态功能总价值量为448190.49亿元，如表5-36和表5-37所示。

表 5-36　2017 年全国农业生态功能总价值量（按功能类别分）　（单位：亿元）

地区	合计	保护土壤	涵养水源	净化空气	消纳废弃物	维持生物多样性	增加景观美学	调节气候
全国	448190.49	18344.66	36325.14	16540.43	69255.27	10160.77	7586.64	289977.58
北京	334.80	9.68	23.55	15.74	56.25	5.78	6.31	217.49
天津	964.23	6.19	122.19	49.77	289.09	20.22	40.04	436.73
河北	9940.84	203.15	650.45	793.27	1662.74	121.43	133.18	6376.62
山西	3821.28	536.47	162.91	269.35	413.80	63.97	20.73	2354.05
内蒙古	62217.91	1981.12	4042.72	1459.21	7740.70	1654.69	806.89	44532.58
辽宁	8955.40	6.45	1023.21	483.52	1441.07	200.40	260.03	5540.72
吉林	8166.33	472.86	716.45	789.20	1238.54	173.78	150.09	4625.41
黑龙江	21707.79	2.84	2595.52	1332.03	5248.04	538.03	680.90	11310.43
上海	1330.27	1.89	164.84	28.24	407.63	27.26	59.32	641.09
江苏	14575.60	142.59	1625.79	698.67	3332.96	220.69	413.05	8141.85
浙江	5192.95	92.03	587.59	137.41	1096.75	94.51	165.00	3019.66
安徽	13398.64	199.85	1122.05	748.74	2069.58	134.42	176.72	8947.28
福建	4948.35	71.32	504.91	122.13	890.72	77.47	132.10	3149.70
江西	9116.36	46.63	1038.53	365.09	1394.64	88.64	153.58	6029.25
山东	15408.76	191.33	1273.20	1133.52	2718.67	192.85	297.94	9601.25
河南	14618.49	180.81	745.15	1285.16	2203.49	91.44	93.05	10019.39
湖北	12232.50	170.82	1276.49	510.58	1963.42	166.68	257.93	7886.58
湖南	10413.40	54.91	1218.57	515.29	1666.55	105.24	167.82	6685.02
广东	10050.27	157.36	1088.23	277.30	1870.04	158.16	264.69	6234.49
广西	6737.77	307.43	665.47	282.63	1064.89	108.43	112.33	4196.59
海南	3169.30	446.20	201.03	72.43	380.46	41.73	46.05	1981.40
重庆	3329.60	910.93	237.15	145.82	347.87	44.06	34.19	1609.58
四川	21219.06	2261.04	1478.99	734.92	2626.48	449.05	246.61	13421.97
贵州	3002.91	215.27	247.04	180.40	417.81	70.20	30.35	1841.84
云南	8316.48	1425.14	506.66	376.96	954.78	140.36	80.74	4831.84
西藏	73798.38	3959.45	4787.98	1239.23	8748.01	2095.01	875.64	52093.06
陕西	6543.77	735.02	333.96	287.23	740.02	129.86	45.30	4272.38
甘肃	11417.39	864.25	831.04	317.69	1946.75	308.23	217.63	6931.80
青海	54237.29	731.30	4088.36	837.31	8678.78	1460.51	1051.46	37389.57
宁夏	1982.03	119.10	169.31	91.66	305.86	63.21	30.71	1202.18
新疆	27042.34	1841.23	2795.80	959.93	5338.88	1114.46	536.26	14455.78

表 5-37　2017 年全国农业生态功能总价值量（按生态类型分）（单位：亿元）

地区	合计	耕地	果园	草地	渔业水域	农业湿地
全国	448190.38	118874.57	18483.57	182096.76	19253.08	109482.40
北京	334.80	74.17	153.35	0.21	8.92	98.15
天津	964.21	302.16	33.31	0.00	91.56	537.18
河北	9940.85	6315.03	964.05	378.87	454.75	1828.15
山西	3821.29	2944.04	526.03	30.32	34.57	286.33
内蒙古	62217.91	4444.12	57.43	45677.63	379.17	11659.56
辽宁	8955.38	3266.90	523.50	2.77	2368.23	2793.98
吉林	8166.30	5449.28	66.02	181.39	575.97	1893.64
黑龙江	21707.80	9780.67	38.98	836.55	804.60	10247.00
上海	1330.28	193.44	23.36	0.00	34.99	1078.49
江苏	14575.60	6537.56	427.52	0.11	1596.87	6013.54
浙江	5192.94	1216.62	767.35	0.35	688.04	2520.58
安徽	13398.63	9219.13	514.21	0.55	1333.39	2331.35
福建	4948.35	1089.63	1112.73	0.38	636.53	2109.08
江西	9116.35	5530.88	433.52	0.87	1049.99	2101.09
山东	15408.76	8700.11	965.54	5.25	2369.07	3368.79
河南	14618.50	12612.75	271.27	0.31	421.59	1312.58
湖北	12232.51	6227.31	593.82	2.34	2145.29	3263.75
湖南	10413.39	6387.57	717.14	15.15	956.10	2337.43
广东	10050.24	3077.47	1764.99	3.45	1137.48	4066.85
广西	6737.78	3406.13	1264.61	5.30	383.38	1678.36
海南	3169.30	524.29	1654.99	30.05	162.38	797.59
重庆	3329.61	2218.99	418.83	63.46	188.16	440.17
四川	21219.06	5445.92	869.33	10677.06	440.16	3786.59
贵州	3002.89	2249.63	156.62	69.83	73.07	453.74
云南	8316.48	4495.96	2191.16	154.07	247.24	1228.05
西藏	73798.36	53.33	1.15	60847.52	0.01	12896.35
陕西	6543.77	2739.26	1014.00	2040.49	127.15	622.87
甘肃	11417.39	2230.96	314.28	5304.06	18.72	3549.37
青海	54237.27	147.75	5.96	37021.39	44.26	17017.91
宁夏	1982.04	489.89	56.40	968.27	107.44	360.04
新疆	27042.34	1503.62	582.12	17778.76	374.00	6803.84

在全国层面，从不同的农业生态功能、农业生态类型等角度分析，农业生态功能价值表现出不同特点。

从具体功能看（表 5-36 和表 5-38，图 5-2），第一是农业调节气候价值量，达到 289977.58 亿元，占农业生态功能总价值量的 64.70%；第二是消纳废弃物，价值量达到 69255.27 亿元，占 15.45%；第三是涵养水源，价值量为 36325.14 亿元，占 8.11%；第四是保护土壤，价值量为 18344.66 亿元，占 4.09%；第五是净化空气，价值量为 16540.43 亿元，占 3.69%；第六是维持生物多样性，价值量为 10160.77 亿元，占 2.27%；第七是增加景观美学，价值量为 7586.64 亿元，占 1.69%。可见，农业生态系统是一个巨大的“气候调节器”，对于调节区域小气候、增湿降温等具有重要意义；同时也是良好的“污染消纳库”“蓄水池”，能够分解消纳大量污染物、涵养水源。此外，在保护土壤、净化空气、维持生物多样性、增加景观美学等方面的作用也十分突出。

表 5-38　2017 年全国农业生态功能价值占比情况　　（单位：%）

具体功能	占比	生态类型	占比
保护土壤	4.09	耕地	26.52
涵养水源	8.11	果园	4.12
净化空气	3.69	草地	40.63
消纳废弃物	15.45	渔业水域	4.30
维持生物多样性	2.27	农业湿地	24.43
增加景观美学	1.69		
调节气候	64.70		

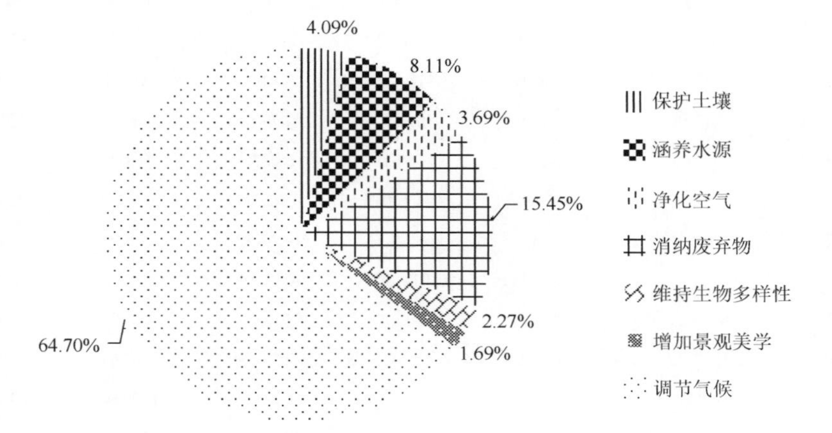

图 5-2　2017 年全国农业生态功能价值占比情况（按功能分）

从农业生态类型看（表 5-37 和表 5-38，图 5-3），草地生态功能价值量最大，达到 182096.76 亿元，占农业生态功能总价值量的 40.63%；其次是耕地，价值量达到 118874.57 亿元，占 26.52%；然后是农业湿地，价值量为 109482.40 亿元，占 24.43%；再次是渔业水域，价值量为 19253.08 亿元，占 4.30%；最后是果园，价值量为 18483.57 亿元，占 4.12%。这既与各生态类型的面积大小有关，也与各生态类型的单位面积生态功能强弱有关。也说明，草地是重要的生态系统、生态屏障，具有巨大的生态功能价值，保护草地意义重大；耕地、农业湿地，也具有巨大的生态功能价值，农业湿地更是被誉为“地球之肾”，对维护全球生态平衡、提供生态服务具有重要作用；渔业水域、果园由于面积较小，相对草地、耕地、农业湿地等而言，其生态功能价值量及占比略低，但生态功能也非常突出，加强保护意义重大。

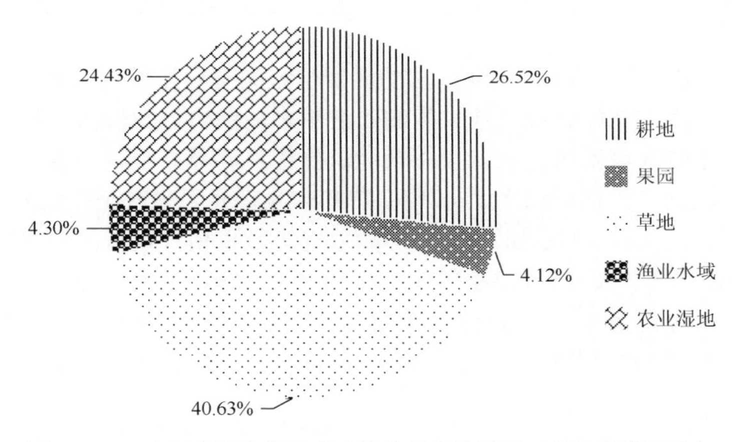

图 5-3　2017 年全国农业生态功能价值占比情况（按生态类型分）

从价值构成看（表 5-39），第一是草地的调节气候价值量，达到 143476.28 亿元，占农业生态功能总价值量的 32.01%；第二是耕地调节气候，价值量达到 79442.18 亿元，占农业生态功能总价值量的 17.73%；第三是农业湿地消纳废弃物，价值量达到 44049.75 亿元，占农业生态功能总价值量的 9.83%；第四是农业湿地调节气候，价值量为 38379 亿元，占农业生态功能价值总量的 8.56%；第五是农业湿地涵养水源，价值量为 16026.18 亿元，占农业生态功能总价值量的 3.58%；然后是渔业水域调节气候、果园调节气候、耕地净化空气、草地保护土壤、草地消纳废弃物等，价值量均在 1 万亿元以上；接下来是草地涵养水源、耕地涵养水源、农业湿地增加景观美学等，价值量也比较高。这些既与该农业生态类型的面积大小有关，也与该生态类型的该项生态功能单位强弱有关。可见，保护改善草地生态环境、耕地（农田）生态环境、农业湿地等，对调节气候、消纳废弃物、涵养水源、增加景观美学等农业生态功能改善具有重要作用。

表 5-39　2017 年全国农业生态功能价值构成　　（单位：亿元）

	合计	耕地	果园	草地	渔业水域	农业湿地
合计	448190.47	118874.52	18483.59	182096.76	19253.15	109482.45
保护土壤	18344.66	5895.54	1868.59	10580.53	—	—
涵养水源	36325.15	7531.01	568.58	8772.82	3426.56	16026.18
净化空气	16540.44	11150.83	698.7	3302.64	0.06	1388.21
消纳废弃物	69255.30	13671.88	1124.39	10409.28	—	44049.75
维持生物多样性	10160.74	1166.67	226.2	5358.56	415.74	2993.57
增加景观美学	7586.62	16.41	3.19	196.65	724.63	6645.74
调节气候	289977.56	79442.18	13993.94	143476.28	14686.16	38379

在地方层面（图 5-4），农业生态功能价值空间差异化特征明显，总体来看西部省份、重点生态功能区或农业大省的农业生态功能价值量较大，如西藏、内蒙古、青海三个省（自治区）农业生态功能总价值量明显高于其他省（自治区、直辖市），均达到 5 万亿元以上，分别为 73798.38 亿元、62217.91 亿元、54237.29 亿元；新疆、黑龙江、四川农业生态功能总价值量也相对较高，分别为 27042.34 亿元、21707.79 亿元、21219.06 亿元；而北京、天津、上海农业生态功能价值量则明显较低，分别为 334.8 亿元、964.23 亿元、1330.27 亿元。从相对量角度看，西藏的农业生态功能总价值量是北京的 220.43 倍、天津的 76.54 倍、上海的 55.48 倍，

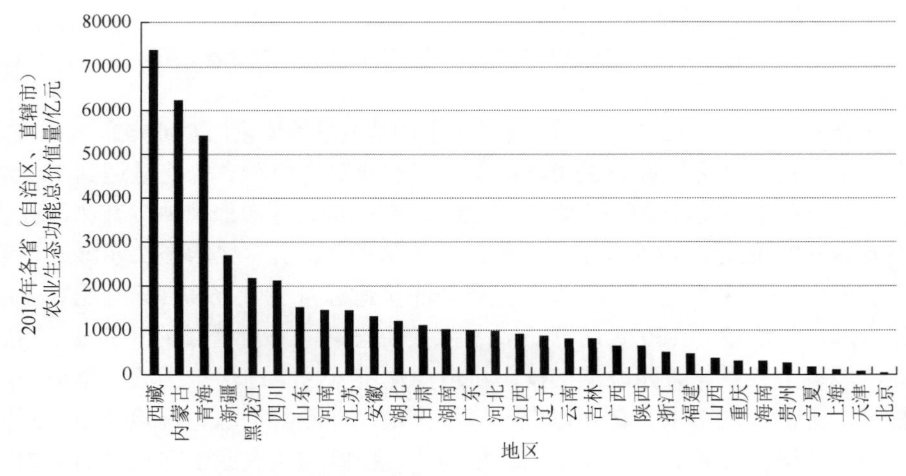

图 5-4　2017 年各省（自治区、直辖市）农业生态功能总价值量[①]

① 如无特殊说明，本书涉及的全国数据均未包括香港特别行政区、澳门特别行政区和台湾省。

内蒙古是北京的185.84倍、天津的64.53倍、上海的46.77倍，青海是北京的162倍、天津的56.25倍、上海的40.77倍，相对优势非常突出。

具体来看，在农业保护土壤功能价值中，西藏、四川、内蒙古价值量相对较高，分别为3959.45亿元、2261.04亿元、1981.12亿元；上海、黑龙江、天津价值量较低，分别为1.89亿元、2.84亿元、6.19亿元。在农业涵养水源功能价值中，西藏、青海、内蒙古价值量明显较高，分别达到4787.98亿元、4088.36亿元、4042.72亿元；北京、天津、山西价值量较低，分别为23.55亿元、122.19亿元、162.91亿元。在农业净化空气功能价值中，内蒙古、黑龙江、河南、西藏价值量较高，分别为1459.21亿元、1332.03亿元、1285.16亿元、1239.23亿元；北京、上海、天津价值量较低，分别为15.74亿元、28.24亿元、49.77亿元。在农业消纳废弃物功能价值中，西藏、青海、内蒙古价值量明显高于其他省（自治区、直辖市），分别达到8748.01亿元、8678.78亿元、7740.7亿元；北京、天津、宁夏价值量较低，分别为56.25亿元、289.09亿元、305.86亿元。在农业维持生物多样性功能价值中，西藏、内蒙古、青海价值量明显较高，分别为2095.01亿元、1654.69亿元、1460.51亿元；北京、天津、上海价值量较低，分别为5.78亿元、20.22亿元、27.26亿元。在农业增加景观美学功能价值中，青海、西藏、内蒙古价值量相对较高，分别为1051.46亿元、875.64亿元、806.89亿元；北京、山西价值量相对较低，分别为6.31亿元、20.73亿元。在农业调节气候功能价值中，西藏、内蒙古、青海价值量明显高于其他省（自治区、直辖市），分别达到52093.06亿元、44532.58亿元、37389.57亿元；北京、天津、上海价值量明显较低，分别为217.49亿元、436.73亿元、641.09亿元。

在耕地生态功能价值中，河南、黑龙江、安徽、山东价值量相对较高，分别为12612.75亿元、9780.67亿元、9219.13亿元、8700.11亿元；西藏、北京、青海、上海价值量相对较低，分别为53.33亿元、74.17亿元、147.75亿元、193.44亿元。在果园生态功能价值中，云南、广东、海南价值量相对较高，分别为2191.16亿元、1764.99亿元、1654.99亿元；西藏、青海、上海价值量较低，分别为1.15亿元、5.96亿元、23.36亿元。在草地生态功能价值中，西藏、内蒙古、青海、新疆价值量明显较高，分别达到60847.52亿元、45677.63亿元、37021.39亿元、17778.76亿元；上海、天津价值量最低，均为0。在渔业水域生态功能价值中，山东、辽宁、湖北价值量较高，分别为2369.07亿元、2368.23亿元、2145.29亿元；西藏、北京、甘肃价值量较低，分别为0.01亿元、8.92亿元、18.72亿元。在农业湿地生态功能价值中，青海、西藏、内蒙古、黑龙江价值量明显较高，分别达到17017.91亿元、12896.35亿元、11659.56亿元、10247亿元；北京、山西、宁夏价值量较低，分别为98.15亿元、286.33亿元、360.04亿元。

2）与经济发展比较分析

按照生态资本理论，农业生态环境具有价值且具有资本属性。根据上述估算，农业具有巨大生态功能价值，但仅从农业本身观察，或许还不易直观感受这些价值的大小；而如果将其置于经济发展的宏观背景中，就更加能体会其价值。从与农林牧渔业总产值、增加值、GDP、农村居民人均可支配收入等经济发展情况的比较分析看，农业生态功能的价值量、重要性更加凸显，结果如表 5-40 所示。

表 5-40　2017 年全国农业生态功能价值与经济发展对比情况

地区	农业生态功能总价值/亿元	比农林牧渔业增加值/倍数	比农林牧渔业总产值/倍数	占 GDP 比重/%	农村人均生态功能价值/元	比农村居民人均可支配收入/倍数
全国	448190.49	6.93	4.10	54.61	77728.53	5.79
北京	334.8	2.73	1.09	1.20	11426.62	0.47
天津	964.23	5.54	2.52	5.20	36249.25	1.67
河北	9940.84	3.01	1.85	29.22	29384.69	2.28
山西	3821.28	5.00	2.69	24.61	24200.63	2.24
内蒙古	62217.91	37.09	22.11	386.54	647428.82	51.45
辽宁	8955.4	4.48	2.33	38.26	63066.20	4.59
吉林	8166.33	7.18	3.96	54.64	69323.68	5.35
黑龙江	21707.79	7.15	3.89	136.50	141142.98	11.14
上海	1330.27	11.56	4.55	4.34	44790.24	1.61
江苏	14575.6	3.38	2.04	16.97	58116.43	3.03
浙江	5192.95	2.63	1.68	10.03	28690.33	1.15
安徽	13398.64	4.95	2.91	49.59	46059.26	3.61
福建	4948.35	2.16	1.25	15.38	35935.73	2.20
江西	9116.36	4.80	2.97	45.57	43452.62	3.28
山东	15408.76	3.01	1.69	21.21	39068.86	2.58
河南	14618.49	3.39	1.93	32.81	30685.33	2.41
湖北	12232.5	3.31	2.00	34.48	50926.31	3.69
湖南	10413.4	3.29	2.00	30.72	33451.33	2.59
广东	10050.27	2.71	1.68	11.20	29849.33	1.89
广西	6737.77	2.27	1.43	36.37	27157.48	2.40
海南	3169.3	3.19	2.13	71.02	81473.01	6.31
重庆	3329.6	2.56	1.75	17.14	30132.13	2.38
四川	21219.06	4.86	3.05	57.38	51943.84	4.25
贵州	3002.91	1.40	0.88	22.18	15543.01	1.75

续表

地区	农业生态功能总价值/亿元	比农林牧渔业增加值/倍数	比农林牧渔业总产值/倍数	占GDP比重/%	农村人均生态功能价值/元	比农村居民人均可支配收入/倍数
云南	8316.48	3.48	2.15	50.78	32498.94	3.30
西藏	73798.38	586.17	414.13	5629.51	3167312.45	306.61
陕西	6543.77	3.57	2.13	29.88	39491.67	3.85
甘肃	11417.39	12.74	7.32	153.05	81089.42	10.04
青海	54237.29	224.12	148.96	2066.32	1930152.67	203.98
宁夏	1982.03	7.44	3.83	57.56	69060.28	6.43
新疆	27042.34	16.49	8.13	248.51	218435.70	19.78

从全国层面看，2017年全国农业生态功能总价值是农林牧渔业增加值的6.93倍、农林牧渔业总产值的4.10倍，占当年国内生产总值（GDP）的比重达到54.61%；农村居民人均生态功能价值达到77728.53元，是当年农村居民人均可支配收入的5.79倍。这说明，农业在贡献着粮食、农产品、原材料等物质产品的同时，还隐藏着巨大的生态价值。从总量看，这些生态功能价值远远高于农业生产的物质产品价值（即生产功能的经济价值），甚至占到国内生产总值（GDP）的“半壁江山”；从人均情况看，农村居民人均生态功能的价值量也远远高于其人均可支配收入，说明广大农民在从事农业生产——贡献粮食、农产品、原材料等直接物质产品的同时，还维护和提供着优美的生态环境和良好的生态服务，且这些生态服务价值量巨大。但遗憾的是，这些农业生态功能价值并没有在市场上得到充分体现，也没有全部纳入正常的统计范围，大部分没有转化为农村居民的实际收入，即农业、农村、农民一直为经济社会发展、生态平衡、人类生存提供着不可或缺的生态服务，却没有享受同等服务价值的经济补偿或激励。

从地方层面看，西藏、青海、内蒙古、新疆、甘肃、黑龙江五个省（自治区）农业生态功能总价值量特别突出，与其他省（自治区、直辖市）相比优势特别明显。西藏农业生态功能总价值量最大，达到73798.38亿元，是其农林牧渔业增加值的586.17倍、农林牧渔业总产值的414.13倍；甚至比当年该区GDP总量还要高，是GDP的56.30倍；农村人均生态功能价值达到3167312.45元，是农村居民人均可支配收入的306.61倍。其次是青海，农业生态功能总价值量是其农林牧渔业增加值的224.12倍、农林牧渔业总产值的148.96倍，GDP的20.66倍；农村人均生态功能价值达到1930152.67元，是农村居民人均可支配收入的203.98倍。然后是内蒙古，农业生态功能总价值量是其农林牧渔业增加值的37.09倍、农林牧渔业总产值的22.11倍，GDP的3.87倍；农村人均生态功能价值达到647428.82元，是农村居民人均可支配收入的51.45倍。再次是新疆、甘肃、黑龙江，农业生态功能总价值量分别是其农林牧渔业增加值的 16.49 倍、12.74 倍、7.15 倍，是农林牧渔业总产值的 8.13 倍、7.32 倍、3.89 倍，是 GDP 的 2.49 倍、1.53 倍、1.37 倍。这也说明，这些看似经济欠发达的地区，却蕴藏着巨大的农业生态功能价值，是我国重要的农业生态功能区、保护区，加强这些地方的农业生态环境保护对维护整个生态系统安全、持续提供良好生态服务等具有重要意义。因此，考量、推动这些地区的经济社会发展时，绝不能简单地依赖产业产值、GDP 等指标，而必须把生态效益摆在更加突出位置，建立健全生态价值实现机制，将绿水青山变成为金山银山，推动生态、经济、社会等综合协调发展。

第 6 章　农业生态功能开发问题与建议

农业生态功能，是农业的固有属性、基础功能，具有巨大价值。20 世纪 90 年代以来，特别是 2007 年以来，我国对农业生态功能的理论技术研究、开发利用实践等取得积极进展，对人们重新认识农业价值、保护农业生态环境、促进农业转型升级发挥了重要推动作用。但总体来看，我国农业生态功能开发利用仍然存在技术、政策与实践方面的诸多问题，需要采取针对性的措施，尽快破除掣肘或障碍，推动持续健康发展。

6.1　农业生态功能开发的主要问题

6.1.1　技术层面，理论方法需要深入研究

1）内涵界定仍有分歧

近年来，农业具有生态功能已成为共识，但对农业生态功能的内涵、主要内容等的理解仍有差异。例如，有的学者从生态系统整体性出发，认为农业生态功能或者生态服务应该包括提供物质产品、保持土壤、涵养水源、净化空气、维持生物多样性、调节气候、提供休闲娱乐、传承文化等；有的学者将农业生态服务概括为供给服务、调节服务、支持服务和文化服务等类型；等等。当然，这些可能只是形式归类各异，而对农业生态功能或生态服务核心内容的框定基本相同；但对部分内容的界定仍有出入，如农业生态功能是否应该包含物质产品生产、文化传承、提供就业等。同时，尽管学界普遍认可农业资源环境是一种生态资本，具有价值，但生态资本的具体外延和内涵观点也不尽一致。这些看似不影响“主体”的内容选项，可能会极大影响农业生态功能价值的估算结果。同时，在资源环境价值理论中，使用价值和选择价值间的相互冲突和矛盾，也还没有得到较合理的解释；存在价值和选择价值的概念较模糊，不易理解，更不易对其进行核算。资源环境价值的代际分配问题还没有得到理论解释，使研究者很难从当代人和后代人的角度同时权衡。

指标是对内涵的直观反映。已有研究建立的农业生态功能或生态服务指标存在类型多样、不统一、差异较大等问题，建立公认、完善的指标非常困难。其直接原因是不同学者对农业生态功能或生态服务的理解不同，内涵界定存有分歧；

深层原因是农业生态系统极其复杂，学者需要考虑的因素非常多，如需要全面考虑不同区域特征、农业生态系统内在机理机制，以及影响农业生态功能或生态服务的各项因素等，而其中的每一个因素都可能会影响或产生某一指标。正是由于不同研究建立的指标的差异性，估算的农业生态功能价值“数出多门”、千差万别，难以比较。

2）估算方法有待规范

农业生态价值评估方法经过多年的发展，虽然有了一定的进展，但仍存在很多问题。正如本书所述，在农业生态功能或生态服务价值评估方法中，机理机制法和当量因子法各有优劣。机理机制法，结果相对比较客观、科学，但涉及参数较多、计算过程复杂，而且对每种功能价值的具体评价方法和参数标准难以统一；当量因子法，直观易用、数据需求少、便于对比分析，但也存在主观色彩浓、“一刀切”等问题，结果的科学性、客观性有待商榷；当然机理机制法中的揭示偏好法（替代市场法）、陈述偏好法（假想市场法）等部分方法也存在主观色彩浓、结果不客观等问题。

现实研究或工作中，对农业生态功能或生态服务价值估算方法选择的不同，将直接影响结果的科学性、客观性、可比性。例如，应用意愿调查法、享乐定价法等相对较多，致使结果的“主观意识”较强；部分学者为消除主观因素干扰，结合地理信息系统，应用机会成本法、市场价值法等开展评估，但也因经济理论与生态学的割裂导致了地理信息系统只作为服务价值评估的前导性过程的问题，或出现了在“市场失灵”状态下难以准确反映生态系统服务价值的问题（刘向华，2018）；多数研究采用线性简单加总核算方法对某一区域或某一类型的农业生态系统服务进行价值研究和分析，或者直接利用相关研究进行成果参照和简单加总核算总量价值，无法反映服务类型的相关性，出现价值总量存在重复计量等问题；核算资源环境的间接利用价值时，由于方法本身过于简单化，忽略了各要素之间和各种服务之间复杂的相互依存关系，常常出现不同的方法不一样的结果，使人们只能从不同的结果中分析其出现偏离的原因；当价值评估用直接市场评价法和间接市场评价法都无法解决时，大多只能用意愿调查评价法去解决，由于人们的认识问题以及调查问卷的设计、被调查对象的选择等的随机性、主观性，评估结果很难反映资源环境本身的价值。价值评估模型大多实用性差或很难在不同的资源环境领域通用，需要对其进行深入研究。

究其原因，还是由于全国农业生态区域具有多样性，价值差异很大，且农业生态系统服务起源于物种的多样性和群落的复杂性，多种生态服务之间存在错综复杂的关系，致使生态系统服务价值总量核算难以符合经济计量的确定性、定量化等要求，一套方法无法准确核算全国农业生态系统服务功能价值。

3）数据获取难度极大

翔实准确的基础数据，是客观估算农业生态功能价值的根本前提。长期以来，我国农业资源存在数据分散、底数不清、变化不察、质量不明的问题，影响农业生产发展管理与水平。从已有研究来看，农业生态功能价值估算也普遍存在基础数据短缺、以偏概全、交叉引用、数据陈旧、重复计算等许多问题，难以真实反映农业生态价值。

在基础数据短缺方面，如不同耕地、果园、草地等土壤侵蚀或保持方面的基础数据，河流、湖泊等渔业养殖水体固碳释氧、吸附吸收有害气体等方面的基础数据，比较薄弱，甚至很难找到相对认可的数据等；数据以偏概全，是普遍存在的问题，有的研究可能由于尺度较大、计算复杂、分类详细数据难以准确获取等因素，往往以“均值”的心态选择一种或几种业内普遍认可的数据进行等同计算；数据交叉引用本是科研的一种重要手段、一种惯用做法，但也存在“我引用你、你引用他、他引用我”的怪圈循环，或者顺藤摸瓜才发现共同引用的数据是 20～30 年前甚至更古老的数据，而这些已与当前的状况可能大相径庭；相关动态数据的缺乏，导致现有方法无法准确评估资源环境在过去某一年或某一时间段的价值及变化。

究其原因，是缺乏必要的、科学的、系统的农业生态环境监测和全面的、及时的相关市场经济调查统计。但最根本的还是农业生态系统的复杂性，农业生态功能价值是在农业生态系统内部的动态发展过程中形成的，表现为相互联系的多个方面，每一方面功能又受多种因素影响，不同因素间的相关关系、消长变化以及农业生态系统间的交替演进等机理机制异常复杂，很难完全掌握。此外，市场经济数据受经济发展、生活消费、政策变化甚至国际形势等众多因素的影响，收集、更新也存在很大困难，也将影响部分功能价值核算的准确性。

6.1.2　政策层面，制度体系有待健全完善

1）法律法规较薄弱

近年来，我国农业生态功能开发利用实践逐步展开，并通过相关政策、规划予以引导推动，但最具稳定性、保障性的农业生态功能法律法规仍然非常薄弱，甚至空白。

第一，现有的法律法规对农业生态功能的规定不够具体。近年来，我国制定出台了农业生态环境方面的一系列相关法律法规，如《中华人民共和国环境保护法》《中华人民共和国农业法》《中华人民共和国土壤污染防治法》《农产品产地安全管理办法》等，对加强农业生态环境保护、推动农业生态功能实践提供了

重要保障。但总体来看，这些法律法规原则性较强、比较宏观，缺乏必要的实施细则或具体解释，可操作性稍差，对农业生态功能开发利用而言更是如此，如《中华人民共和国土壤污染防治法》第三十一条规定“各级人民政府应当加强对国家公园等自然保护地的保护，维护其生态功能”，只是对“生态功能”进行了简单提及，并没有太多具体规定或相关解释，而其他相关法律法规更是缺乏这方面的明确规定。

第二，农业生态功能开发利用的地方性法规存在不足。纵观农业农村或相关领域的实践创新或突破，广大的地方基层往往是动力、源泉。农业生态功能的开发利用，也需要各地的踊跃实践。但目前来看，地方除出台相关规划、政策文件等外，在农业生态功能开发利用法规制定方面还比较薄弱，尚未有地方出台相关的法规。未来，地方可在保障粮食和农产品供给安全的前提下，广泛实践、深入总结、大胆创新，力争制定出台符合本地特色的农业生态功能开发利用法规，以此推动形成国家层面的相关法律法规。

第三，专门性的农业生态环境或生态功能法律法规缺乏。在生态文明建设背景下，农业生态环境保护受到广泛关注和重视，农业生态功能更是农业生产发展的重要方向，而加强法治化管理则是行业管理现实所需和法治社会建设的应有之义。目前，从国家层面来看，对农业生态环境保护的管理散见于相关法律法规，内容相对分散，缺乏一部专门性的农业生态环境法律法规，对整个行业进行统一的规定、规范等；对农业生态功能开发利用而言，更是难以提上议程。

2）配套制度不完善

相关配套制度不完善，也影响制约着农业生态功能的开发利用，甚至在一定程度上影响着农业生态环境保护与可持续发展。突出表现在以下几个方面。

一是农业生态功能区划制度仍不完善。经过多年发展，我国形成了以谷物为主导、种植业生产内部及农业种养结构协调性不断增强的农业区域布局，为保障粮食和重要农产品供给、促进农业规模化组织化与协调发展发挥了重要作用，但同时也存在农业生产与资源空间错位、耕地与水等部分资源紧缺、环境污染加剧、生态系统退化、区域主体功能不明确等突出问题。究其原因，我国目前的农业功能区划制度主要是基于种植、畜牧、水产、林草等行业生产发展和保障粮食安全等理念形成的，而对绿色发展理念的贯彻仍然不足，对资源环境承载力的约束考虑不够，对区域生态特征、环境容量、发展空间等体现薄弱。

二是农业生态环境激励与约束机制不健全。农业的外部性特征，导致农业生产的边际私人成本（收益）和边际社会成本（收益）发生偏离。具体来讲，农业生产活动的正外部效应，不能转化为农业生产经营者或农业资源环境保护者的收益，而是由全社会分享；农业生产活动的负外部效应，不能转化为农业生产经营者或农业资源环境破坏者的成本，而是由全社会共担。在建立健全激励与约束机制以实现外部性内部化上，我们做得还远远不够，无法有效激励农业资源环境保护者的积极性，或者无法有效约束农业资源环境破坏者的不良行为。从具体政策看，在激励方面落实得相对较好的是草原生态奖补和退耕还林还草、退牧还草补贴，以及耕地轮作休耕等，而在约束方面的工作还存在缺陷。

三是农业支持保护政策仍需优化。多年来，我国高度重视农业发展，不断加大投入，出台一系列强农惠农富农政策，逐步构建了补贴、价格、金融、保险、贸易、投资等相互支撑的农业支持保护政策体系。但部分农业政策已经不适应高质量发展需要，如增产型政策多、绿色发展政策少，数量导向型政策多、质量效益政策少，政府投入为主政策多、撬动金融社会资本政策少，等等。从具体政策看，相关农业生产资料补贴和市场价格政策在提高农民生产积极性、促进农业发展的同时，也扭曲了生产和市场，导致农业资源不合理配置，对生态环境带来破坏。

四是农业生态功能价值实现机制尚未建立。农业蕴藏着巨大生态价值，但并未在生产生活中完全体现，也无法充分反映农业的全部价值、生产经营者或资源环境保护者的辛苦劳动。一方面，政府作用发挥不够。实现农业生态功能价值，需要政府建立健全相关机制政策引导、规范、推动，但这方面工作还有很多不足，如农业资源环境价值核算体系、农业生态资本的监督管理、农业投入品的定价与农产品优质优价机制等不健全。另一方面，市场发育不成熟。主要表现在生态环境保护、生态功能开发利用等问题过度依赖政府，既要靠政府政策引导，又要靠财政资金推动，尚未形成以市场为平台、企业和团体为主体、社会自主治理与发展的长效机制，尤其是农业生态产品和服务的市场定价机制、交易机制、运营机制等尚未建立，影响农业生态功能开发利用的全面推进。

6.1.3 实践层面，开发利用亟须拓宽深入

1）认知与实践有待全面拓宽

虽然自 20 世纪 70 年代以来，我国就已开始重视并推动农业生态环境保护，且在 2007 年中央 1 号文件中强调了农业的生态功能，但总体来看全社会对农业生态功能的认知、实践仍然有待全面拓宽，尤其与农业的生产功能、社会功能等相比，农业的生态功能还处于“弱势”。

第一，全社会对农业生态功能的有效认知有待全面深入。一直以来，我们重视并充分发挥农业的生产功能，采取了一系列有效措施，不断加大投入，推进农业综合生产能力取得巨大成就。粮食产量连续五年保持在 1.3 万亿斤以上，肉蛋菜果茶鱼等产量稳居世界第一，比较好地解决了吃饭问题，为经济发展和社会稳

定发挥了“压舱石”作用。可以说，农业的生产功能发挥到了极致，而农业的生态功能则相对更多地停留在“理念”“文件”“口号”上，实际行动、具体实践则相对比较粗浅，实际作用并不突出。对广大社会民众而言，尤其是广大农业生产经营主体，对农业生态功能的有效认知、思维意识等直接影响着其生产生活行为，进而影响农业生态环境状况；尽管随着经济社会发展、生活水平提高和政府宣传推动，人们的农业生态环境保护意识逐渐增强，对优美农业生态环境和绿色优质农产品的渴求日趋强烈，但其思想观念、认知水平仍然有待提高，尤其生产生活的实际行为仍然粗放、不太合理，如仍然存在生产中大水大肥大药、生活中污水垃圾乱倒等现象，加剧了农业生态环境污染，不利于农业生态功能的正向价值发挥。官方的认可、推动是重要手段，而全社会的共识、行动才是根本动力，农业生态功能面临着官方认可重视推动、社会期望大但行动弱的尴尬境况。正是如此，也导致我国农业综合生产能力取得巨大成就的同时仍面临一些困难和挑战：品种结构还不优，绿色优质农产品供应不足；区域布局还不适，存在盲目引种、扩种现象，影响农产品产量、品质和特色、效益；生产方式不合理，拼资源、拼投入的方式不可持续，生态环境承载能力逼近极限等。

第二，部分地区对农业生态功能的行动实践有待全面深入。2007 年以来，我国对农业生态功能的开发利用实践逐步展开。国家层面出台了一系列相关规划计划、政策文件，加强了对农业生态功能认知、开发、利用等的战略部署与指引指导；地方层面，许多省（自治区、直辖市）也制定了相关的规划计划、政策措施，推动农业生态功能的开发利用。但总体来看，农业生态功能的行动实践仍然不够深入，与广大人民的渴望需求相比存在较大差距，尤其是部分地区对农业生态功能的认知不够深入、开发利用实践较为薄弱缓慢。有的地区，虽然把农业生态功能开发利用写入政府文件，也制定了相关规划计划，但更多的是在纸面上“落实”国家部署，实际中并未采取具体的行动措施；有的地区，农业发展理念还存在偏差，绿色发展理念淡薄，仍然以高消耗、高投入的方式发展农业，存在以简单机械地唯粮食产量、农业产值、GDP 论英雄等现象，认为只要粮食与农产品产量达到目标要求就算完成农业生产发展任务，至于农业生态环境保护则是“分外之事”“不必刻意强求”，农业生态功能的开发利用更是不在“议程范围”；更有甚者，认为农业对 GDP 的直接贡献很小，而且效益低、风险大，没有必要再继续投入支持，对农业发展不积极、不主动，“说起来重要、干起来次要、忙起来不要”的问题还比较突出。这些也导致多年来即使在国家日益强调农业生态环境保护的背景下，部分地区的农业生态环境问题仍然突出，资源约束趋紧、环境污染加剧、生态系统退化的严峻形势未得到根本遏制，农业生态功能更多地表现为负向价值，危害人体健康与可持续发展，亟待破解。农业生态功能的开发利用，既需要国家层面的科学规划、政策指导，更需要广大地方层面的落实落地、主动实践，总体来看，部分地区对农业生态环境保护的态度、对农业生态功能的认知与实践仍然存在突出问题，需要进一步深化绿色发展理念，强化认识认知，主动开展行动，尽快扭转负面的农业生态环境影响，发挥农业生态功能的正向价值。

2）农业生态功能推进不均衡

从生态类型上看，农业生态功能开发利用可从耕地、果园、草地、渔业水域、农业湿地等多个领域全面探索；从功能类别上看，农业生态功能开发利用可从土壤保护、水源涵养、空气净化、废弃物消纳、景观美学增加、生物多样性维持、气候调节等多个方面开展。但总体来看，无论是研究还是实践，农业生态功能的推进情况参差不齐。

在研究方面，近年来国内外学者围绕农业生态服务功能、生态服务价值等开展了大量研究，研究范围逐步拓宽、研究内容逐渐丰富、研究方法逐步建立，为推进农业生态功能开发利用奠定了良好基础。但总体来看，研究的领域与内容仍然相对集中，如对耕地、草地、农业湿地等领域的生态服务功能或生态价值研究相对较多，内涵、指标、方法比较丰富，在某一具体问题或方法上逐步形成业内共识；但对果园、渔业水域等领域的生态服务功能或生态价值研究则相对较少，内容、方法也比较单薄，处于探索阶段；对土壤保护、水源涵养、空气净化、气候调节等方面的研究相对较多，而对废弃物消纳、景观美学增加、生物多样性维持等方面的研究相对较少。

在实践方面，近年来许多地区积极践行“绿水青山就是金山银山”理念，从实际出发，大力开展制度创新、试点实践和政策制定，推动农业生态功能开发利用不断取得突破，为全面开发利用农业生态功能、发挥农业生态功能价值起到良好的示范带动作用。从地域看，浙江、福建、江苏、上海、北京、重庆、云南、江西等省（直辖市），农业生态功能开发利用实践相对深入，而其他省（自治区、直辖市）则相对较慢；从领域看，各地区对农业生态功能开发利用的实践，主要集中于耕地、果园、草地、农业湿地等类型，而对渔业水域的生态功能开发利用相对薄弱；从类别看，对农业生态功能的开发利用主要集中在增加景观美学、维持生物多样性、保护土壤、涵养水源等方面，而对净化空气、消纳废弃物、调节气候等方面的开发利用实践相对较少，这也与这些功能类别的显隐性特征有关。

6.1.4　本书的不足与缺陷

1）价值估算方法比较粗略

本书归纳总结了农业生态功能价值估算的两类重要方法，并在相关功能价值估算中进行应用。在估算农业保护土壤、涵养水源、净化空气、消纳废弃物、调节气候等功能价值时，采用机理机制法；而在估算农业维持生物多样性、增加景观美学等功能价值时，采用当量因子法。研究过程中，虽然竭尽可能遵循农业生态系统内在机理机制变化，以反映其真实的生态功能价值，但在估算方法选择上仍然比较粗略、不够精准。第一，估算方法选择上尺度、标准不统一。机理机制法与当量因子法，各有特点、适用范围与优劣势。在估算全国农业生态功能价值时，选择两种大类方法，存在估算角度、过程、尺度、标准等不统一问题，可能导致结果的准确性、可比性稍差。第二，机理机制法部分估算过程简略。该方法本应从农业生态系统内在机理机制出发，根据实际状况进行功能价值估算，但由于本书重点在于估算全国、省级层面农业生态功能整体价值，需要的基础数据、参数等实在过于庞大，且农业生态系统的极端复杂性，每一个区域、每一个生态类型、每一个估算对象的功能价值估算方法和参数均不一样，所以本书采用成果参照法较多，导致结果可能有失偏颇。第三，当量因子法选取研究结果陈旧。谢高地等学者研究改进的当量因子法，应用日益广泛，为我国生态系统服务价值估算提供了重要便利和支撑。但同时也存在部分估算过程、价值数据与现实不合宜的问题，如在 2015 年将单位面积农田生态系统粮食生产的净利润作为 1 个标准当量因子的生态系统服务价值量，若使用该方法计算 2016 年及以后的单位面积生态系统服务价值可能出现负值状况，因为此时单位面积农田生态系统粮食生产的净利润已经由正转负，所以本书仅应用 2002 年建立的生态系统当量因子表，而价值计算则根据 1 个生态服务价值当量因子的经济价值量等于当年全国平均粮食单产市场价值的 1/7 进行计算。

2）价值估算结果不完全准确

作者在本书研究与编制过程中耗费大量时间精力查阅参考了大量相关资料、数据等，试图全面估算反映整个农业生态系统生态价值。如上所述，因农业生态价值评估方法选择的主观性、基础数据的难以获得性等，本书估算的农业生态功能价值结果也不完美。一方面，数据应用上存在“以偏概全”问题。由于估算全国尺度农业生态价值难度极大，本研究按照“均值”逻辑进行估算，这样导致数据不准确。例如，估算果园、草地、农业湿地的净化空气功能价值时，分别采用各自生态类型的一个净初级生产力数据进行估算，与客观事实差距较大，因为不同类型果园、草地、农业湿地之间的净初级生产力完全不同，需要就具体类型、具体对象等具体分析计算。再如，估算农业保持土壤总量功能价值时，对各省（自治区、直辖市）的土壤侵蚀情况仅仅参考已有研究成果或相关资料，而缺乏必要的全面监测或官方数据，导致估算结果可能存在偏差，尤其是黑龙江、吉林、辽宁等省的农业保持土壤总量价值比实际情况偏低。又如，估算农业固碳功能价值时，由于农业固碳复杂性、数据难以获得性等，仅估算农作物、植被等固碳功能价值，未估算农业土壤固碳功能价值，导致农业固碳功能价值结果严重偏小。另一方面，农业生态类型划分上存在不全面问题。农业生态系统是一个自然、生物与人类社会生产活动交织在一起的复杂系统。从生态类型上讲，农业生态系统可包括农田、草地、林地、果园、湿地等；从产业上讲，农业可包括种植、畜牧养殖、水产养殖等。本书只是从耕地、果园、草地、渔业水域、农业湿地等几种类型进行估算，不够全面。具体看，估算耕地生态价值时，只选取小麦、水稻、玉米三种粮食作物，导致结果偏低或重复计算问题；估算农业湿地生态价值时，将自然湿地、近海与海岸、河流、湖泊、沼泽、人工湿地等全部计算在内，可能导致数据偏高等。同时，估算过程粗略、结果不细致。例如，估算草地生态功能时，至少应该分为草原、草甸、草甸草原、荒漠草原、草丛等几个类型；估算果园生态功能时，也应该从苹果、桃、梨、葡萄、柑橘等几个类型进行分类估算等，但由于相关数据的获取难度极大，导致估算过程粗略、结果不准确不具体等。

3）没有开展负向价值评估

本书第一章已阐述了农业的负向生态功能，即农业对生态环境的不利影响，如损害土壤、污染水源、污染空气、产生废弃物、影响景观、威胁生物多样性、影响气候等。从理论上讲，科学客观估算农业生态功能价值，应该从正负两个方面进行，既要估算农业生态功能的有利作用、正向价值，也要估算农业生态功能的不利影响、负向价值，最终客观真实反映其生态价值。由于缺乏必要的基础数据，更为重要的是，本书意在通过估算农业生态功能的正向价值，促使人们重新认识农业的价值与作用，厚植热爱农业、保护农业、投入农业的情怀，进一步夯实农业的重中之重地位，以提供更多物质产品和优美环境、生态服务，对负向价值未涉及。没有开展农业生态功能的负向价值评估，是本书的一大不足，也是今后的研究与改进方向。

6.2　农业生态功能开发的政策建议

6.2.1　理论上，深入开展技术方法研究

1）进一步界定内涵与指标

明确或界定统一的农业生态功能内涵，是估算农业生态功能价值并进行有效对比的基础前提。针对当前农业生态功能内涵存在理解差异、分歧等问题，今后应继续深入研究，进一步界定其基本范围、内容与指标。

第一，要考虑农业的自身特点。研究界定农业生态功能的内涵，既要从生态系统的整体性出发，又要从农业自身特征的实际情况出发。农业既具有自然生态

系统的属性特征，又具有人工生态系统、经济社会系统的实际特点，生产粮食、农产品、原材料等物质产品是农业作为生产部门的基本任务，是生产功能的体现；保护或破坏生态环境，是农业作为生态系统一部分的固有属性，是生态功能的体现；提供就业、保障社会稳定、传承文化文明，则是农业作为行业产业的重要使命，是生活功能或社会功能的体现。因此，与流域、森林等其他生态系统不同，研究界定农业的生态功能，要从“农业多功能性”提出的历史背景与政策初衷出发，着重区分“生产”“生态”“生活”功能的不同定位，紧扣“生态”这一关键词，紧紧围绕农业对生态环境的影响，无论是保护改善还是破坏污染，来界定农业生态功能的基本内涵。

第二，要考虑不同的生态类型。农业是一个复杂的系统。从行业管理角度看，出于不同的管理目标或实际需要等原因，我国在不同的历史时期，出现过农业行业管理的多种内容与方式组合，如农林、农牧渔、农林牧副渔、农业、农业农村等；从生态系统角度看，农业生态系统是人类利用农业生物与非生物环境之间以及农业生物种群之间的关系生产食物和其他农产品的生态系统，应包括种植、养殖等生产生态系统。因此，界定农业的生态功能研究范围，应从农业生态系统整体性角度出发，充分考虑种植、养殖等各个方面，如耕地、畜牧养殖区、渔业水域等不同生态类型，尽可能全面反映农业的生态功能价值。

第三，要考虑具体的环境要素。研究农业的生态功能，估算生态功能价值，最终要落实在具体的生态环境要素层面。一般而言，人们理解的生态环境要素，包括土壤、水、空气、固体废弃物、声、生物等方面，这些要素是生态环境质量的基本直观反映。因此，界定农业的生态功能指标，也要围绕土壤、水、空气、固体废弃物、声、生物等这些具体的生态环境要素，进一步将其细化为具体的指标，如土壤总量、吸附粉尘等，以准确反映农业的生产发展对生态环境的影响，即农业的生态功能价值及变化。

2）进一步改进价值估算方法

建立科学规范、针对性强的农业生态价值评估方法，是客观真实反映农业生态功能价值的关键手段。针对当前农业生态功能价值评估方法存在主观性随意性较强、科学性规范性不足、动态性较差等问题，今后应继续深入研究，进一步改进完善。

第一，改进机理机制法。要开展农业生态系统长期定位观测、试验和调查评价，进一步掌握农业生态功能的内部机制、演变规律及其变化的影响因素。根据农业生态系统的机理机制，针对性分类完善农业生态功能价值评估方法，如依据水土流失规律估算农业保护土壤功能价值，依据农业生物种群、生态系统演变机理等估算其维持生物多样性功能价值等，增强估算结果的科学性、客观性。要进一步突破农业生态价值评估的瞬时静态描述制约，着重研究如何建立揭示其动态变化的技术方法。

第二，改进当量因子法。根据农业生产发展、经济社会水平、人类认知需求等情况，建立健全动态评估模型，及时完善生态系统当量因子、单位面积生态价值量核算方法等，促使人们的支付意愿、主观偏好更贴近生态系统的真实价值。

第三，完善模型评估法。坚持模型模拟与客观试验、实地调查相结合，不断验证与率定模型参数，反复模拟、验算，完善模型算法，使模型模拟结果与实际情况更加接近，更加准确反映农业生态功能的实际价值。

第四，继续研究能值分析法。加强能值理论及其分析方法在农业生态功能价值评估中的应用，健全完善能值价值评估指标体系，规范能值转换率，合理界定农业生态系统评价边界，科学计算农业生产过程环境资源贡献，规范农业生态系统投入资源分类问题，解决农业生态系统能值投入与产出不守恒问题。

实际工作中，在遵循科学性、客观性、规范性原则下，可根据计算简便性、数据可得性、结果可比性等，针对不同生态类型灵活选择不同的评估方法，选择单项生态功能单独核算（如农业固碳、水源涵养功能等）或全部生态功能统一核算方法，尽量保持时间的持续性和空间的一致性，保证农业生态价值可算、可比、可货币化。

3）进一步强化科技集成应用

农业生态功能开发利用，既需要单项理论的研究创新，更需要多项技术的集成应用。在内涵、指标、价值估算方法等相关单项理论技术研究突破的基础上，进一步强化理论技术集成、转化与综合应用，构建农业生态功能开发利用技术体系，为全面推动农业生态功能开发利用实践提供技术支撑保障。

一方面，开展科技联合攻关。推动农业、生态、环境、经济等多学科交叉融合，开展科技联合攻关，强化农业生态功能的高新技术与政策机制研发，推动科技创新能力和创新平台建设，研发农业生态功能开发领域新技术、新产品、新装备与新机制。

另一方面，强化科技成果转化应用。采取有力措施，进一步强化农业生态功能开发科技成果转化应用，重点实施农业资源保护与可持续利用、农业环境监测评价与治理、农业废弃物综合利用、区域农业生态环境质量提升等一批农业可持续发展工程措施；大力建设农业生态环境科研基地、野外观测台站与重点实验室，加强高级别领军人才的培养，引进新型从业人员经营管理与技术应用培训，全面推动农业生态功能新技术、新产品、新装备、新机制的推广应用。

6.2.2　战略上，夯实巩固农业基础地位

1）全面深化认识农业作用

长期以来，人们对农业的认识和定位，更多的是提供粮食、农产品和物质原

材料，以及吸纳农村劳动力、维护社会稳定等。从功能的角度说，人们更关注的是农业的生产功能、经济功能或社会功能。直到20世纪80年代，农业多功能性概念提出后，人们对农业的认识才逐渐拓宽、深化。农业不仅具有生产功能，还具有生态功能、生活功能，或者具有经济功能、政治功能、社会功能、文化功能、生态功能等多种功能。尤其随着经济社会发展、生活水平提高和消费升级，人们对农业的认识更加全面深刻，对农业生态环境的认知和需求不断提升。从研究结果看，2017年全国农业生态功能总价值量达到44.82万亿元，是农林牧渔业增加值的6.93倍、农林牧渔业总产值的4.10倍，占当年GDP的54.61%；农村人均农业生态功能价值达到7.78万元，是当年农村居民人均可支配收入的5.79倍。但目前这些价值很大一部分并没有直接反映在实际生活中，是一种隐性存在，很大程度上影响了人们的认知。

今后，我们应该全面深化对农业的认识，充分发挥农业的多功能性作用，切实保护好、发展好农业这一基础产业。一方面，农业行业管理者要全面深化认识。农业行业管理者是农业生产发展的决策者、施政者，其对农业的认识、理念等决定了农业生产发展和生态环境保护的方向与大局。要真正从理念思想深度，全面深刻认识农业的重要作用，农业不仅是物质产品的生产者，也是优美环境和生态服务的提供者，把农业摆在优先发展位置，从根本上消除“说起来重要、干起来次要、忙起来不要”的现实顽疾，统筹考虑农业生产、生态和生活功能，优化机制政策，促进农业全面健康持续发展。另一方面，农业生产主体要全面深化认识。广大农民群众、新型农业生产经营主体等是农业生产发展的主力军，其对农业的认识、态度将极大影响农业的生产发展与生态环境状况。要加强宣传教育，做好农业生态环境保护政策解读，引导树立农业资源有价、保护环境有责的思想观念，从自身做起，自觉抵制不良行为，营造珍惜保护农业生态环境的良好氛围；开展技术培训，推动扩大测土配方施肥、生物防控、农业废弃物回收利用等相关技术覆盖面，全面进村入户，使农业生产发展主力军真正掌握具体技术，在生产中减少化肥农药投入、农业废弃物产生等，从源头保护农业生态环境。

2）坚持农业基础地位不动摇

思想上认识到位，才会带来行动上的改变与推进。与工业、服务业等产业相比，农业的作用更加基础全面，不仅提供粮食、农产品等物质产品，而且提供优美环境和生态服务，影响人类的持续生存发展。从生产功能或经济社会功能看，农业是我国的第一产业，是经济社会发展的基础。近年来，我国农业发展形势持续向好，粮食连年丰收，农产品供给充裕，为经济社会发展提供了有力支撑，但个别地区、部门或人员也出现了思想松懈现象。尤其随着我国城镇化的快速推进，第二、第三产业迅猛发展及其占GDP的比重日益提高，农业地位更加尴尬，要逐渐回归“吃饭产业”本位。从生态功能看，农业与生态环境最具相容性，农业的底色是绿色，是生态环境保护和生态服务供给的主体，尤其与工业相比，农业为人类提供的生态环境和服务处于正区间，但近年来也逐渐出现农业资源约束趋紧、环境污染、生态退化等问题，应引起重视。

坚持农业的基础性地位不动摇，要认识到农业是经济社会发展的基础，为经济社会发展提供最根本的物质保障。离开了农业的发展，很难实现经济结构调整完善以及综合国力提高，很难实现经济社会的可持续发展。农业现代化是国家现代化的基础和支撑，没有农业现代化，国家现代化也不完整、不全面、不牢固（韩长赋，2016）。纵观日本农业现代化进程，就曾有过忽视农业的深刻教训，在其经济高速增长阶段的一个相当长的时期内，日本没有随形势变化对农业的要求和目标定位及时调整，致使农业作为国民经济基础十分脆弱，国内粮食等农产品的自给率不断下降，此后不得不花费更大努力和代价进行扭转和弥补。对我国而言，虽然仅从直接经济效益衡量，农业所占 GDP 份额不断变小，但并不意味着农业基础地位的改变；即使农业占 GDP 份额降到一个百分点以内，它的作用也仍然是“百分之百”（方志权和吴方卫，2007）。即便城镇化快速推进，我国是人口大国、农业大国、农民大国的基本国情农情仍然是现实存在，农业的基础地位也不应改变。截至 2017 年末，全国仍有 5.8 亿人生活在农村、3.6 亿人在乡村就业、2.1 亿人从事农业；即使到 2035 年城镇化率接近 80%，也仍有约 3.5 亿人生活在农村，仍将有上亿人从事农业（张铁亮，2019）。我们要吸取日本忽视农业的教训，借鉴其农业多功能性、保护农业生态环境的经验做法，始终坚持农业基础性地位不动摇，既要坚持农业生产发展，又要坚持保护农业生态环境；坚持农业优先发展，把干部配备、要素配置、资金投入、公共服务安排等方面的“优先”落实落地；无论是充分已有的自给自足，还是第二、第三产业的迅猛发展，抑或是农业生态环境的逐渐好转，都不能弱化农业的基础性地位，反而要积极抓牢稳固这一基础地位，为粮食安全、经济安全、生态安全和社会安全等提供更加坚实的保障。

3）巩固发展农业生产功能

生产粮食和农产品，任何时候都是农业生产发展的首要任务。在尚未有效获取或开发食物新来源渠道之前，即使农业具有巨大的生态功能价值，也不能取代其生产功能的地位。按照马斯洛需要层次理论，人在食物等基本生理需求得到满足之后，才会有其他需求。因此，生产功能是农业的基本功能、首要功能，也是人类最为注重和依赖的功能。无论过去、现在还是将来，不断夯实农业的生产功能，持续提高农业综合生产能力，尤其是粮食生产能力都是我国农业发展的第一要务。

今后，必须针对实际存在的困难和问题，优化农业生产发展路径，加大投入支持力度，进一步夯实巩固农业生产功能。第一，明确战略方向。坚持以我为主、立足国内、确保产能、适度进口、科技支撑的国家粮食安全战略，深入实施藏粮于地、藏粮于技，建立全方位的粮食安全保障机制，保障国家粮食安全和重要农产品有效供给，把中国人的饭碗牢牢端在自己手中。第二，加强耕地管护。严守18亿亩耕地红线，全面落实永久基本农田特殊保护制度，做好永久基本农田控制线划定和保护；大规模建设高标准农田、积极改造中低产田，保护提升耕地质量；优化作物品种结构和区域布局，大力推进粮食生产功能区、重要农产品生产保护区和特色农产品优势区等建设，实现精准化管理。第三，强化设施装备。加强农田水利基础设施建设，及时更新升级农田道路、水利、防护林网等设施。大力发展农业机械化，加快关键农机化技术和配套装备的研发、推广，优化农机装备结构和提高全程机械化水平。加强数字农业建设，加快物联网、大数据、空间信息、智能装备等技术在农业领域的应用，全面提高农业信息化水平。第四，强化科技创新。加快种业科技创新，选育一批品质优良作物新品种，建设一批国家级种植基地、良种繁育基地等；加快技术集成创新，深入开展绿色高质高效创建，攻克影响单产提高、品质提升、效益增加和环境改善的技术瓶颈，分区域、分作物集成组装一批高产高效、资源节约、生态环保的成熟技术模式。

4）牢固树立绿色发展理念

当今世界，绿色发展已成为重要发展趋势。绿色和农业发展关联最深，农业本身就是提供绿色的，本底就是绿色的。加强农业生态环境保护，是推进农业绿色发展的重要内容；开发利用农业生态功能，则是推进农业绿色发展的重要目标。

今后，要积极转变以往“以增产为主”的观念，坚持以绿色发展为引领，推动农业绿色高质量发展，增加农业生态产品和服务供给。一是树立尊重自然、顺应自然、保护自然的理念，只有尊重自然存在和发展的权利，人类才能与自然和谐共生。二是树立发展和保护相统一的理念，保护生态环境就是保护生产力，改善生态环境就是发展生产力，平衡好发展和保护的关系，实现二者内在统一、相互促进。三是树立自然价值和自然资本理念，生态就是资源、生态就是生产力，保护自然就是增值自然价值和自然资本的过程，就是保护和发展生产力。四是树立绿水青山就是金山银山的理念，把保护自然生态放在优先位置，创建良好的农产品产地环境，增加绿色优质农产品供给，开发休闲、旅游等农业多种功能，变绿色为效益，实现生态、质量和效益的有机统一。五是树立山水林田湖草是一个生命共同体的理念，农业和环境最具相融性，稻田是人工湿地，菜园是人工绿地，果园是人工园地，梯田是人工景观，要将山水林田湖草作为完整的生态系统来进行规划和管理，打造良好的田园生态系统、草原生态系统、水域生态系统，构建科学合理的农业生态格局。六是树立生物多样性理念，农业不仅是经济生产过程，也是自然生产过程，受生物多样性规律的制约，推进农业生产要尊重作物生长习性、地域特点。

5）科学规划农业生产发展

科学规划农业生产发展，优化农业生态功能布局，既是农业供给侧结构性改革的重要举措，也是加强农业生态环境保护、开发利用农业生态功能的重要途径。

第一，加强顶层设计。要切实转变以往粗放的农业生产发展方式，统筹考虑粮食和农产品供给、生态环境保护，以农业环境容量和生态系统承载力为制约，强化农业生产发展的顶层设计，科学制定中长期农业生产发展战略和规划，避免短期经济收益对自然生态环境造成不可恢复的破坏，实现农业生产发展、资源循环利用和生态环境保护的协调统一。

第二，优化区域布局。按照国家主体功能区规划的总体要求，合理区分农业空间、城市空间、生态空间，实现三类空间均衡协调发展。立足水土资源匹配性，将农业发展区域细化为优化发展区、适度发展区、保护发展区，其中在优化发展区更好发挥资源优势，提升重要农产品生产能力；在适度发展区加快调整农业结构，限制资源消耗大的产业规模；在保护发展区坚持保护优先、限制开发，加大生态建设力度，实现保供给与保生态有机统一。

第三，强化监督管理。强化耕地、草原、渔业水域、湿地等用途管控，严控围湖造田、滥垦滥占草原等不合理开发建设活动对资源环境的破坏。

6.2.3　政策上，健全完善规章制度

1）优化农业投入保护政策

农业生产受自然风险、经济风险等多重因素制约，具有弱质性、脆弱性等特点。农业具有生产功能、生态功能、生活功能等多种功能，是人类生存发展和社会繁衍生息的基础。加强对农业的支持保护，保障农业稳定持续健康发展，是世界上多数国家的普遍做法。农业的多功能性决定着农业投入的社会性和宏观性，以及农业投入的特殊性和重要性（李健和史俊通，2007）。加强农业投入，既可以改善农业生产条件，提高粮食和农产品等物质供给能力，还可以维护农业生态系统、加强自然资源管理，支撑农业可持续发展。

如果单纯从经济角度衡量，加强农业支持保护，似乎没有太多必要，因为农业比较效益低、投入周期长、见效慢，甚至不确定性强。尤其在革命性、颠覆性农业生产技术诞生之前，无论投入规模多大、时间多长，农业的亩均产量、平均收益已有“上限”，对 GDP 的贡献微不足道，甚至在部分地方政府或官员眼中已经成为累赘；但如果从农业的多功能性出发，全局角度考虑，加强农业支持保护，不仅是必要的，而且是迫切的，因为此时的、此角度的农业已经完全超越了“常规农业”范畴，它不仅供给粮食和农产品，而且提供优美环境和生态服务，还增

加农民就业和收入、维护社会稳定，实现的是经济效益、生态效益和社会效益多赢，受益者是整个社会。从日本对待农业的态度就可看出，其当初提出农业具有"多功能性"的理念时，主要还是出于保护与支持本国农业发展、使农产品在国际贸易处于有利地位的目的；而实践中其对农业的支持和保护程度很高，是世界上农业高保护国家之一。

对我国而言，近年来农业投资呈现良好发展态势，"十二五"时期，中央农业建设投资总量达到1459亿元，为改善农业生产条件、推进现代农业建设奠定了坚实基础，但存在一些投资总量不足、投资结构不优、投资渠道较窄等问题，迫切需要解决。

今后，应该进一步完善农业支持保护政策，进一步夯实农业发展基础。一是扩大财政支农总量。借鉴日本、韩国等发达国家农业发展的经验，强化对农业的财政支持，增加财政支农资金总量，尤其要加大对农业基础设施建设、农业生态环境保护等支持力度；出台农业投入法，以法律形式明确规定农业投入来源、年均增长率、投入方式等，确保政府农业投入只增不减，不断夯实农业发展的物质基础，提高农业综合生产能力、可持续发展能力。二是优化投入结构。考虑农业具有生产功能、生态功能等多种功能性，完善现有投资结构，加强统筹协调，提高投入资金使用的指向性、精准性；强化专项整合，促进农业结构调整，由单一的注重粮食生产能力逐步转向粮食生产、生态环境保护、科技创新等并重上来，在保障粮食和农产品供给的同时，注重发挥农业的生态功能效应，提高农业科技创新与公共服务能力等。三是拓宽投入渠道。在稳定扩大财政支农基础上，充分发挥金融资金、社会资本等各类资金作用。做好金融支农的顶层设计，加大政策创设力度，开发更多金融支农产品，实现农业经营主体与金融机构的有效对接。制定支持政策、利益补偿机制等，细化社会资本投入农业的运行机制，鼓励和引导社会资本重点投入农业基础建设、农业资源利用和生态环境保护等领域。

2）完善农业生态环境政策

农业生态功能的外部性特征，使其表现出正负双向功能。一般而言，当农业生产开发活动规模、强度等处于农业环境容量或生态系统承载力之内时，农业生产的正外部性作用大于负外部性影响，可总体表现为正外部性，即农业生态功能表现为正向功能；反之，则表现为负向功能。从上述估算结果看，2017年全国农业生态功能总价值量达到44.82万亿元，蕴藏着巨大价值。因此，无论是从人们的实际生产生活出发，还是从人类的可持续发展长远考虑，发挥农业的正向生态功能，促使其持续提供良好的环境和生态服务，都是我们所渴望的，而这都需要建立在科学合理的农业生产与农业生态环境保护基础上。今后，我们要切实采取针对性措施，全面加强农业生态环境保护，持续改善提升农业生态环境质量。

第一，加强耕地资源环境保护。耕地是重要的农业资源和生产要素，是粮食生产的“命根子”。耕地是重要的生态系统，蕴藏着巨大的生态价值，2017年全国耕地生态功能价值达到118874.52亿元。要严守耕地数量红线，稳定耕地面积。实行最严格的耕地保护制度，确保耕地保有量在18亿亩以上，确保基本农田不低于15.6亿亩；划定永久基本农田，将城镇周边、交通沿线、粮棉油生产基地的优质耕地优先划为永久基本农田，实行永久保护。要严守耕地质量底线，保护提升耕地质量。采取深耕深松、保护性耕作、秸秆还田、增施有机肥等方式，增加土壤有机质，提升土壤肥力；恢复和培育土壤微生物群落，构建养分健康循环通道，促进农业废弃物和环境有机物分解；全面加强东北黑土地保护，减缓黑土层流失；扩大耕地轮作休耕政策范围，轮作逐步向东北冷凉区、北方农牧交错区、黄淮海地区和长江流域大豆、花生、油菜产区延伸，休耕逐步覆盖地下水超采区、重金属污染区、西南石漠化区、西北生态严重退化地区等，实行用地养地结合；继续实施退耕还林还草政策，宜农则农、宜林则林、宜草则草，有条件的地方实行农林草结合，增加植被盖度。要加强产地环境保护，改善提升产地环境质量。继续推进化肥农药减量增效，推进有机肥替代化肥、绿色防控替代化学防治，提高化肥农药利用率；全面推进农作物秸秆和畜禽粪污综合利用、农膜回收处理，实现农业废弃物综合利用；全面开展产地重金属和有机污染监测与治理，推进产地土壤分级分类管理和利用。

第二，加强草原生态保护。草原是农业生产发展的重要组成部分，是畜奶产品供给、农牧民增收和草原区经济社会发展的重要支撑。同时，草原是我国面积最大的陆地生态系统、最大的绿色生态屏障，具有重要的生态功能，2017年全国草地生态功能价值达到182096.76亿元。因此，加强草原保护和建设，事关我国畜奶产品供给安全、生态安全和经济社会安全。要加强草原空间管护，建立草原生态空间用途管制制度，明确草原生态保护红线，完善基本草原保护制度，依法划定和严格保护基本草原，确保面积不减少、质量不下降、用途不改变。全面实施草原生态保护补助奖励，继续实施新一轮草原生态保护补助奖励政策，严格落实草原禁牧休牧轮牧和草畜平衡制度，借助“禁”“休”“轮”“种”等综合措施，实现草原资源的永续利用。加强草原生态治理修复，全面开展严重退化、沙化草原和农牧交错带已垦草原治理，恢复草地生态，强化草原自然保护区建设；合理利用南方草地，保护和恢复南方高山草甸生态。完善草原监管，建立健全草原动态监测预警和资产统计制度，开展草原承载力监测预警评估、草原资源资产专业统计；健全草原产权制度，规范草原经营权流转，建立草原资源有偿使用和分级行使所有权制度。

第三，加强渔业资源环境保护。渔业是农业生产发展的重要组成部分，是水产品供给和渔民增收的重要保障。同时，渔业水域又是重要的生态系统，具有重要的生态功能，2017年全国渔业水域生态功能价值达到19253.08亿元。可见，加强渔业资源环境保护意义重大。加强渔业资源环境空间管护，全面编制实施养殖水域滩涂规划，基于渔业资源禀赋和环境承载力，科学划定养殖水域滩涂禁养区、限养区、养殖区，合理布局渔业资源和水产养殖生产，设定发展底线，保护渔业资源环境。全面加强渔业资源养护和水域生态修复，科学划定江河湖海限捕、禁捕区域，健全长江、黄河、珠江等重点河流禁渔期制度，深入推进重点河流全面禁捕，严厉打击“绝户网”等非法捕捞行为；优化海洋伏季休渔制度，全面推进海洋渔业资源总量管理制度建设，建立幼鱼资源保护机制，推进海洋牧场建设；加强重点水生野生动物及其栖息地保护，全面推进水生生物自然保护区和水产种质资源保护区建设，继续实施增殖放流，推进水产养殖生态系统修复。全面推进渔业污染治理与绿色健康养殖，大力开展渔业养殖环境污染治理与尾水处理，推广稻渔综合种养、绿色健康养殖示范等，保护改善渔业生态环境。

第四，加强农业湿地保护。湿地被称为“地球之肾”，具有不可替代的生态功能。农业湿地资源包括农区天然沼泽、泥炭地、湿草甸、湖泊、河流、滞蓄洪区、河口三角洲、滩涂、水库、池塘、水稻田以及低潮时水深浅于 6m 的海域地带等，是许多农产品尤其是水产品的重要生产基地，为农业生产提供重要的种质资源，是珍惜生物的重要栖息地和繁殖地。据前言估算，2017 年全国农业湿地生态功能价值达到 109482.40 亿元。因此，加强农业湿地保护，具有重要意义。加强农业湿地保护顶层设计，编制中长期全国农业湿地保护规划，在科学评估农业湿地基本状况和存在问题及农业生产、经济社会发展关系基础上，明确我国农业湿地保护的基本思路、总体与阶段目标、区域布局、主要任务与重点工程，为今后农业湿地保护工作提供遵循。开展退化湿地恢复和修复，坚持自然恢复为主与人工修复相结合，通过河湖水系连通、植被恢复、自然湿地岸线维护、污染清理等手段，重点加强长江流域、黄河沿线、东北湿地及云贵高原湿地等区域农业湿地保护，综合修复生物多样性单一、生态功能下降的湿地，维持湿地生态系统健康。完善农业湿地管理机制，加快构建退耕还林还草、退耕还湿、防沙治沙，以及石漠化、水土流失综合生态治理长效机制，加强农业湿地保护；实施湿地分级管理制度，严格保护国际重要湿地、国家重要湿地、国家级湿地自然保护区和国家湿地公园等重要湿地。

第五，加强重点农业生态功能区保护。主要包括全国重点生态功能区、中西部地区或农业生产面积较大的区域，这些区域农业生态功能价值巨大，是维系区域、全国乃至全球生态系统稳定的重要屏障。根据上述估算结果，西藏、内蒙古、青海、新疆、黑龙江、四川等六个省（自治区）农业生态功能总价值量明显高于其他省（自治区、直辖市），合计达到 260222.77 亿元，占农业生态功能总价值量的比重达到 58.06%，生态功能优势非常突出。因此，加强这些重点地区的农业生态环境保护，对于保障区域、全国生态安全具有重要作用。严格控制开发强度，全面评估区域资源环境承载力、生态环境容量，科学划定生态保护红线、环境质量底线，采取合理的生产生活方式、规模、结构与布局，强化、维系生态系统良性循环。加强产业政策引导，针对农业资源与生态环境突出问题，建立农业产业准入负面清单，因地制宜制定禁止和限制发展产业目录，明确种植业、养殖业发展方向；立足区域资源禀赋，选择有资源优势的特色产业，大力发展绿色、有机和地理标志优质特色农产品，以及休闲农业和乡村旅游，把生态环境优势转化为经济优势。加大财政转移支付力度，继续实施退耕还林、退牧还草、轮作休耕、草原生态保护补助与奖励等农业生态保护政策，提高补助标准，加大生态修复和环境保护项目、基础设施建设、公共服务设施建设等投资力度，提高重点地区农业生态环境保护能力；建立完善横向转移支付与补偿机制，通过资金补助、定向援助、对口支援、人才交流等多种形式，由农业生态环境受益地区对重点农业生态功能区因加强农业生态环境保护造成的利益损失进行补偿；同时，鼓励引导社会资本向重点农业生态功能区投资、建设，促进区域农业生态环境保护。优化绩效考核，对重点农业生态功能区实行生态优先、环境优先，强化优美环境、生态产品和服务供给能力评价，弱化工业化、城镇化经济发展指标比重，重点考核生态服务功能水平、生态空间质量、群众生活水平等。

3）建立农业生态补偿与惩罚机制

由于农业生态功能的公共性特点和市场机制发育不成熟等，农业生态功能价值很难在市场上完整体现与反映。同时，如上所述，由于农业生态功能的外部性特征，其产生的功能价值不能内部化，不能转化为农业资源环境保护者的收益、农业资源环境破坏者的成本，即农业资源环境保护者不能因此而获得报酬、农业资源环境破坏者不能因此而付出代价，而是由全社会共享、共担。这就需要建立科学合理的农业生态保护补偿机制、污染惩罚机制，来平衡和矫正农业资源环境权利保护者、利用者、受益者、破坏者、污染者等各主体之间的利益。让农业资源环境保护者获得补偿，其才会有积极性持续维护改善农业生态环境；让农业资源环境破坏者为其行为买单，才会遏制不合理行为保护农业生态环境。

相对于森林等其他生态系统的生态补偿与惩罚研究，我国当前在农业生态保护补偿研究与实践方面存在滞后性。今后，应加大力度，健全完善农业生态补偿与惩罚机制。一是深入开展理论研究。在总体框架上，基于农业生态环境保护、农业生态价值、农业污染成本核算等研究成果，进一步明确农业生态补偿与惩罚的内涵、范围、主体、客体、标准、方式，以及效果评估等；在具体类型上，针对不同农业生态类型特点，分别研究并完善耕地、果园、草地、渔业水域、农业湿地生态补偿与惩罚实施方案，明确补偿与惩罚思路、重点、标准、方式，为全面推进农业生态补偿与惩罚实践提供理论技术支撑。二是全面推进农业生态补偿实践。对农业资源保护者，如退耕还林还草、耕地轮作休耕、草原生态保护、渔业资源保护、农业湿地保护等实施者，进行合理补偿，保障经济收益不受损失；对农业环境保护者、治理者，如化肥农药减施增效、农作物秸秆资源化利用、禽畜粪污综合利用、农膜回收、污染耕地治理等实施主体，进行合理补偿，鼓励其继续采取环境友好型农业生产和治理方式，保护和改善农业生态环境；对农业生态建设者，如农田生态防护林建设、植树造林、草原修复、水生生态系统修复、保护区建设等实施主体，及时给予补偿，鼓励其持续改善农业生态环境。三是推进农业生态惩罚实践。全面深入推进农业综合行政执法，从细制定完善农业综合行政执法事项指导目录，从严打击农业生态环境违法违规行为，让农业生态环境破坏者付出代价。完善环境保护惩罚性赔偿制度，对违反法律规定故意污染农业环境、破坏农业生态造成严重后果的实施惩罚性赔偿。持续完善环境保护税法、资源税法，适度扩大环保税、资源税征收范围，适当涵盖农业污染排放、农业资源开采等领域，推动农业环境污染者、农业资源利用者付费。推进农业水价综合改革，建立健全农业水价形成机制、节水激励机制等，提高农业用水效率，推动农业节水。

4）建立农业生态功能开发运营机制

农业资源环境是重要的生态资本，具有重要价值。随着人类活动的加剧和需求的升级，农业资源环境要素稀缺性和生态系统的阈值性日益显现，如耕地数量减少、草原面积萎缩、土壤环境污染加剧、农业水资源短缺、生态系统退化等，导致农业的生态价值更加凸显。生态资本的运营，是生态资源实现最优配置的关键，是增值生态价值和生态资本的重要因素。

今后，应加强农业生态资本的科学运营与管理，尤其建立完善农业生态功能开发的多元化运营机制，合理配置农业生态资源，保值增值农业生态资本。一是加强政府保护与监管。政府要切实做好农业生态资本保护与监管，从农业生态系统整体性出发，根据不同农业生态类型特点、农业生产发展情况、区域发展实际等，通过制定法规政策、规划计划、监管措施等，统筹农业生态系统区域协调与发展。建立农业资源环境价值核算体系，开展农业资源环境保有量、价值量评估。建立农业生态保护激励和生态认证制度，推动实现优质优价，鼓励推进农业生态功能开发利用。二是建立市场化机制。建立农业资源环境有价使用、农业生态价值交易机制，完善政府购买服务方式，培育生态价值交易市场，促进农业生态功能购买与交易。建立农业生态功能开发的市场化推广模式，加强生态型农业生产合作组织建设，加强农业生产的产前、产中和产后生态过程化管理与经营，强化模式构建与技术集成配套，打破农业生态功能开发利用的技术瓶颈，推进种植业、养殖业、农产品加工业、生物质能产业、农业废弃物循环利用产业、休闲观光农业、生态旅游、康养等产业循环链接。推进农业生态功能开发与金融保险衔接，争取金融支持，增强农业生态功能开发的抗风险能力。

5）完善农业生态功能法律法规

农业多功能性是农业的发展趋势，开发利用农业生态功能是重要方向。保障和促进农业生态功能发挥正向作用，最稳定、最有效的方式是将农业生态功能法制化。

积极借鉴日韩等国家开发利用农业多功能性的有益经验，将农业生态功能纳入法律法规轨道。一是完善现有法律法规。全面深入推进农业生态功能等多功能实践，适时修订《中华人民共和国农业法》《中华人民共和国农业技术推广法》等法律法规，增加或单列“农业生态功能开发利用”专章，赋予其法律地位。二是推动出台地方性法规。鼓励地方从实际出发，根据区域农业生态特点、经济发展水平、人们认知消费需求等，制定出台农业生态功能开发利用地方性法规，推进农业生态功能的合理开发、科学保护和具体实施，探索有益经验，从地方率先取得突破、带动面上工作开展。三是出台专项法律法规。全面总结农业生态功能开发利用经验模式、地方实践得失等，将成熟的经验、模式制度化，研究制定出台“农业生态功能开发利用促进法”或“农业生态功能开发利用条例”等，进一步明确农业生态功能开发利用的基本原则、主要路径、经营方式、监督管理、奖励处罚等各方面要求，指导、规范、推进与保障我国农业生态功能开发利用工作。

6.2.4　实践上，全面推进农业生态功能开发利用

1）制定农业生态功能开发利用规划

农业生态功能开发利用，是一项系统性工程，既需要理论技术支撑，也需要政策法规引导，更需要具体实践推动。因此，为全面推进农业生态功能开发利用，增强农业生态产品和服务供给能力，应把制定发展规划作为重要抓手，有步骤、有计划地开展农业生态功能开发利用工作。

今后，要坚持实践探索、基层需求与顶层设计相结合，制定农业生态功能开发利用规划。首先，制定农业生态功能开发利用总体规划。全面梳理总结农业生态功能开发利用实践，从农业生态功能开发利用现状出发，在监测掌握全国农业生态系统资源底数基础上，从正、负两个角度科学评估与预测农业生态功能价值、开发利用潜力，厘清存在的主要问题与制约因素，提出未来农业生态功能开发利用的基本思路、总体与阶段目标、区域或类型布局及要求、主要途径、重点模式、资金投入及保障措施等，为农业生态功能开发利用提供方向和遵循。其次，纳入国民经济和社会发展规划。统筹考虑粮食和农产品供给安全状况、经济社会发展水平、人们需求与认知程度等，适当把农业生态功能开发利用纳入国民经济和社

会发展规划，尤其是五年或中长期规划，明确其发展定位、目标与具体措施。

2）开展农业生态服务监测与统计

数字化、精准化是农业生产发展的方向，科学监测与统计则是重要支撑手段。对农业生态功能开发利用而言，更是如此。通过开展监测与统计，摸清农业生态系统的资源底数、变化情况、发展趋势等，为科学评估农业生态功能价值、推动农业生态功能开发利用提供基础支撑。

今后，要全面开展农业生态服务监测与统计，推动监测指标具体化、监测方法规范化、监测业务制度化。一是开展长期定位观测监测。将全国农业生态系统分为耕地、果园、畜禽场、渔业水域、草地、农业湿地等几大类型，以生态功能区为单元，在不同生态类型区建设长期固定观测监测点位，开展农业生态系统结构和功能演替的动态观测、监测与调查，掌握农业生态系统土、水、气和生物多样性质变、量变动态，农业生态系统结构与功能、能量流动、物质循环等信息变化，获取第一手基础数据信息。坚持长期观测监测与短期现象揭示结合，建立区域站点综合研究与全国站点大型联网时空观测体系，开展农业生态系统格局、过程、功能及资源承载力、水土保持、污染生态控制、生物多样性维持、气候调节等领域内关键科学问题研究等。二是开展地面与空间一体化的大尺度综合监测。坚持遥感与地面观测相结合，监测区域农业生态系统类型、斑块数量、斑块密度、斑块面积等景观格局的时空变化动态。建立健全基于遥感的农业生态系统类型的分布识别及关键生理生化参量的提取方法，监测大区域、多层面地表异质性演变动态，获取大尺度农业生态系统格局的时空变化信息。三是开展农业生态功能价值统计。建立农业资源台账、信息发布平台，及时发布农业生态功能及价值状况，接受社会监督、提高农业生态功能社会关注度，共同推进农业生态功能开发利用。将农业生态功能价值融入农业产业发展与国民经济核算体系，反映农业资源环境损耗与生态服务功能。

3）延伸农业农村现代生态产业链条

现代农业是继原始农业、传统农业之后的一个农业发展新阶段，是采用现代科学技术手段、运用现代物质装备、推行现代管理理念方法、产加销紧密衔接、资源环境友好的农业综合体系，具有科技化、机械化、产业化、生态化等显著特征。从理论层面讲，现代农业价值理论应该包括农业多功能性、农业外部性和公共物品理论、农业生态资本理论和农业可持续发展理论等。现代农业的价值，既包括初级物质产品的生产价值、经济价值，还包括生态价值和生活价值。

发展现代农业，要牢固树立创新、协调、绿色、开放、共享的发展理念，以绿色发展为引领，以推进农业供给侧结构性改革为主线，以科技创新和装备升级为支撑，尊重农业发展规律，转变农业发展方式，提高农业质量效益，保障农产品有效供给和农业可持续发展，走优质、高效、安全、绿色的发展之路。具体来说，发展现代农业，要延伸农业产业链、拓展农业多种功能，发展农业新型业态，既要巩固强化农业生产功能，又要开发利用农业生态功能等多种功能，推进农业由增产导向转向提质导向，全面提高农业的质量效益和竞争力。

在路径上，顺应居民消费拓展升级趋势，结合资源禀赋，深入发掘农业农村的生态涵养、休闲观光、文化体验、健康养老等多种功能和多重价值。结合农业农村耕地资源、果园资源、渔业水域资源、农业湿地资源等，对接旅游者观光、休闲、度假、康养、科普、文化体验等多样化需求，促进传统农业农村旅游产品升级，加快开发农事体验、果园观光、水域休闲等旅游产品；建设一批休闲观光园区、农业湿地公园、田园综合体、农业庄园，探索发展休闲农业和乡村旅游新业态；鼓励有条件地区，推进农业农村旅游和中医药相结合，开发康养旅游产品；遵循市场规律，推动农业农村资源全域化整合、多元化增值，增强地方特色产品时代感和竞争力，形成新的消费热点，增加农业农村生态产品和服务供给。

参 考 文 献

曹俊杰. 2009. 韩国农业多功能性建设的经验及其借鉴意义. 学术研究，（3）：77-81.

曹俊杰，徐俊霞. 2006. 日本和韩国农业多功能性理论与实践及其启示. 中国水土保持，（6）：18-20，52.

常荆沙，严汉民.1998. 浅议机会成本概念的内涵和外延. 石家庄经济学院学报，21（3）：257-262.

陈锋，陈伟琪，王萱. 2009. 溢油事故造成的海湾生态系统服务损失的货币化评估. 环境科学与管理，34（11）：1-5.

陈光炬. 2014. 农业生态资本运营：内涵、条件及过程. 云南社会科学，（2）：111-115.

陈浩，聂佳燕，向平安. 2013. 湖南水稻生产的多功能性价值评价. 生态经济（学术版），（2）：21-27.

陈美淇，魏欣，张科利，等. 2017. 基于 CSLE 模型的贵州省水土流失规律分析. 水土保持学报，31（3）：16-21，26.

陈秋珍，Sumelius J. 2007. 国内外农业多功能性研究文献综述. 中国农村观察，（3）：71-79，81.

陈山山. 2014. 西安都市农业生态服务功能测评. 西安：陕西师范大学.

陈童尧. 2019. 基于 InVEST 模型的土壤保持生态服务功能研究——以甘肃祁连山国家级自然保护区为例. 沈阳：沈阳农业大学.

陈锡文. 2007. 农业多功能性研究：农业理论的重要进展. 中国经济时报，7 月 10 日，第 005 版.

陈至立. 2019. 辞海（第七版）. 上海：上海辞书出版社.

邓远建，张陈蕊，田苗，等. 2012. 绿色农业生态资本安全运营的生态原理分析. “生态经济与转变经济发展方式”——中国生态经济学会第八届会员代表大会暨生态经济与转变经济发展方式研讨会论文集.中国生态经济学学会.

丁剑宏，陈奇伯，陶余铨，等. 2018. 云南省土壤侵蚀分布特征及动态变化. 西部林业科学，47（6）：15-21.

方时姣. 2001. 生态价值论. 中国经济热点问题探索（上）. 全国高校社会主义经济理论与实践研讨会领导小组.

方志权，吴方卫. 2007. 日本多功能性农业对建设我国都市农业的启示与借鉴. 生产力研究，（24）：90-91，145.

高旺盛，董孝斌. 2003. 黄土高原丘陵沟壑区脆弱农业生态系统服务评价——以安塞县为例. 自然资源学报，（2）：182-188.

高兴，张冬有. 2018. 三江平原空气负离子空间分布特征及其浓度与气候因子的相关性. 北方园艺，（23）：115-123.

顾晓君. 2007. 都市农业多功能发展研究. 北京：中国农业科学院.

郭霞.2006. 农用地生态价值评估方法探讨.国土资源导刊，（4）：49-51.

韩长赋. 2015. 大力发展生态循环农业. 农民日报，11-26（001）.

韩长赋. 2016. 全面推进 重点突破 加快实现农业现代化——农业部部长韩长赋就《全国农业现代化规划（2016—2020年）》发布答记者问. 农村工作通讯，21：6-10.

韩永伟，高吉喜，王宝良，等. 2012. 黄土高原生态功能区土壤保持功能及其价值. 农业工程学报，28（17）：78-85，294.

何凡. 2005. 农业的生态功能及其与农业现代化路径之关系. 农村经济，（3）：96-99.

何兴元，贾明明，王宗明，等. 2017. 基于遥感的三江平原湿地保护工程成效初步评估. 中国科学院院刊，32（1）：3-10.

黄爱民，张二勋. 2006. 环境资本运营——环境保护的新举措. 聊城大学学报（自然科学版），（2）：59-61，70.

黄姣，李双成. 2018. 中国快速城镇化背景下都市区农业多功能性演变特征综述. 资源科学，40（4）：664-675.

姬亚岚. 2009. 多功能农业的产生背景、研究概况与借鉴意义. 经济社会体制比较，（4）：157-162.

贾晓璇. 2011. 简论公共产品理论的演变. 山西师大学报（社会科学版），38（S2）：31-33.

姜亦华. 2004. 发挥农业的生态功能. 生态经济，（2）：56-57.

蒋春丽，张丽娟，张宏文，等. 2015. 基于RUSLE模型的黑龙江省2000～2010年土壤保持量评价. 中国生态农业学报，23（5）：642-649.

蒋倩文，刘锋，彭英湘，等. 2019. 生态工程综合治理系统对农业小流域氮磷污染的治理效应. 环境科学，40（5）：2194-2201.

蒋欣阳，贾志斌，张雪峰，等. 2018. 内蒙古锡林郭勒盟景观尺度土壤保持功能的空间分布. 地球环境学报，9（1）：64-78.

蒋云峰，王梅顺. 2016. 农田生态系统服务功能及其生态健康研究进展. 农村经济与科技，27（21）：5-6.

蒋哲. 2016. 荆州市稻田生态系统服务功能的经济价值评价研究. 荆州：长江大学.

金良. 2008. 资源环境价值评估的必要性及思路. 时代经贸（下旬刊），（10）：21-22.

金伟栋. 2011. 中国经济发达地区农业的功能价值及其发展对策研究——以江苏苏州为例. 农学学报，1（5）：57-65.

巨乃岐，王建军. 2009.究竟什么是价值——价值概念的广义解读. 天中学刊，（1）：43-48.

匡远配，曾小溪. 2010. “两型农业”功能演变及其定位研究. 社科纵横，25（4）：30-33.

李国洋. 2009. 农业生态功能价值及其应用研究. 贵阳：贵州大学.

李健，史俊通. 2007. 农业多功能性与农业投资. 西北农林科技大学学报（社会科学版），（5）：17-20.

李开孟. 2008a. 环境影响货币量化分析的疾病成本、人力成本和机会成本法. 中国工程咨询，（6）：58-61.

李开孟. 2008b. 环境影响货币量化分析的重置成本法、重新安置成本法、影子项目法和替代产品法. 中国工程咨询，（7）：59-62.

李开孟. 2008c. 环境影响货币量化分析的防护支出和旅游费用法. 中国工程咨询，（8）：57-60.

李明利. 2009. 基于条件价值法的耕地资源非市场价值评估研究——以南京市为例. 南京：南京农业大学.

李瑞扬. 2008. 浅析农业多功能性与农业的可持续发展. 经济视角（上），（5）：51-53.

李世聪，易旭东. 2005. 生态资本价值核算理论研究. 统计与决策，（18）：4-6.
李铜山. 2007. 论农业多功能性及我国的发展方略. 重庆社会科学，（5）：13-16.
李文华. 2008. 生态系统服务功能价值评估的理论、方法与应用. 北京：中国人民大学出版社.
李文华，张彪，谢高地. 2009. 中国生态系统服务研究的回顾与展望. 自然资源学报，24（1）：1-10.
李学锋，宋伟，王颖婕. 2019. 中国生态价值评价体系研究. 福建论坛（人文社会科学版），（3）：25-33.
梁世夫，姚惊波. 2008. 农业多功能性理论与我国农业补贴政策的改进. 调研世界，（4）：7-11，19.
林秀红. 2013. 资源环境价值的再认识. 海峡科学，（7）：35-36，94.
刘加林，周发明，刘辛田，等. 2015. 生态资本运营机制探讨——基于生态补偿视角. 科技管理研究，35（14）：210-213.
刘鸣达，黄晓姗，张玉龙，等. 2008. 农田生态系统服务功能研究进展. 生态环境，（2）：834-838.
刘文英. 1987. 哲学百科小辞典. 兰州：甘肃人民出版社.
刘向华. 2010. 我国农业生态系统核心服务功能体系构建. 当代经济管理，32（12）：37-41.
刘向华. 2018. 我国农业生态系统服务价值的核算方法. 统计与决策，34（3）：24-30.
刘小丹，赵忠宝，李克国. 2017. 河北北戴河区农田生态系统服务功能价值测算研究. 农业资源与环境学报，34（4）：390-396.
刘洋洋，章钊颖，同琳静，等. 2020. 中国草地净初级生产力时空格局及其影响因素. 生态学杂志，39（2）：349-363.
鲁可荣，朱启臻. 2011. 对农业性质和功能的重新认识. 华南农业大学学报（社会科学版），10（1）：19-24.
罗其友，高明杰，陶陶. 2003. 农业功能统筹战略问题. 中国农业资源与区划，（6）：25-29.
罗竹风. 2007. 汉语大词典. 上海：上海辞书出版社.
吕久俊. 2019. 辽宁省生态系统土壤保持功能的空间分布特征. 环境保护与循环经济，39（3）：38-41，48.
吕耀，谷树忠，姚予龙，等. 2007. 我国农业环境功能的演变规律及其趋势分析. 环境保护，（8）：57-60.
马新辉，任志远，孙根年. 2004. 城市植被净化大气价值计量与评价——以西安市为例. 中国生态农业学报，（2）：180-182.
马中. 2006. 环境与自然资源经济学概论. 北京：高等教育出版社.
孟素洁，郭航，战冬娟. 2012. 北京都市型现代农业生态服务价值监测报告. 数据，（4）：72-74.
迷玛次仁，宫渊波，姜广争. 2012. 西藏茶巴朗流域的土壤侵蚀及防治对策. 中国水土保持，（12）：55-58，72.
宁婷，郭新亚，荣月静，等. 2019. 基于 RUSLE 模型的山西省生态系统土壤保持功能重要性评估. 水土保持通报，39（6）：205-210.
宁潇，邵学新，胡咪咪，等. 2016. 杭州湾国家湿地公园湿地生态系统服务价值评估. 湿地科学，14（5）：677-686.
欧阳志云，王如松，赵景柱. 1999. 生态系统服务功能及其生态经济价值评价. 应用生态学报，（5）：635-640.

彭建，刘志聪，刘焱序. 2014. 农业多功能性评价研究进展. 中国农业资源与区划，35（6）：1-8.
彭建，赵士权，田璐，等. 2016. 北京都市农业多功能性动态. 中国农业资源与区划，37（5）：152-158.
彭武珍. 2014. 环境价值核算方法及应用研究——以浙江省为例. 浙江工商大学出版社.
戚道孟，王伟. 2007. 农业环境污染事故处理中的几个法律问题. 中国环境法治，（1）：155-160.
钱淼，王伟，郑丹. 2013. 日本农业的多功能性与实质作用分析. 世界农业，（2）：34-38.
邱春霞，毛琴琴，董乾坤. 2018. 黄土高原土壤保持生态服务功能价值估算及其时空变化研究. 安徽农业科学，46（33）：104-107，135.
屈志光，陈光炬，刘甜. 2014. 农业生态资本效率测度及其影响因素分析. 中国地质大学学报（社会科学版），14（4）：81-87.
饶恩明，肖燚. 2018. 四川省生态系统土壤保持功能空间特征及其影响因素. 生态学报，38（24）：8741-8749.
沈满洪，谢慧明. 2009. 公共物品问题及其解决思路——公共物品理论文献综述. 浙江大学学报（人文社会科学版），39（6）：133-144.
谌飞龙. 2013. 陕西农业多功能协调发展研究. 咸阳：西北农林科技大学.
苏杨，马宙宙. 2006. 我国农村现代化进程中的环境污染问题及对策研究. 中国人口·资源与环境，（2）：12-18.
孙发平，曾贤刚. 2008. 中国三江源区生态价值及补偿机制研究. 北京：中国环境科学出版社.
孙能利，巩前文，张俊飚. 2011. 山东省农业生态价值测算及其贡献. 中国人口·资源与环境，21（7）：128-132.
孙儒泳. 2008. 生态学进展. 北京：高等教育出版社.
孙新章. 2010. 新中国60年来农业多功能性演变的研究. 中国人口·资源与环境，20（1）：71-75.
孙新章，谢高地，成升魁，等. 2005. 中国农田生产系统土壤保持功能及其经济价值. 水土保持学报，（4）：156-159.
孙新章，周海林，谢高地. 2007. 中国农田生态系统的服务功能及其经济价值. 中国人口·资源与环境，（4）：55-60.
唐鹏. 2017. 淮北土石山区低山漫岗土壤可蚀性研究及应用. 南京：南京林业大学.
唐秀美，陈百明，刘玉，等. 2016. 耕地生态价值评估研究进展分析. 农业机械学报，47（9）：256-265.
唐秀美，潘瑜春，刘玉. 2018. 北京市耕地生态价值评估与时空变化分析. 中国农业资源与区划，39（03）：132-140.
陶陶，罗其友. 2004. 农业的多功能性与农业功能分区. 中国农业资源与区划，（1）：45-49.
田宇，朱建华，李奇，等. 2020. 三峡库区土壤保持时空分布特征及其驱动力. 生态学杂志，39（4）：1164-1174.
田志会. 2012. 北京山区果园生态系统服务功能及经济价值评估. 北京：气象出版社.
万宝瑞. 2018. 农业发展四十年 政策保障是根本——学习系列中央一号文件体会. 农村工作通讯，（10）：17-20.
王海滨. 2005. 生态资本及其运营的理论与实践——以北京市密云县为例. 北京：中国农业大学.
王俊飞. 2014. 欧盟农业多功能性的发展与演变. 世界农业，（12）：138-142，183.

王立明，刘平，付建宁，等. 2019. 黄土丘陵区县域土壤侵蚀定量研究. 水土保持应用技术，(6)：7-9.

王青,崔晓丹.2018. 人与自然是共生共荣的生命共同体. 学习时报,05-16(002).

王让虎. 2017. 基于多源多尺度数据的东北典型黑土区侵蚀沟遥感监测体系研究. 长春：吉林大学.

王向阳. 2013. 多功能农业与财政支农补贴政策评价. 经济研究参考，（45）：29-40.

王勇，骆世明. 2008. 农业生态服务功能评估的研究进展和实施原则. 中国生态农业学报，(1)：212-216.

王勇，章家恩. 2007. 经济发达地区农业的生态功能和发展策略. 生态科学，（3）：274-280.

魏梦瑶，张卓栋，刘瑛娜，等. 2020. 基于 CSLE 模型的广西土壤侵蚀规律. 水土保持研究，27（1）：15-20.

吴健. 2012. 环境经济评价理论、制度与方法. 北京：中国人民大学出版社.

吴芸紫，刘章勇，蒋哲，等. 2016. 有机农业生态系统服务功能价值评价. 安徽农业科学，44(1)：146-148.

武晓明，罗剑朝，邓颖. 2005. 生态资本及其价值评估方法研究综述. 西北农林科技大学学报(社会科学版)，（04）：57-61.

肖爱清. 2008. 国际组织对“农业多功能性”界定的比较研究. 淮南师范学院学报，(3)：37-39.

肖思思，吴春笃，储金宇，等. 2012. 城市湿地主导生态系统服务功能及价值评估——以江苏省镇江市为例. 水土保持通报，32（2）：194-199，205.

肖玉，谢高地. 2009. 上海市郊稻田生态系统服务综合评价. 资源科学，31（1）：38-47.

谢高地，鲁春霞，成升魁. 2001. 全球生态系统服务价值评估研究进展. 资源科学，（6）：5-9.

谢高地，鲁春霞，冷允法，等. 2003. 青藏高原生态资产的价值评估. 自然资源学报，（2）：189-196.

谢高地，肖玉. 2013. 农田生态系统服务及其价值的研究进展. 中国生态农业学报，21（6）：645-651.

谢高地，张彩霞，张昌顺，等. 2015a. 中国生态系统服务的价值. 资源科学，37(9)：1740-1746.

谢高地，张彩霞，张雷明，等. 2015b. 基于单位面积价值当量因子的生态系统服务价值化方法改进. 自然资源学报，30（8）：1243-1254.

谢高地，甄霖，鲁春霞，等. 2008. 一个基于专家知识的生态系统服务价值化方法. 自然资源学报，（5）：911-919.

谢彦明，张连刚，张倩倩. 2019. 农业多功能视域下乡村振兴的逻辑、困境与破解. 新疆农垦经济，（4）：5-15.

许晓春. 2007. 农业多功能性与欧盟共同农业政策改革——兼论对我国农业保护政策选择的启示. 乡镇经济，（4）：52-54.

亚当·斯密. 2008. 国民财富的性质和原因的研究. 郭大力，王亚南，译. 北京：商务印书馆.

严火其，沈贵银. 2006. 农业功能新论. 南京农业大学学报（社会科学版），（4）：1-5.

严立冬，陈光炬，刘加林，等. 2010. 生态资本构成要素解析——基于生态经济学文献的综述. 中南财经政法大学学报，（5）：3-9，142.

严立冬，孟慧君，刘加林，等. 2009. 绿色农业生态资本化运营探讨. 农业经济问题，30（8）：18-24.

杨文杰，刘丹，巩前文. 2019. 2001—2016年耕地非农化过程中农业生态服务价值损失估算及其省域差异. 经济地理，39（3）：201-209.
杨文艳，周忠学. 2014. 西安都市圈农业生态系统水土保持价值估算. 应用生态学报，25（12）：3637-3644.
杨正勇，杨怀宇，郭宗香. 2009. 农业生态系统服务价值评估研究进展. 中国生态农业学报，17（5）：1045-1050.
叶海涛. 2015. 生态环境问题何以成为一个政治问题？——基于生态环境的公共物品属性分析. 马克思主义与现实，（5）：190-195.
叶明珠，余峰. 2016. 县域农用地生态价值评估研究——以玉山县为例. 环境科学与管理，41（12）：158-161.
叶兴庆. 2017. 突出生态功能 打造高标准农田建设升级版. 国土资源，（5）：40.
尹成杰. 2007. 农业多功能性与推进现代农业建设. 中国农村经济，（7）：4-9.
于博威，饶恩明，晁雪林，等. 2016. 海南岛自然保护区对土壤保持服务功能的保护效果. 生态学报，36（12）：3694-3702.
于新. 2010. 劳动价值论与效用价值论发展历程的比较研究. 经济纵横，（3）：31-34.
张彪，史芸婷，李庆旭，等. 2017. 北京湿地生态系统重要服务功能及其价值评估. 自然资源学报，32（8）：1311-1324.
张丹，闵庆文，成升魁，等. 2009. 传统农业地区生态系统服务功能价值评估——以贵州省从江县为例. 资源科学，31（1）：31-37.
张红宇，刘德萍. 2001. 多功能性理念能拯救日本农业吗？改革，（5）：121-126.
张辉，张永江，张铁亮，等. 2018. 农业投资热点分析与政策建议——关于农业投资“风口”初探. 经济动态与评论，（1）：131-141，191-192.
张锦华，吴方卫. 2008. 现代都市农业的生态服务功能及其价值分析——以上海为例. 生态经济（学术版），（1）：186-189.
张攀春. 2012. 现代农业的主导功能及其可持续发展. 农业现代化研究，33（5）：548-551.
张壬午，计文瑛，成为民. 1998. 农田生态系统中水资源利用价值核算方法初探. 农业环境保护，（2）：60-62，96.
张铁亮. 2019. 加快推进现代农业建设 全力推动乡村振兴战略实施. 中国发展，19（5）：59-62.
张铁亮，李玉浸，刘凤枝，等. 2010. 当前我国农业发展中的资源环境问题分析. 生态经济，（9）：91-94，99.
张铁亮，刘凤枝，李玉浸，等. 2009a. 农村环境质量监测与评价指标体系研究. 环境监测管理与技术，21（6）：1-4.
张铁亮，张永江. 2018. 做强做优农业投资 全力支撑“五区一园”建设. 农村工作通讯，（19）：53-55.
张铁亮，郑向群，师荣光，等. 2009b. 农村生态环境现状与保护对策探讨. 安徽农业科学，37（28）：13772-13774.
张铁亮，周其文，赵玉杰，等. 2015. 中国农业环境监测阶段划分、评判分析与改进思路. 中国农业资源与区划，36（7）：169-176.
张伟. 2019. 黄土丘陵区人工林草植被生态服务功能演变及其互作机制. 陕西：西北农林科技大学.
张耀民. 1989. 回顾与展望——纪念农业部环境保护科研监测所建所十周年. 农业环境科学学

报，（06）：12-15，7.
张颖聪. 2012. 四川省耕地生态服务价值时空变化研究——基于农业产业结构调整视角. 雅安：四川农业大学.
张永江，张铁亮. 2018. 实施乡村振兴战略对农业农村投资影响初探. 中国经贸导刊（中），(29)：42-44.
张媛. 2016. 生态资本的界定及衡量：文献综述. 林业经济问题，36（1）：83-88.
张云华，赵俊超，殷浩栋. 2020. 欧盟农业政策转型趋势与启示. 世界农业，（5）：7-11.
章家恩，饶卫民. 2004. 农业生态系统的服务功能与可持续利用对策探讨. 生态学杂志，（4）：99-102.
赵长保. 2007. 拓展农业功能 建设现代农业. 农村工作通讯，（3）：23-24.
赵姜，龚晶，孟鹤. 2015. 基于土地利用的北京市农业生态服务价值评估研究. 中国农业资源与区划，36（5）：23-29.
赵军. 2005. 生态系统服务的条件价值评估：理论、方法与应用. 上海：华东师范大学.
赵树丛. 2013. 全面提升生态林业和民生林业发展水平为建设生态文明和美丽中国贡献力量.林业经济，（1）：3-8.
郑有贵. 2006. 农业功能拓展：历史变迁与未来趋势. 古今农业，（4）：1-10.
钟红，谷中原. 2010. 多功能农业的产业特性与政府资金支持措施. 求索，（4）：69-71.
种项谭. 2018. 坚持和发展马克思劳动价值论：基于对价值源泉争论的思考. 中国社会科学院研究生院学报，（5）：23-33.
周镕基. 2011. 现代多功能农业价值评估述评. 衡阳师范学院学报，32（2）：36-38.
周镕基，吴思斌，皮修平. 2017. 农业生产正外部性环境价值评估及其提升研究——以湖南省为例. 农业现代化研究，38（3）：383-388.
周夏飞，马国霞，曹国志，等. 2018. 基于USLE模型的2001—2015年江西省土壤侵蚀变化研究. 水土保持通报，38（1）：8-11，17，2.
朱恒槺，李虎星. 2019. 基于ArcGIS和RUSLE的河南省土壤侵蚀估算. 河南水利与南水北调，48（1）：75-77.
邹昭晞，张强. 2014. 现代农业生态功能补偿标准的依据及其模型. 2014中国现代农业发展论坛论文集. 中国农学会.
Blandford D，Boisvert R. 2004. Multifunctional Agriculture-A view from the United States. Contributed Paper for the 90th EAAE Seminar.
Costanza R，d'Arge R，de Groot R，et al. 1997. The value of the world's ecosystem services and natural capital. Nature，387：253-260.
de Groot R S，Wilson M A，Boumans R M J. 2002. A typology for the classification，description and valuation of ecosystem functions，goods and services. Ecological Economics，41（3）：393-408.
Gao F，Wang Y P，Yang J X. 2017. Assessing soil erosion using USLE model and MODIS data in the Guangdong，China. IOP Conference Series：Earth and Environmental Science，74（1）：012007.
Kentaro Yoshida. 2007. An economic evaluation of the multifunctional role of agriculture and rural areas in Japan. Ecosystems & Environment，120（1）：21-30.
Krause M S，Nkony E，Griess V C. 2017. An economic valuation of ecosystem services based on perceptions of rural Ethiopian communities. Ecosystem Services，26：37-44.

Lankoski J，Ollikainen M. 2003. Agri-environmental externalities：a framework for designing targeted policies. European Review of Agricultural Economics，30（1）：51-75.

Rao E，Ouyang Z Y，Yu X X，et al. 2014. Spatial patterns and impacts of soil conservation service in China. Geomorphology，207：64-70.

Takatsuka Y，Cullen R，Wilson M，et al. 2009. Using stated preference techniques to value four key ecosystem services on New Zealand arable land. International Journal of Agricultural Sustainability，7（4）：279-291.

Torres-Miralles M，Grammatikopoulou I，Resciaa A J. 2017. Employing contingent and inferred valuation methods to evaluate the conservation of olive groves and associated ecosystem services in Andalusia（Spain）. Ecosystem Services，（26）：258-269.